CPEC

国家级实验教学示范中心联席会
计算机学科组规划教材

U0659371

R语言数据挖掘、数学建模及机器学习 微课视频版

［日］中本一郎　著

庄伟卿　郭彦

清华大学出版社

北京

内 容 简 介

R语言源自S语言，起初主要应用于统计分析、数据挖掘和图形绘制。由于其语法灵活、数据兼容性强、功能可扩展，以及与深度学习的深度整合，R语言目前不仅在学术领域广受关注，而且在工业界备受推崇。本书旨在构建学术界与工业界之间的沟通桥梁，既有基础理论和原理的介绍，又涵盖了基于这些理论的实践应用。

本书共14章，分为基础理论和实战实例两大部分，包括数据挖掘与数据分析、数据应用、数学建模与仿真以及深度学习四大主题。第Ⅰ篇(第1～4章)聚焦于数据挖掘与数据分析，详细介绍R语言的基础语法、函数以及面向对象编程的基本概念，重点内容包括数据分析、数据挖掘、网络爬虫、数据持久化处理以及ggplot2绘图等；第Ⅱ篇(第5～8章)侧重于数据应用，主要分析二维及三维数据处理、R Markdown、Shiny应用以及R包开发流程；第Ⅲ篇(第9～10章)针对数学建模与仿真，讲述数学建模的基本方法以及如何通过数值仿真得到数学模型的解或近似解；第Ⅳ篇(第11～14章)则是深度学习，着重介绍K近邻算法、贝叶斯统计分析、支持向量机以及张量流深度学习技术。每一章均配备了实战实例，章末则提供了配套的思考习题。读者可以参考附录的实操手册，学习并掌握运行环境的相关知识以及常见问题的排查方法。本书的实例代码主要以R语言编写，部分章节还涉及R语言与其他语言(如Python)及数据库(如MySQL)的交互，读者需要预先掌握这些相关语言的基础语法(如Python、SQL)。

本书可作为数据分析、智能挖掘、人工智能、计算机、应用数学和统计学等专业的教材，也可以供相关领域的技术人员参考学习。

北京市版权局著作权合同登记号 图字：01-2025-4150

版权所有，侵权必究。举报：010-62782989，beiqinquan@tup.tsinghua.edu.cn。

图书在版编目(CIP)数据

R语言数据挖掘、数学建模及机器学习：微课视频版 /（日）中本一郎，庄伟卿，郭彦著. 北京：清华大学出版社，2024. 11. -- (国家级实验教学示范中心联席会计算机学科组规划教材). --ISBN 978-7-302-67550-1

Ⅰ. TP312；TP274

中国国家版本馆 CIP 数据核字第 2024A7C855 号

责任编辑：温明洁　薛　阳
封面设计：刘　键
责任校对：郝美丽
责任印制：沈　露

出版发行：清华大学出版社
　　　　网　　　址：https://www.tup.com.cn, https://www.wqxuetang.com
　　　　地　　　址：北京清华大学学研大厦 A 座　　　邮　　编：100084
　　　　社 总 机：010-83470000　　　　邮　　购：010-62786544
　　　　投稿与读者服务：010-62776969, c-service@tup.tsinghua.edu.cn
　　　　质量反馈：010-62772015, zhiliang@tup.tsinghua.edu.cn
　　　　课件下载：https://www.tup.com.cn,010-83470236
印 装 者：三河市铭诚印务有限公司
经　　销：全国新华书店
开　　本：185mm×260mm　　印　张：15.75　　　　字　　数：417千字
版　　次：2024 年 12 月第 1 版　　　　　　　　　印　　次：2024 年 12 月第 1 次印刷
印　　数：1～1500
定　　价：59.90 元

产品编号：101893-01

前 言

　　新一轮科技革命和产业变革带动了传统产业的升级改造。党的二十大报告强调"必须坚持科技是第一生产力、人才是第一资源、创新是第一动力,深入实施科教兴国战略、人才强国战略、创新驱动发展战略,开辟发展新领域新赛道,不断塑造发展新动能新优势"。建设高质量高等教育体系是摆在高等教育面前的重大历史使命和政治责任。高等教育要坚持国家战略引领,聚焦重大需求布局,推进新工科、新医科、新农科、新文科建设,加快培养紧缺型人才。

　　"数据挖掘"属于数据分析及相关专业的综合性专业课程,随着人工智能技术的不断发展,数据挖掘以及数据分析与机器学习以及深度学习的融合也在不断拓展,研究不仅涉及计算机硬件,例如基于 GPU 的数据分析处理等,而且与计算机软件也存在紧密联系,例如数据预处理以及数据清洗等。同时,如何从互联网获取研究对象数据? 数据获取后如何处理? 现实世界与抽象数学模型之间的映射如何实现? 数据共享是否存在新的范式? 同一运行环境中如何实现不同计算机语言的对接通信? 如何优化机器学习? 这些问题已经成为工业界以及学术界共同关注的问题范畴。同时,基于数学建模以及计算机仿真技术,可以将具体的现实问题抽象表达为计算机可以理解并处理的结构化信息,拓展了数据挖掘以及数据分析的应用领域。

　　作者结合多年从事"数据挖掘""数学建模"以及"机器学习"相关课程教学的经验,编写了此书。本书理论和实践并重,采用理论结合实践的方式,首先对基本理论以及基础知识进行阐述,然后过渡到具体应用方法,并附有主要操作步骤的运行结果和主要内容说明。本书主要采用 R 语言描述,多语言对接章节则包含 Python 以及 MySQL 相关内容。本书同时提供相关教辅材料,请读者咨询出版社相关下载权限。

　　本书由福建理工大学互联网经贸学院教师中本一郎主编,中本一郎主持所有内容(包含第 1~14 章以及附录)的撰写以及修订工作,并主持完成全书实例代码的运行和调试工作,全书由中本一郎负责统稿定稿,其他作者参与编写和审校。由于作者专业学识水平有限,加之时间仓促等因素,书中难免存在错误和不足之处,敬请各位读者批评指正。

　　本书得以顺利出版,得到了福建理工大学研究生处、福建理工大学教务处以及福建理工大学互联网经贸学院的支持。感谢"福建理工大学研究生教材出版基金项目(E4600044)"对本书的出版资助。感谢"福建理工大学本科教学改革基金项目(E3300247)"对本书的出版资助。

　　其他鸣谢基金包括国家社科规划一般项目(22BGL007)、福建省自然科学基金面上项目(2022J01941)、福建省智联云供应链科技经济融合服务平台、福建省-肯尼亚丝路云联合研发中心、福建省社科规划项目(FJ2021Z006)、福州市社科规划项目(2023FZB09)、福建省科协科技创新智库课题研究项目(FJKX-2022XKB023)、福建工程学院 2021 年本科教学改革研究项目(闽工院教(2021)37 号)、福建理工大学研究生教育教学改革研究项目(YJG23005)。特别鸣谢清华大学出版社各位编辑的修改建议。

作　者

2024 年 6 月

目 录

随书资源

第 I 篇　数据挖掘与数据分析

第Ⅱ篇 数据应用

第 Ⅲ 篇 数学建模与仿真及回归分析

第Ⅳ篇 深 度 学 习

第Ⅰ篇
数据挖掘与数据分析

第 **1** 章

R语言基础

R 语言基础语法是数据挖掘以及复杂分析的基础,本章研究 R 基本语法,介绍常用的语法概念以及具体应用方法。R 语言的变量赋值存在三种形式,分别是"="“<－”“－>”。按照编码习惯,通常使用左向箭头符号"<－",单行和多行代码注释使用符号"♯"。

1.1　R 数据

1.1.1　向量

向量是 R 语言常用的数据处理对象之一,可以通过结合函数 c()、复制操作符":"、序列函数 seq()、向量函数 vector()以及复制函数 rep()等方法生成,这些函数通常称为系统函数。c全称是 combine,表示通过结合括号内参数的方式创建新向量;seq 全称是 sequence,代表序列;rep 全称是 replicate,代表复制。复制操作符":"默认生成公差为 1 的等差数列,如果向量元素之间的间隔不为 1,则可以通过序列函数 seq()创建,间隔可以由参数设定。

seq()函数的定义如下:

```
seq(from, to, by = ((to-from)/(length.out-1)), length.out, …)
```

其中,参数 from 代表等差数列的起始值;to 代表终止值;by 代表等差数列的公差;length. out 代表向量元素总数;…是其他可选项参数。向量创建后,通过在单对方括号"[]"内指定元素的索引位置,可以访问向量的对应元素值。调用系统函数时,如果用户设定了参数值而没有指定参数名,则系统自动按照函数定义的默认参数顺序依次映射。

vector()函数的定义如下:

```
vector(mode, length, …)
```

其中,参数 mode 代表数据生成的模式,可以是"logical""list"或者"expression";length 代表元素个数。mode 设置为"list"时,生成列表数据;设置为"logical"时,生成逻辑型数据。

rep()函数的定义如下:

```
rep(x, times, …)
```

其中,参数 x 代表数据对象;times 代表对象复制的次数;…代表其他可选参数。

　　下面分别举例说明生成向量的不同方法。本书实例代码中的标记"♯"代表备注内容或者代码的执行结果，下文同。例 1-1 中，首先使用复制操作符"："生成一个公差为 1 的等差数列 vectordata，取值范围为 5～13。接着使用结合函数 c()创建数据类型不同的向量，向量包含"R""Python"以及 200 三个元素。默认情况下，数值型数据自动转换为字符型数据，即向量"vectordata"的第三个元素数值 200 转换为字符型数据"200"。通过元素下标值可以访问对应的元素值，如 vectordata[3]可以访问第三个元素值"200"。最后，基于序列函数生成元素个数为 6 的向量，向量元素的起始值为 300，终止值为 400，因此包含的元素值 300、320、340、360、380 以及 400，也可以通过参数 by 指定元素间隔的方式生成相同的向量。实例代码内的符号[n]表示该行显示的第一个元素在输出对象空间中的索引位置。若 n 值为 1，则该行第一个元素在数据集所有元素中处于首位；若 n 值为 10，则该行第一个元素在数据集所有元素中的位置索引为 10，以此类推。例如，例 1-1 生成向量的输出结果第四行"[1] 5 6 7 8 9 10 11 12 13"中的"[1]"代表元素 5 在所有输出结果中位于首位。

【例 1-1】

```
1.  vectordata <- 5:13
2.  ♯生成 5～13 的等差数列,公差为 1
3.  vectordata
4.  ♯[1] 5 6 7 8 9 10 11 12 13
5.  ♯基于结合函数生成向量,数据包含字符型数据且类型不一致时,数值型默认转换为字符型
6.  vectordata <- c("R","Python",200)
7.  vectordata
8.  ♯[1] "R" "Python" "200"
9.  ♯访问第三个元素
10. vectordata[3]
11. ♯[1] "200"
12. typeof(vectordata[3])
13. ♯检查数据类型
14. ♯[1] "character"
15. ♯基于连接函数生成向量,数据类型一致
16. vectordata <- c("R","Python","200")
17. ♯vectordata
18. ♯[1] "R" "Python" "200"
19. ♯通过下标访问对应元素值
20. vectordata[3]
21. ♯[1] "200"
22. typeof(vectordata[3])
23. ♯[1] "character"
24. ♯基于序列函数生成向量,设定序列长度
25. vectordata <- seq(from = 300,to = 400,length.out = 6)
26. vectordata
27. ♯[1] 300 320 340 360 380 400
28. ♯基于序列函数生成向量,设定公差值
29. vectordata <- seq(300,400,by = 20)
30. vectordata
31. ♯[1] 300 320 340 360 380 400
```

　　基于 vector()函数以及 rep()函数生成向量数据的用法，代码参见例 1-2。首先，生成包含 4 个逻辑型数据元素的向量，各元素初始值均为"FALSE"；接着更新第一个以及第三个元素值为"TRUE"。使用复制函数 rep()对向量 c(5,6)执行两次复制操作，因此生成的结果为"5 6 5 6"。

【例 1-2】

```
 1. vectordata <- vector(mode = "logical",4)
 2. vectordata
 3. #[1] FALSE FALSE FALSE FALSE
 4. #更新向量第一个以及第三个元素值
 5. vectordata[1]  <- TRUE
 6. vectordata[3]  <- TRUE
 7. #查看更新后的数据结果
 8. vectordata
 9. #[1]  TRUE FALSE TRUE FALSE
10. str(vectordata)
11. # logi [1:4] TRUE FALSE TRUE FALSE
12. rep(c(5,6), times = 2 )
13. #[1] 5 6 5 6
```

1.1.2　因子数据

因子数据通常用于数据分类，除了数据元素以外，增加了元素水平的概念，元素水平是不重复的元素信息。常见的因子数据包括性别、疾病分类以及年龄分组等信息，可以通过因子函数 factor()创建因子数据，函数 as.factor()则通常用于将变量转换为因子数据。

factor()函数和 as.factor()函数的定义如下：

```
factor(x, levels, labels, … )
as.factor(x, … )
```

其中，参数 x 表示数据向量；参数 levels 表示数据元素的水平值，水平值之间不重复，因此水平可以理解为剔除元素重复项后的向量元素统计；参数 labels 的元素个数通常设定为与 levels 的元素个数相同，代表与各水平对应的名称；参数…是可选项。

修改因子数据的元素值时，如果修改后的水平值没有在原水平取值范围中事先定义，则系统通常会报错；相反，如果新赋值已经在原水平值中预先定义，则修改操作通常可以成功。访问因子数据可以通过在单对中括号"[]"内指定元素位置索引的方法实现。基于 factor()函数生成因子数据的方法，代码参见例 1-3。源数据 data 包含 6 个元素，分别是"Freshman""Sophomore""Junior""Senior""Junior"以及"Junior"，其中，元素"Junior"存在 3 个重复值，将其转换为因子数据 dataframe，元素值不重复的因子水平分别为 Freshman、Sophomore、Junior 以及 Senior。转换完成后，修改因子变量的第三个元素为"Graduate"，因为"Graduate"未预先定义，因此系统提示"… 因子层次有错，产生了 NA"的错误信息。重新使用预先已经定义的水平值"Sophomore"更新第三个元素，更新成功系统不提示错误信息，更新后因子变量的元素值分别为"Freshman""Sophomore""Sophomore""Senior""Junior"以及"Junior"。

【例 1-3】

```
 1. data <- c("Freshman", "Sophomore", "Junior", "Senior", "Junior","Junior")
    #将数据转换为因子数据
 2. dataframe <- factor(data, levels = c("Freshman", "Sophomore", "Junior", "Senior"),
 3. labels = c("Freshman", "Sophomore", "Junior", "Senior"))
 4. dataframe
 5. #[1] Freshman Sophomore Junior Senior Junior Junior
 6. #Levels: Freshman Sophomore Junicr Senior
 7. #查看水平值
```

```
 8. levels(dataframe)
 9. #[1] "Freshman" "Sophomore" "Junior" "Senior"
10. #访问第二个元素
11. dataframe[2]
12. #[1] Sophomore
13. #Levels: Freshman Sophomore Junior Senior
14. #新值"Graduate"未在原水平值中预先定义,系统报错
15. dataframe[3] <- "Graduate"
16. #Warning message:
17. #In '[<-.factor'('*tmp*', 3, value = "Graduate") :因子层次有错,产生了 NA
18. #因子变量的第三个元素值修改失败,产生 NA 值
19. dataframe
20. #[1] Freshman Sophomore <NA> Senior Junior Junior
21. #Levels: Freshman Sophomore Junior Senior
22. #"Sophomore"已经在原水平值中预先定义,系统不报错
23. dataframe[3] <- "Sophomore"
24. #查看修改后的结果,第三个元素值从"Junior"更新为"Sophomore"
25. dataframe
26. #[1] Freshman Sophomore Sophomore Senior Junior Junior
27. #Levels: Freshman Sophomore Junior Senior
```

1.1.3 列表

R 语言的列表数据可以通过列表函数 list()创建,函数 as. list()则通常将数据转换为列表。列表内各元素的数据类型可以相同,也可以互不相同。

首先,用函数 list()创建一个元素数据类型存在差异的列表数据,然后显示列表信息。通过结构查询函数 str()查看列表数据对象的统计信息,其功能与函数 summary()类似,从结果可以得出列表总共由四个元素构成,第一个元素数据类型为数值型,其他三个元素为字符型,代码参见例 1-4。

【例 1-4】

```
 1. listtest <- list(1,"2","2022-11-23","listdata")
 2. #查看列表元素信息
 3. Listtest
 4. #列表第一个元素为数值型
 5. #[[1]]
 6. #[1] 1
 7. #列表第二个元素为字符型
 8. #[[2]]
 9. [1] "2"
10. #列表第三个元素为字符型
11. #[[3]]
12. #[1] "2022-11-23"
13. #列表第四个元素为字符型
14. #[[4]]
15. #[1] "listdata"
16. #查看列表元素数据类型
17. typeof(listtest)
18. #[1] "list"
19. #查看列表数据统计信息
20. str(listtest)
21. #List of 4
22. #$ : num 1
```

```
23.  # $ : chr "2"
24.  # $ : chr "2022 - 11 - 23"
25.  # $ : chr "listdata"
26.  summary(listtest)
27.  # Length    Class    Mode
28.  # [1, ] 1      - none -  numeric
29.  # [2, ] 1      - none -  character
30.  # [3, ] 1      - none -  character
31.  # [4, ] 1      - none -  character
```

在 R 语言中，元素下标索引默认从 1 开始计数，这一点与 Python 语言元素下标从 0 开始计数存在差异。赋予列表各元素具体值，但元素值没有对应的名称，在这种情况下，获取列表的元素信息可以使用单对中括号"[]"或者双对中括号"[[]]"实现，中括号内指定元素的索引位置。例如，例 1-4 中获取元素值"listdata"，可以设定元素索引值为 4 实现对第四个元素值的访问，单对中括号与双对中括号的效果等同。在中括号内指定元素值，则返回结果为空，代码参见例 1-5。

【例 1-5】

```
1.  listtest[4]
2.  # [[1]]
3.  # [1] "listdata"
4.  # 指定索引访问元素值
5.  # listtest[[4]]
6.  # [1] "listdata"
7.  # 索引填写元素值返回空
8.  listtest[["listdata"]]
9.  NULL
```

基于上述生成的列表数据，可以使用命名函数 names() 为列表各个元素值添加名称，通过 c() 函数将各名称参数连接组合成向量，代码参见例 1-6。各元素值与对应名称匹配以后，在列表的输出结果中可以看出元素名称显示方式发生了变化，元素名称更新为显示前缀 $。例如，第四个元素" $ fourthelement"，表明该元素名称为 fourthelement，而元素值为"listdata"。

【例 1-6】

```
1.  names(listtest) <- c("firstelement","secondelement","thirdelement","fourthelement")
2.  names(listtest)
3.  # [1] "firstelement" "secondelement" "thirdelement" "fourthelement"
4.  listtest
5.  # $ firstelement
6.  # [1] 1
7.  # 元素信息的显示方式发生变化, $ 后显示元素名称
8.  # $ secondelement
9.  # [1] "2"
10. # 列表第三个元素
11. # $ thirdelement
12. # [1] "2022 - 11 - 23"
13. # 列表第四个元素的元素名称和元素值
14. # $ fourthelement
15. # [1] "listdata"
```

列表元素值赋予名称以后，获取元素值的方式相对灵活，可以通过 $ 元素名称、[["元素名称"]]以及["元素名称"]等名称指定方式访问，也可以通过[[位置索引]]以及[位置索引]等索

引指定方式访问,代码参见例 1-7。

【例 1-7】

```
1. ♯通过 $ 访问列表数据
2. listtest $ fourthelement
3. ♯[1] "listdata"
4.
5. ♯通过双对中括号[["元素名称"]]访问
6. listtest[["fourthelement"]]
7. ♯[1] "listdata"
8. ♯通过双对中括号[[位置索引]]访问
9. listtest[[4]]
10. ♯[1] "listdata"
11.
12.
13. ♯通过单对中括号["元素名称"]
14. listtest["fourthelement"]
15. ♯ $fourthelement
16. ♯[1] "listdata"
17. ♯通过单对中括号[位置索引]
18.  listtest[4]
19. ♯$fourthelement
20. ♯[1] "listdata"
```

R 运行环境集成了部分系统数据集,函数 data()可以查看系统数据集统计信息。下面以系统数据集空气质量测量数据(airquality)为研究对象,分析如何生成列表数据并输出图形结果。使用函数 View(head(airquality,10))查看空气质量测量数据集的前 10 条记录,发现部分字段如 Ozone 以及 Solar.R 存在 NA 值。NA 类型数据的全称为 Not Available,代表缺失值,这与另一种非数值类型数据 NAN(Not A Number)存在差别。空气质量测量数据集涉及缺失值的处理,需要先安装 na.tools 包,然后使用函数 library()导入,部分数据见图 1-1。

	Ozone	Solar.R	Wind	Temp	Month	Day
1	41	190	7.4	67	5	1
2	36	118	8.0	72	5	2
3	12	149	12.6	74	5	3
4	18	313	11.5	62	5	4
5	NA	NA	14.3	56	5	5
6	28	NA	14.9	66	5	6
7	23	299	8.6	65	5	7
8	19	99	13.8	59	5	8
9	8	19	20.1	61	5	9
10	NA	194	8.6	69	5	10

图 1-1 空气质量测量数据集(含缺失值部分内容)

执行 na.rm()函数移除数据集中的缺失记录,再次查看数据集筛选后的结果,显示数据集已经不再包含缺失值,代码参见例 1-8,运行结果见图 1-2。

【例 1-8】

```
1. listdata <- na.rm(airquality)
2. View(head(listdata,10))
```

分别以空气质量测量数据集的第一列字段和第二列字段作为列表数据的横轴和纵轴绘制

	Ozone	Solar.R	Wind	Temp	Month	Day
1	41	190	7.4	67	5	1
2	36	118	8.0	72	5	2
3	12	149	12.6	74	5	3
4	18	313	11.5	62	5	4
7	23	299	8.6	65	5	7
8	19	99	13.8	59	5	8
9	8	19	20.1	61	5	9
12	16	256	9.7	69	5	12
13	11	290	9.2	66	5	13
14	14	274	10.9	68	5	14

图 1-2　空气质量测量数据集（缺失值移除后部分内容）

散点图形，结果表明二者之间存在非线性关系，代码参见例 1-9，运行结果见图 1-3。

【例 1-9】

```
1. listdata <- list(x = listdata[,1], y = listdata[,2])
2. plot(listdata, xlab = "臭氧均值水平", ylab = "光照", col = "purple")
```

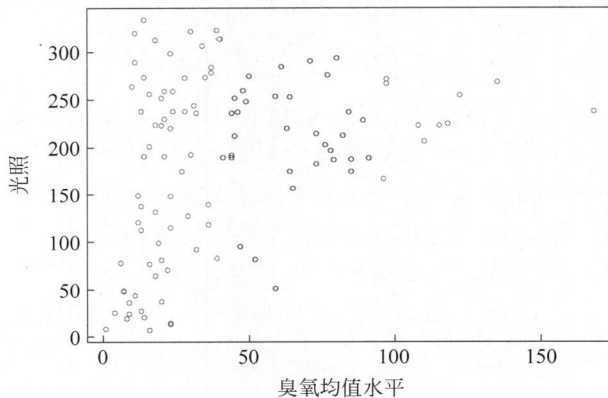

图 1-3　空气质量测量数据集指标图

除此之外，函数 as.list() 也可以将对象转换为列表，这种情况一般先定义列表的各元素信息，包括元素值以及对应的元素名称，元素的数据类型可以不相同。此时，如果访问列表的特定元素值，需要先分析列表元素的数据结构，向量型数据一般需要经过两层操作，例如，aslist[[2]][[3]] 的下标 [[2]] 定位到列表元素 second，而下标 [[3]] 继续定位到列表元素 second 包含的第三个元素信息，代码参见例 1-10。

【例 1-10】

```
1. #as.list 创建列表数据
2. newlist <- new.env()
3. newlist $ first <- 60
4. newlist $ second <- c("R","Python","MySQL")
5. #列表转换
6. aslist <- as.list(newlist)
7. aslist
8. # $ first
9. #[1] 60
10. #列表第二个元素是包含多元素的向量
```

```
11.  # $ second
12.  #[1] "R"       "Python"      "MySQL"
13.  #首层下标访问列表第二个向量,次层下标访问第二个向量内的第三个元素
14.  aslist[[2]][[3]]
15.  #[1] "MySQL"
```

1.1.4 数据框

数据框是具有相同行数的变量列表,数据元素类型与列表的情况类似,可以相同也可以互不相同,通过函数 data.frame()创建数据框,或者通过函数 as.data.frame()将对象转换为数据框。

data.frame()函数的定义如下:

```
data.frame(…, row.names, check.rows, check.names, fix.empty.names, stringsAsFactors)
as.data.frame(x, row.names, …)
```

其中,参数 x 代表数据对象;…是可选项参数;row.names 用于指定用作行名称的列信息,值可以为 NULL、单个整数或字符串;check.rows 设置为 TRUE 时检查行名字和长度的一致性;check.names 设置为 TRUE 时系统会检查变量名的有效性以及重复性;fix.empty.names 设置关于空名变量的自动取名问题;stringsAsFactors 设定字符串向量是否转换为因子变量。

函数 LETTERS[]和 letters[]可以分别获取英文 26 个大写和小写字符,函数 sample(x, size, replace,…)可以从对象样本 x 中随机抽样 size 个元素,replace 可以设置样本随机抽样后是否放回原样本。在涉及随机数或者随机取样的操作中,为了使不同用户运行的结果可复现,一般通过 set.seed()函数设置相同种子参数值的方法实现。基于 data.frame()生成的数据框,需要注意各列向量的数据长度相等,即数据行数相等,如果不等则应符合各列变量的数据行数相差整数倍的条件,若部分列变量存在空缺元素,系统基于轮询补齐的机制自动填充,代码参见例 1-11。

【例 1-11】

```
1.  set.seed(100)
2.
3.  #各列变量的行数相同
4.  UPPER <- LETTERS[10:19]
5.  UPPER
6.  #[1] "J" "K" "L" "M" "N" "O" "P" "Q" "R" "S"
7.  #生成小写英文字符
8.  lower <- letters[15:24]
9.  lower
10.  #[1] "o" "p" "q" "r" "s" "t" "u" "v" "w" "x"
11.  #随机放回抽样
12.  UPPERSample <- sample(UPPER, 10, replace = TRUE)
13.  UPPERSample
14.  #[1] "S" "P" "O" "L" "R" "S" "P" "O" "O" "M"
15.  #随机不放回抽样
16.  lowerSample <- sample(lower, 10, replace = FALSE)
17.  lowerSample
18.  #[1] "u" "t" "p" "x" "q" "v" "o" "w" "r" "s"
19.
```

```
20. dataframe <- data.frame(first = c("R","Python"),UPPERSample = UPPERSample,
21.    lowerSample = lowerSample, fourth = 8:17)
22. #变量first的数据行数和其他变量的数据行数不同,但符合整数倍差的条件时自动轮询补齐
23. dataframe
24. #       first  UPPERSample lowerSample   fourth
25. #1      R          S            u         8
26. #2     Python      P            t         9
27. #3      R          O            p        10
28. #4     Python      L            x        11
29. #5      R          R            q        12
30. #6     Python      S            v        13
31. #7      R          P            o        14
32. #8     Python      O            w        15
33. #9      R          O            r        16
34. #10    Python      M            s        17
```

如果列变量的数据行数不等,且列变量的数据行数差异也不符合整数倍差的条件,系统会提示告警信息。例1-12中,系统提示错误信息"参数值意味着不同的行数:2,14,4,15"。

【例1-12】

```
1. #各列变量的数据行数不同也不符合整数倍差
2. #列变量包含4行数据
3. UPPER <- LETTERS[23:26]
4. UPPER
5. #[1] "W" "X" "Y" "Z"
6. #列变量包含4行数据
7. lower <- letters[19:22]
8. lower
9. #[1] "s" "t" "u" "v"
10. #列变量包含14行数据
11. UPPERSample <- sample(UPPER, 14, replace = TRUE)
12. UPPERSample
13. #[1] "W" "W" "W" "X" "W" "Z" "Y" "W" "W" "Y" "X" "Y" "X" "Z"
14. #列变量包含4行数据
15. lowerSample <- sample(lower, 4, replace = FALSE)
16. lowerSample
17. #[1] "t" "u" "s" "v"
18.
19. #合并各变量为数据框,各变量的数据行数不存在整数倍差关系
20. dataframe <- data.frame(first = c("R","Python"),UPPERSample = UPPERSample,
21.    lowerSample = lowerSample, fourth = 5:19)
22. #系统提示行数不同错误信息
23. #Error in data.frame(first = c("R", "Python"), UPPERSample = UPPERSample, :
24. #参数值意味着不同的行数: 2, 14, 4, 15
```

数据框元素的访问方式也比较灵活,可以通过$先提取第一层信息,即一般定位到列,然后通过单对中括号[]或者双对中括号[[]]提取第二层信息,即定位到行;也可以通过[rowfrom:rowto,columnfrom:columnto]方式指定要访问的数据对象范围。基于例1-11生成的数据框,命令dataframe$UPPERSample[5]实现对元素值"R"的访问,而命令dataframe$lowerSample[[3]]实现对元素值"p"的访问,以此类推,代码参见例1-13。

【例1-13】

```
1. dataframe$UPPERSample[5]
2. #[1] "R"
```

```
 3.
 4. dataframe $ lowerSample[[3]]
 5. #[1] "p"
 6.
 7. dataframe $ fourth
 8. #[1]   8   9 10 11 12 13 14 15 16 17
 9. #设定数据访问范围
10. dataframe[2:5,3:4]
11. #    lowerSample    fourth
12. #2            t         9
13. #3            p        10
14. #4            x        11
15. #5            q        12
```

1.1.5　数组

数组数据可以包括一维、二维、三维以及三维以上信息。一维数组可以使用前文的连接函数或者序列函数生成,行向量以及列向量可以视为一维数组,而二维数组就是通常意义的矩阵。矩阵数据可以用函数 matrix()创建,通常使用函数 as.matrix()将对象转换为矩阵数据。

矩阵函数 matrix()的定义如下:

```
matrix(data, nrow, ncol, byrow, dimnames, …)
```

其中,参数 data 代表数据向量,包括列表或向量表达式;nrow 代表矩阵的行数;ncol 代表矩阵的列数;byrow 默认值为 FALSE,代表矩阵优先按照列方向填充数据元素,设置为 TRUE 则优先按照行方向填充;dimnames 一般提供行和列的名称信息,代码参见例 1-14。

【例 1-14】

```
 1. matrix <- matrix(seq(100,119,length.out = 20),nrow = 5, byrow = TRUE)
 2. matrix
 3. #按行优先填充数据
 4. #     [,1] [,2] [,3] [,4]
 5. #[1,] 100  101  102  103
 6. #[2,] 104  105  106  107
 7. #[3,] 108  109  110  111
 8. #[4,] 112  113  114  115
 9. #[5,] 116  117  118  119
10. #按列优先顺序填充矩阵元素
11. matrix <- matrix(seq(130,149,length.out = 20),nrow = 5, byrow = FALSE)
12. matrix
13. #按列优先填充数据
14. #     [,1] [,2] [,3] [,4]
15. #[1,] 130  135  140  145
16. #[2,] 131  136  141  146
17. #[3,] 132  137  142  147
18. #[4,] 133  138  143  148
19. #[5,] 134  139  144  149
```

例 1-14 中的矩阵数据"matrix",按照行方向或者列方向运行函数 apply()执行运算,可以获得按行或者按列操作的结果。例如,第一行元素"130 135 140 145"的最大值为 145,第二行元素"131 136 141 146"的最大值为 146,按列方向操作结果可以以此类推,代码参见例 1-15。

【例 1-15】

```
 1. rowmax <- apply(matrix, 1, max)
 2. rowmax
 3. #按照行方向求最大值
 4. #[1] 145 146 147 148 149
 5. #按照列方向求最大值
 6. colmax <- apply(matrix, 2, max)
 7. colmax
 8. #输出列方向操作结果
 9. #[1] 134 139 144 149
10. #按照行方向求平均值
11. rowmean <- apply(matrix, 1, mean)
12. rowmean
13. #查看行方向结果
14. #[1] 137.5 138.5 139.5 140.5 141.5
15. #按照列方向求平均值
16. colmean <- apply(matrix, 2, mean)
17. colmean
18. #输出列方向操作结果
19. #[1] 132 137 142 147
```

另外，函数 cbind()以及 rbind()也可以将向量合并生成矩阵，前者将合并的各对象向量视作列向量，而后者则按行向量处理，代码参见例 1-16。

【例 1-16】

```
 1. matdata <- cbind(23, 6:10, c(20,14,31,43,67))
 2. matdata
 3. #      [,1] [,2] [,3]
 4. #[1,]   23    6   20
 5. #[2,]   23    7   14
 6. #[3,]   23    8   31
 7. #[4,]   23    9   43
 8. #[5,]   23   10   67
 9. #按行合并
10. matdata <- rbind(23, 6:10, c(20,14,31,43,67))
11. matdata
12. #      [,1] [,2] [,3] [,4] [,5]
13. #[1,]   23   23   23   23   23
14. #[2,]    6    7    8    9   10
15. #[3,]   20   14   31   43   67
```

在 R 语言中，矩阵的乘法分为两种：一种是两个矩阵相同位置索引的元素分别乘积得到新的矩阵，记述为"*"；另一种与数学中的定义相同，新矩阵的元素索引值由第一个矩阵的行与第二个矩阵的列决定，其值也由第一个矩阵的行向量乘以第二个矩阵的列向量生成，记述为"%*%"。具体用法参见例 1-17。

【例 1-17】

```
 1. #两个矩阵对应位置元素相乘
 2. mlp <- matdata * matdata
 3. mlp
 4. #      [,1] [,2] [,3] [,4] [,5]
 5. #[1,]  529  529  529  529  529
```

```
 6. #[2,]    36   49   64   81  100
 7. #[3,]   400  196  961 1849 4489
 8. #第一个矩阵行乘以第二个矩阵的列
 9. mlm <-   matdata % * % t(matdata)
10. mlm
11. #      [,1] [,2] [,3]
12. #[1,] 2645  920 4025
13. #[2,]  920  330 1523
14. #[3,] 4025 1523 7895
```

缺失行名称或者列名称的矩阵,可以通过函数rownames()以及函数colnames()分别为矩阵添加行名称和列名称,代码参见例1-18。

【例1-18】

```
1. rownames(mlm) <- c("A","B","C")
2. colnames(mlm) <- c("D","E","F")
3. mlm #显示添加行名称和列名称后的结果
4. #   D    E    F
5. #A 2645  920 4025
6. #B  920  330 1523
7. #C 4025 1523 7895
```

三维或者更高维度的数组可以使用数组函数array()创建。

array()函数的定义如下:

```
array(data, dim, dimnames)
```

其中,参数data代表向量,包括列表向量以及表达式向量;dim代表数组的维度属性,它是一个长度不小于1的整数向量,定义各维度信息;dimnames代表维度名称,通常是一个列表,列表名称作为维度的名称。

三维数组可以认为是平面二维矩阵数据在第三个维度方向上的切片数据叠加,下面的实例生成一个三维数组,当数组元素值不足时,系统基于已有数据采用自动轮询填充的方式补齐空缺的数据,代码参见例1-19。

【例1-19】

```
 1. arraydata <- array(seq(86,138,by = 4),dim = c(5,3,4))
 2. arraydata
 3. #, , 1    #二维数据在第三个维度的第一组切片数据
 4. #     [,1] [,2] [,3]
 5. #[1,]  86  106  126
 6. #[2,]  90  110  130
 7. #[3,]  94  114  134
 8. #[4,]  98  118  138
 9. #[5,] 102  122   86
10. #, , 2    #二维数据在第三个维度的第二组切片数据
11. #     [,1] [,2] [,3]
12. #[1,]  90  110  130
13. #[2,]  94  114  134
14. #[3,]  98  118  138
15. #[4,] 102  122   86
16. #[5,] 106  126   90
17. #, , 3    #二维数据在第三个维度的第三组切片数据
```

```
18. #      [,1] [,2] [,3]
19. #[1,]   94  114  134
20. #[2,]   98  118  138
21. #[3,]  102  122   86
22. #[4,]  106  126   90
23. #[5,]  110  130   94
24. #,, 4    #二维数据在第三个维度的第四组切片数据
25. #      [,1] [,2] [,3]
26. #[1,]   98  118  138
27. #[2,]  102  122   86
28. #[3,]  106  126   90
29. #[4,]  110  130   94
30. #[5,]  114  134   98
```

1.1.6   模拟数据

R 的数据来源大致有三种：第一种是系统数据集；第二种是从外部读入的各种类型数据；第三种是由用户创建生成的模拟数据，也称为仿真数据。基于 R 语言的数据开发和数据处理，当缺乏外部数据源时，有时需要通过模拟数据计算获得分析结果。

R 语言中用于生成模拟数据的库（R 库也称为 R 包）包括 fabricate 以及 GenOrd 等，也可以基于 stats 库的常用函数 rnorm、runif、rbinom、rpois、rbeta 以及 rgamma 等分别生成正态分布、均匀分布、二项式分布、泊松分布、贝塔分布以及伽马分布的随机模拟数据。模拟数据需要根据具体研究对象的主要特征创建，分别介绍两种应用场景，第一种随机变量符合正态分布，第二种则符合贝塔分布，前者对应对称分布的场景，而后者则通常对应不对称分布的场景。通过函数 rnorm() 生成模拟的正态分布随机数，测试 20 万次，每次实验随机抽样 5 个，取其平均值作为结果，正态分布平均值为 3，标准差为 2，代码参见例 1-20。

【例 1-20】

```
 1. library(showtext)
 2.
 3. #设置中文显示支持
 4. font_add("kaiti","STKAITI.TTF")
 5. showtext_auto()
 6. set.seed(26)
 7. sizeTest <- 200000
 8. sizeEachSampling <- 5
 9. #多次抽样取平均值
10. Mean <- numeric(sizeTest)
11. #创建循环模拟正态分布
12. for (i in 1:sizeTest) {
13.   x <- rnorm(sizeEachSampling, mean = 3, sd = 2)
14.   Mean[i] <- mean(x)
15. }
16.
17. #绘制模拟数据的直方图
18. hist(Mean, breaks = 90, main = paste("每次采样数 = ", sizeEachSampling, sep = ""),
19. xlab = "样本采样均值", ylab = "样本采样频率")
20.
```

最后，绘制模拟数据的直方图形，可见模拟数据分布基本符合正态分布假设，模拟数据的平均值约为 3，见图 1-4。

每次采样数=5

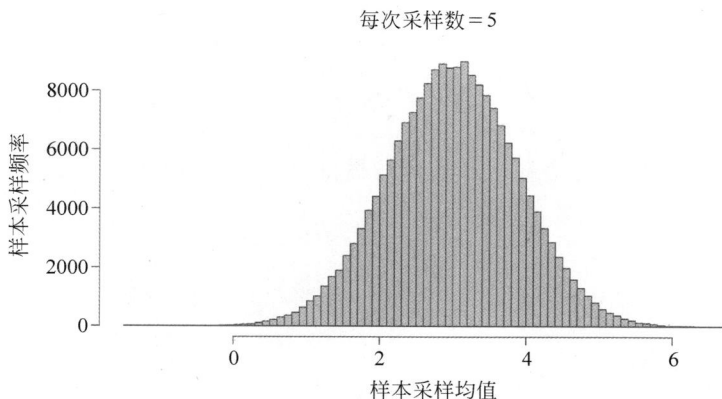

图 1-4　正态分布模拟(均值＝3,方差＝2)

　　通过函数 rbeta()生成模拟的贝塔分布随机数,测试 30 万次,每次实验随机抽样 7 个,取其平均值作为模拟结果,参数 shape1＝0.4,参数 shape2＝332,代码参见例 1-21。最后汇总模拟数据的分布直方图,结果见图 1-5。根据设定的参数值,曲线前半部分上升较陡,后半部分下降略微平缓,前半部分和后半部分分布不对称,与贝塔假设基本一致。

【例 1-21】

```
1. library(showtext)
2. #设置中文显示支持
3. font_add("kaiti","STKAITI.TTF")
4. showtext_auto()
5. set.seed(260)
6. sizeTest <- 300000
7. sizeEachSampling <- 7
8. sampleMean <- numeric(sizeTest)
9. for (i in 1:sizeTest) {
10.     x <- rbeta(sizeEachSampling,shape1 = 0.4,shape2 = 332)
11.     sampleMean[i] <- mean(x)
12. }
13. hist(sampleMean, breaks = 120, main = paste("每次采样数 = ",
14.     sizeEachSampling,sep = ""),xlab = "样本采样均值", ylab = "样本采样频率")
```

每次采样数=7

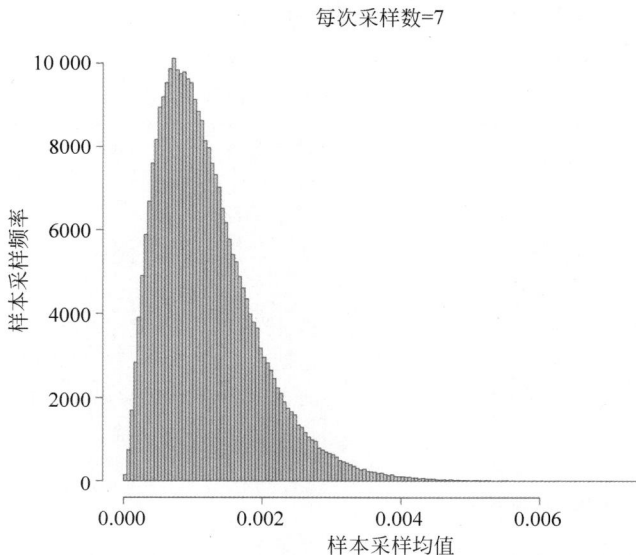

图 1-5　贝塔分布模拟(shape1＝0.4,shape2＝332)

1.2　函数

1.2.1　函数定义

函数(function)是 R 语言中基础且重要的概念,函数通常执行特定运算或者实现特定功能,然后根据需要返回相应的处理结果。

函数通用定义如下:

```
1. functionname <- function(param1,param2,param3, … ) {
2. # code
3. # return result
4. }
```

其中,functionname 表示函数的名字,用户可以根据实际情况定制,一般情况下,函数名称体现函数的主体功能,保持代码前后一致,便于检查核对;function 属于系统保留关键字,用户不能修改;而小括号"()"中的 param1、param2 以及 param3 代表函数定义的形式参数,表示运行函数需要的输入信息;…是可选参数项。函数的主体代码包含在一对大括号"{}"内;return 代表返回函数处理结果,属于可选项,R 语言支持直接输入对象名输出结果。

在同一个 R 文件代码内,函数需要先定义然后再调用,如果顺序相反则系统提示错误信息。函数调用时填写函数名以及参数信息,具体格式为 functionname(param1 = value1,param2 = value2,param3 = value3,…),其中,value1、value2、value3…是用户调用函数时的参数赋值,代表实参。如果用户调用函数时只设定了参数值而没有指定参数名称,则系统按照函数定义时参数的默认定义顺序匹配,分别将 value1 传递给参数 param1,value2 赋值给参数 param2,以此类推。如果用户在调用时形参与实参名称对应但位置不对应,则系统将优先按照名称对应原则传递参数信息。不同的函数也可以保存在不同的 R 文件中,通过 source()函数实现外部调用功能。

1.2.2　系统函数

R 语言提供了功能强大的系统函数,这些系统函数包含于各类独立的库中,分别实现不同的功能。由于 R 语言各类库不断演变升级,相同库名不同版本之间的系统函数定义可能发生变化。表 1-1 归纳了在数据分析和数据挖掘中常见的系统函数。

表 1-1　R 语言系统函数

编　号	函　数　名	含　义
1	log(x)	以 e 为底的自然对数
2	log10(x)	以 10 为底的对数
3	substr(x,start,stop)	从 x 中提取 start 到 stop 的信息
4	sub(pattern,rep,x)	在对象 x 中搜索 pattern,替换成 rep
5	paste(…,sep="")	以分隔符 sep 连接各参数
6	range(x)	返回向量,包含参数的最大值和最小值
7	scale(x,center,scale)	数据中心化、标准化以及缩放处理
8	paste0(…,collapse)	以分隔符 collapse 连接各参数
9	devtools::install_github("user/packagename")	安装 GitHub 上用户 user 的 R 库 packagename
10	getwd(),setwd()	设置以及获取当前工作目录信息

1.2.3　自定义函数

与系统函数不同,自定义函数是由用户定制的函数。下面编写一个自定义函数,代码参见例1-22,实现非负整数的阶乘,基本逻辑是零的阶乘为1,用户输入数值大于或等于389时,输出信息提示用户修改数值范围,只有当用户输入值小于389时,正常执行阶乘运算获得结果。

【例1-22】

```
 1. recurFun <- function(x){
 2.   if(x == 0)
 3.     return(cat("数值 0 的阶乘结果为 1。\n"))
 4.   else if (x >= 389)
 5.     return(print("请输入小于 389 的数值。"))
 6.   else
 7.     return(x * recursive(x - 1))
 8.   }
 9. #调用函数,传入参数临界值 0
10. recurFun(0)
11. #数值 0 的阶乘结果为 1
12. #调用函数,传入参数临界值 390
13. recurFun(390)
14. #[1] "请输入小于 389 的数值。"
15. #调用函数,参数值不属于临界值,可以正常执行阶乘计算
16. recurFun(6)
17. #[1] 720
```

R语言允许在函数体内嵌套定义其他函数,此时,如果涉及嵌套函数调用,则遵循从里层向外层逐层查询的方式,内层函数读取作用域范围内的变量值时,如果此变量在函数内部未被赋值,则视为非局部变量,程序向对象函数的外面一层查找,若查找不到,则继续向外查找,以此类推。例如,例1-23中,调用函数internal()时,没有设置实参,此时系统会逐层向外查找直到匹配x值为300,y值为200。

【例1-23】

```
 1. x <- 300
 2. y <- 200
 3. #逐层向外查找
 4. external <- function(x,y){
 5.   internal <- function(){
 6.     #函数体内没有参数定义,向外查找
 7.     x + y
 8.   }
 9.   #函数调用
10.   internal()
11. }
```

1.2.4　apply函数族

apply函数族是非常重要的函数系列,主要包括函数apply()、tapply()、lapply()以及sapply()等,在数据挖掘以及数据分析中得到了广泛应用。

apply()函数的定义如下:

```
apply(X, MARGIN, FUN, …)
```

其中,参数 X 代表函数的操作对象数据,包括矩阵;参数 MARGIN 代表数据操作的方向,1 代表行方向,2 代表列方向,c(1,2)代表行方向和列方向;参数 FUN 代表数据操作函数,例如,按列方向求最大值函数;…是可选参数。

例 1-24 基于矩阵数据分别求解各行方向上数据元素的平均值。

【例 1-24】

```
 1. matdata <- cbind(x1 = 5:6, x2 = c(14:10, 29:33))
 2. matdata
 3. #      x1 x2
 4. #[1,]  5 14
 5. #[2,]  6 13
 6. #[3,]  5 12
 7. #[4,]  6 11
 8. #[5,]  5 10
 9. #[6,]  6 29
10. #[7,]  5 30
11. #[8,]  6 31
12. #[9,]  5 32
13. #[10,] 6 33
14. #添加名称
15. dimnames(matdata)[[1]] <- LETTERS[11:20]
16. matdata
17. #   x1 x2
18. #K  5 14
19. #L  6 13
20. #M  5 12
21. #N  6 11
22. #O  5 10
23. #P  6 29
24. #Q  5 30
25. #R  6 31
26. #S  5 32
27. #T  6 33
28. #按照行计算最小值
29. apply(matdata, 1, min)
30. #K L M N O P Q R S T
31. #5 6 5 6 5 6 5 6 5 6
```

除此之外,函数 tapply()也是比较常用的函数,可以实现对矩阵或者数据框的运算处理。tapply()函数的定义如下:

```
tapply(X, INDEX, FUN, …)
```

其中,参数 X 代表 R 对象,包含矩阵和数据框等;INDEX 代表因子列表,数据由 as.factor()或者 factor()强制转换为因子;FUN 代表数据操作函数或 NULL;…是可选项参数。

例 1-25 使用 tapply()函数,基于类型 type 计算 grade 平均值,其中,type 转换为因子变量,存在三种不同类型 type,再基于不同类型分别求变量 grade 的平均值,最终输出三种类型的平均值结果为 65.0、77.0 和 26.5。

【例 1-25】

```
1. set.seed(200)
2. #创建数据框数据
```

```
 3. data <- data.frame(grade = round(rnorm(6, sd = 103, mean = 20)),
 4.                                 type = sample(7:9, size = 6, replace = TRUE),
 5.                                 major = sample(paste("major", 1:9),size = 6, replace = TRUE))
 6. head(data)
 7. #    grade type   major
 8. #1    29    9 major 6
 9. #2    43    9 major 6
10. #3    65    7 major 7
11. #4    77    8 major 6
12. #5    26    9 major 3
13. #6     8    9 major 3
14. # 类型 type 转换为因子数据,然后基于不同类型分别求 grade 平均值
15. grade <- data $ grade
16. major <- data $ major
17. type <- factor(data $ type,labels = c("high", "medium", "low"))
18. mean_grade <- tapply(grade, type, mean)
19. mean_grade
20. #high  medium   low
21. #65.0   77.0   26.5
```

另外,lapply()函数作用对象为列表或者向量,返回相同长度的列表。

lapply()函数的定义如下:

```
lapply(X, FUN, …)
```

例 1-26 的列表 data 包含两个元素,通过函数 lapply()执行求和运算,分别返回向量以及数据框所有元素的求和结果,返回结果包含两个元素,与原列表元素个数相同,第一个结果 50 代表列表元素 A 的元素和,而第二个结果 70 代表列表元素 B 的元素和。

【例 1-26】

```
 1. data <- list(A = c(5, 10, 15, 20), B = data.frame(x = 3:7, y = c(3, 6, 9, 12, 15)))
 2. data
 3. # $ A
 4. #[1]  5 10 15 20
 5. #第二个元素是数据框
 6. # $ B
 7. #  x  y
 8. #1 3  3
 9. #2 4  6
10. #3 5  9
11. #4 6 12
12. #5 7 15
13. lapply(data, sum)
14. # $ A
15. #[1] 50
16. # $ B
17. #[1] 70
```

数据分析和数据挖掘有时可能会用到 sapply()函数,sapply()函数的定义与上述函数类似。

sapply()函数的定义如下:

```
sapply(X, FUN, …)
```

其中，参数 X 代表向量或者列表，返回结果可以是向量、矩阵或者数组类型数据，与 lapply() 不同的是，它不返回列表类型的数据。

例 1-27 对向量数据计算各元素的立方值，得到一个新的向量结果。

【例 1-27】

```
1. sapply(5:9, function(i) i ^ 3)
2. [1] 125 216 343 512 729
```

1.3 流程控制

在数据处理中，流程控制可以通过条件判断实现，可以通过 if 语句实现条件判断。

if 条件语句的定义如下：

```
1. if(条件分支 1) {
2.       #条件分支 1 为 True 的代码
3. } else if(条件分支 2) {
4.       #条件分支 2 为 True 的代码
5. } else {
6.       #条件分支 1 和 2 以外分支的代码
7. }
```

如果只存在一个条件分支，则 else if 以及 else 分支语句部分省略；如果仅存在两个条件分支，则 else if 语句部分省略。除了 if 语句，也可以使用 while 语句实现条件判断。

while 条件的语句定义如下：

```
1. while(条件分支){
2.       #条件分支为 True 的代码
3. }
```

for 语句可以用于实现循环，这种方法通常设定了循环的起始点以及终止点。

for 语句的定义如下：

```
1. for (i in dataset) {
2.    #循环代码
3. }
```

其中，变量 i 是循环遍历变量，名称变化一般不会改变循环的处理逻辑，用户可以根据实际情况定制循环遍历变量的名称；dataset 是循环变量遍历的对象空间。

双层循环涉及循环嵌套，其逻辑基本与单层循环类似，不同点是内层循环变量 j 全部遍历完数据对象空间 datasettwo 后，外层循环变量 i 才开始遍历对象空间 datasetone 的下一个元素。

双层循环的定义如下：

```
1. for (i in datasetone) {
2.       #外层循环代码
3.    for(j in datasettwo) {
4.       #内层循环代码
5.    }
6. }
```

R 语言处理中,异常情况一般涉及异常捕捉以及异常处理,可以通过函数 tryCatch()实现异常处理。

异常处理函数 tryCatch()的定义如下:

```
1. tryCatch({
2.    #执行代码
3. }, warning = function(w){
4.    #告警处理代码
5. }, error = function(e){
6.    #错误处理代码
7. }, finally = function(f){
8.    #最后默认执行的代码
9. })
```

函数 tryCatch()包含四个参数,每个参数的主体部分用一对大括号表达。第一个参数的执行代码模块如果正常运行,则程序不会报错;finally{}代表无论代码是否运行异常都会执行的部分;第二个参数 warning 代表代码发生告警时的处理模块;第三个参数 error 代表 tryCatch{}代码运行发生错误时的处理流程。

switch 语句通过对参数表达式进行判断,执行符合条件的分支程序。

switch 语句的定义如下:

```
switch(expression, case1, case2, case3, … )
```

例 1-28 对两个实数执行代数运算,执行符合条件语句为除法的分支并输出结果。

【例 1-28】

```
1. x = 91
2. y = 7
3. z = "除法"
4. outcome = switch(z,
5. "加法" = cat("求和结果 =", x + y),
6. "减法" = cat("相减结果 =", x - y),
7. "除法" = cat("相除结果 = ", x/y),
8. "乘法" = cat("相乘结果 =", x * y),)
9. #执行除法分支的运算
10. #相除结果 =  13
```

1.4　面向对象编程

对象是对现实具体事物的抽象表达,R 是面向对象语言,一个面向对象系统的核心概念是类和方法,方法即函数。面向对象的主要特征包括封装、继承以及多态。封装把客观事物封装成抽象的类;继承是子类自动共享父类数据结构和方法的机制;多态是由继承产生的相关但不相同的类,对象基于多态可以作出不同的响应。

R 语言的类有 S3 类和 S4 类,S3 类的创建简单粗糙,使用比较灵活,而 S4 类比较精细。泛函数通常具有共同的名字,可以用于实现不同的功能。例如,打印函数 print 是一个使用比较广泛的泛函数。使用命令 methods(print)可以查看关于打印函数的子功能说明,打印函数可以细分为不同功能,完成不同的任务,代码参见例 1-29。

【例 1-29】

```
1. methods(print)
2.  #[1] print.acf *
3.  #[2] print.anova *
4.  #[3] print.aov *
5.  #[4] print.aovlist *
6.  #[5] print.ar *
7.  #[6] print.Arima *
```

　　S3 没有正式的定义和结构，可以通过函数 class() 给对象添加属性类名方式来创建 S3 类，例 1-30 中先创建列表对象，然后通过 class() 函数添加类名，通过 .attr(,"class") 显示类相关信息。

【例 1-30】

```
 1. s3Class <- list(language = "R", points = 3, time = "18weeks",
 2.      major = "Commercial Business")
 3. class(s3Class)<-"Course"
 4. s3Class
 5. # $ language
 6. #[1] "R"
 7. # $ points
 8. #[1] 3
 9. # $ time
10. #[1] "18weeks"
11. # $ major
12. #[1] "Commercial Business"
13. attr(,"class")
14. #[1] "Course"
```

　　以例 1-31 中的课程 Course 类为对象，添加自定义打印函数，输出对象结果。

【例 1-31】

```
 1. s3Class <- list(language = "R", point = 3,
 2.          time = "18 周", major = "人工智能")
 3. class(s3Class)<-"Course"
 4. print.Course<-function(obj){
 5.     cat("语言:", obj $ language, "\n")
 6.     cat(obj $ point, ":课程的学分.\n")
 7.     cat(obj $ time, ":课程的计划授课时间. \n")
 8.     cat(obj $ major, ":选修课程的学生专业.\n")
 9.     }
10. s3Class
11. #语言: R
12. #3 :课程的学分.
13. #18 周 :课程的计划授课时间.
14. #人工智能 :选修课程的学生专业.
```

　　S4 类定义更加具体和正式，可以分别通过函数 setClass() 创建类以及函数 new() 创建对象。Reference Class 是 S4 类的改进版本，可以使用函数 setRefClass() 创建类。

　　例 1-32 使用上面的方法创建了一个 S4 类，其中，参数 slots 定义类成员变量的数据类型，变量的具体赋值在调用 new() 函数时生成。

【例 1-32】

```
 1. setClass("s3Class", slots = list(language = "character", time = "character",
 2.     major = "character",point = "numeric"))
 3. s4Class <- new("s3Class", language = "R语言", point = 4,time = "十九周",
 4.     major = "经济学")
 5. s4Class
 6. # An object of class "s3Class"
 7. # Slot "language":
 8. #[1] "R语言"
 9. # Slot "time":
10. #[1] "十九周"
11. # Slot "major":
12. #[1] "经济学"
13. # Slot "point":
14. #[1] 4
```

类的继承是指子类不显式声明可以自动继承父类的成员变量和成员函数,下面通过 S4 类继承实例,说明继承的用法和特点,其中,定义子类时通过参数 contains 设定父类信息,setMethod()函数中设定了父类以及父类函数,子类自动继承该函数操作,直接调用输出执行结果,代码参见例 1-33。

【例 1-33】

```
 1. setClass("s3Class", slots = list(language = "character", time = "character",
 2.     major = "character",point = "numeric"))
 3. setMethod("show", "s3Class",
 4.             function(object){
 5.                 cat(object@language, "\n")
 6.                 cat(object@time, "\n")
 7.                 cat(object@major, "\n")
 8.                 cat(object@point, "\n")
 9.             }
10.   )
11. #类继承
12. setClass("s3Subclass",slots = list(hometown = "character"),contains = "s3Class")
13. #创建子类对象并赋值
14. subObject <- new("s3Subclass", language = "R与Python", point = 4,
15.         time = "16周", major = "人工智能", hometown = "中国")
16. show(subObject)
17. #R与Python
18. #16周
19. #人工智能
20. #4
```

1.5　R 常用库概述

截至目前,R 官网已经发布数量庞大的库,且数量继续增长,各个库一般实现特定的功能。数据挖掘和数据处理中,与本书相关的常用库简介如下。

- datasets:系统数据集库,执行 data()函数命令可以查看系统提供的数据集概要信息。
- dplyr:数据操作库,包括列筛选函数 select()、行筛选函数 filter()、排序函数 arrange()、创建新变量函数 mutate()、汇总函数 summarize()以及分组函数 group_by()等。
- tidyr:简化小型数据的生成处理库,包括 gather()等函数,可以实现长型数据和宽型数据的相互转换。长型数据变量一般具备分类或者循环特征，而宽型数据通常无法分类，也不具备循环的特征。

- ggplot2：绘图库。
- tidyverse：包含 dplyr、ggplot2、tibble 等，tibble 与数据框类似，数据量较小。
- magrittr：包括管道操作％＞％等。
- reshape2：数据预处理库，可以实现数据维度重新编码等功能。
- knitr：自动文档生成库。
- rmakdown：R 与其他语言的接口库，支持运行结果多样化输出。
- zoo：时间序列数据处理。
- rvest：爬取网络数据以及网络数据分析。
- Shiny：网页生成库。
- RMySQL：MySQL 数据库连接库。
- deSolve：一阶求导常微分以及偏微分等数学方程或者数学方程组的求解库，可以访问 cran. r-project. org/web/packages/deSolve 获取详细参考信息。
- Lubridate：处理时间和日期。

小结

本章重点介绍了 R 语言基本数据类型、函数定义和调用、循环流程、条件语句、异常流程以及面向对象编程的基本概念，描述了 R 语言常用库的概要信息及其主要功能，着重分析了 apply 函数族的定义以及应用方法，通过实例说明了不同分布随机变量的模拟数据生成方法。

习题

1. 创建因子数据可以使用什么函数？具体参数含义是什么？
2. 数据框可以使用什么函数创建？各参数代表什么含义？
3. 创建矩阵可以使用哪个函数？说明各参数含义。
4. 模拟 WeiBull 分布随机数，生成参数 shape＝7 以及 scale＝3.5 的 WeiBull 模拟数据，并输出直方图。
5. 列举 R 常见系统函数并说明主要功能。
6. 简要说明 apply 函数的定义以及各参数含义。
7. 简要说明 tapply 函数的定义以及各参数含义。
8. 简要说明 lapply 函数的定义以及各参数含义。
9. 简要说明 sapply 函数的定义以及各参数含义。
10. 简要说明类继承的含义，列举实例说明其基本原理。
11. 访问 R 官网获取库 deSolve 的详细信息，掌握一阶求导常微分方程组以及偏微分方程组的数学原理。

第 **2** 章

数据挖掘

数据挖掘是从数据中提取有分析价值信息的处理过程,数据挖掘的对象数据呈现多样化特征,包括从外部读入的文件、基于仿真方法生成的模拟数据以及 R 的系统数据等。R 数据挖掘的主要目的是将非结构化信息转换为结构化信息,剔除噪声数据或者无关信息,以便为进一步数据挖掘以及复杂分析提供高质量的数据源。

2.1 数据处理

2.1.1 csv 数据

csv 文件是以逗号作为分隔符的数据,R 语言中可以通过多种库读取 csv 文件,常见库包括 data. table 库、readr 库以及 readxl 库等。函数 read. table()、函数 read. csv()以及函数 read. delim()等可以实现逗号分隔数据的读取操作,可以访问 https://www. rdocumentation. org/ 查询库或者函数的相关信息。

read. ∗()函数的通用定义如下:

```
1. read.table(file, header, sep, row.names, col.names, …)
2.
3. read.csv(file, header, sep, …)
4.
5. read.delim(file, header, sep, …)
```

其中,参数 file 代表读取的文件名称;参数 header 是逻辑值,代表读取文件的首行是否作为变量名;参数 sep 定义源数据字段分隔符,如果 sep=""(read. table 的默认值),则分隔符为空白,即一个或多个空格、制表符、换行符或回车符;row. names 代表行名称向量;col. names 代表列变量向量;…是可选项参数。

与此形成对比,将数据对象输出到 csv 文件可以使用函数 write. table()或者函数 write. csv()实现,如果处理对象不是数据框,则需要先执行数据框转换处理。

write. ∗()函数的定义如下:

```
1. write.table(x, file, quote, sep, …)
2.
3. write.csv(…)
```

其中，参数 x 代表需要输出的对象；参数 file 代表输出文件名；quote 代表逻辑值（TRUE 或 FALSE）或数值向量，如果为 TRUE，则字符或因子用双引号，如果是数值向量，则元素作为引用的列索引。

读写 csv 文件的操作以及实现效果，代码参见例 2-1 以及例 2-2，源文件包括 32 个变量，总共 569 行数据，用 read.csv()、read.table() 以及 read.delim() 三种文件读取函数可以实现相同的功能。write.table() 函数将数据对象写入 csv 文件，接着读入环境检查输出操作前后对象内容保持一致。

【例 2-1】

```
1. csv <- read.csv("data.csv",header = TRUE)
2. str(csv)
3. #读取以逗号分隔的 csv 文件数据
4. tabledata <- read.table("data.csv",header = TRUE,sep = ",")
5. str(tabledata)
6. #三种读取函数实现的效果相同
7. delim <- read.delim("data.csv",header = TRUE,sep = ",")
8. str(delim)
9. # 显示 csv 的部分观测指标统计信息
10. # 'data.frame': 569 obs. of 32 variables:
11. # $ id           : int   842302 842517  …
12. # $ diagnosis    : chr   "M" "M"  …<省略部分数据>
13. # $ radius_mean  : num   18 20.6  …<省略部分数据>
14. # $ texture_mean : num   10.4 17.8  …<省略部分数据>
15. # …<部分数据省略>
```

【例 2-2】

```
1. write.table(delim,file = "written.csv",quote = TRUE,sep = ",")
2. data <- read.table("written.csv",header = TRUE,sep = ",")
3. #基于例 2-1 数据对象执行写入 csv 文件操作，然后读取确认一致性
4. head(data,2)
5. #     id    diagnosis  radius_mean …
6. #1   842302       M        17.99 …
7. #2   842517       M        20.57 …
```

2.1.2 Excel 数据

通过 readxl 库可以实现后缀名为 *.xls 以及 *.xlsx 格式文件的读取操作，主要包括 read_excel()、read_xls() 以及 read_xlsx() 三个函数。

read_*() 函数的定义如下：

```
1. read_Excel(path, sheet, range, … )
2.
3. read_xls(path, sheet, range, … )
4.
5. read_xlsx(path, sheet, range, … )
```

其中，参数 path 代表 *.xls 或者 *.xlsx 文件的路径信息；参数 sheet 代表读取文件的工作表信息；参数 range 代表读取的数据单元格范围；…是其他可选参数。

readr 库的 write_delim() 函数可以将对象写入 xlsx 文件。

函数 write_delim() 的定义如下：

```
write_delim(x, file, …)
```

其中,参数 x 为数据对象;参数 file 是保存文件信息。

读写 Excel 文件的操作和数据一致性检查,代码参见例 2-3。读写文件对象 data.xlsx 前后,变量名称和变量值信息保持一致,包括 32 个变量,总共 569 行数据,数据类型为 tibble,即数据框类型。

【例 2-3】

```
1. library(readxl)
2. readdata <- read_Excel("data.xlsx",sheet = "data")
3. str(readdata)
4. #tibble [569 x 32] (S3: tbl_df/tbl/data.frame)
5. # $ id        : num [1:569] 842302 …
6. # $ diagnosis  : chr [1:569] "M" "M" …
7. #写 Excel 文件操作
8. library(readr)
9. writexlsx <- write_delim(readdata,"data2.xlsx",quote = "all")
10. str(writexlsx)
11. #tibble [569 x 32] (S3: tbl_df/tbl/data.frame)
12. # $ id        : num [1:569] 842302 …
13. # $ diagnosis  : chr [1:569] "M" "M" …
```

2.1.3　txt 数据

函数 read.table()可以用来读取文本类型数据。文本类型数据的常用后缀名是 *.txt,文本数据各列之间的分隔符比较灵活,数据分隔符通过分隔符参数"sep"设定。例 2-4 的对象数据使用符号"\t"分隔,即多个空格符,相当于键盘上的 Tab 键。

【例 2-4】

```
1. library(data.table)
2. textdata <- read.table("data.txt",header = TRUE,sep = "\t")
3. str(textdata)
4. head(textdata)
5. #显示数据统计信息以及开始几行的数据
6. # 'data.frame': 65 obs. of  16 variables:
7.  # $ id        : int 842302 842517 …
8.  # $ diagnosis   : chr  "M" "M" …
9.  # $ radius_mean : num  18 20.6  …
```

write.table()函数可以用来将文件对象写入文本文件,例 2-5 将 xlsx 文件对象输出到文本文件,数据之间以"\t"间隔。

【例 2-5】

```
1. library(readxl)
2. library(data.table)
3. readxlsx <- read_excel("data.xlsx",sheet = "data")
4. writetable <- write.table(readxlsx,"datawrite.txt",sep = "\t")
5. textfile <- read.table("datawrite.txt",header = TRUE,sep = "\t")
6. head(textfile,3)
7. #检查数据写入文本文件以后的信息是否正确
8. #   id          diagnosis  radius_mean …
```

```
 9. #1    842302        M        17.99    …
10. #2    842517        M        2C.57    …
11. #3 84300903         M        19.69    …
```

2.1.4　SPSS 数据

SPSS 是进行统计分析的常用软件，其文件后缀名包括. sav，可以使用 haven 库的函数 read_sav()以及函数 write_sav()对. sav 格式文件进行读写操作。

在例 2-6 中，首先生成数据框对象，然后将其输出为. sav 文件，接着使用 read_sav()函数读入对象文件，检查文件对象与前面生成的数据内容一致。

【例 2-6】

```
 1. data <- data.frame(x1 = 10:15,x2 = 9:10,x4 = "COVID - 19",x3 = LETTERS[19:24])
 2. data    #检查生成数据框数据
 3. #   x1 x2     x4     x3
 4. #1 10   9 COVID - 19  S
 5. #2 11  10 COVID - 19  T
 6. …<部分数据省略>
 7. #保存数据框对象为 sav 文件,然后再导入检查数据一致性
 8. library(haven)
 9. write_sav(data, "data.sav")
10. savread <-   read_sav("data.sav")
11. #查看数据前面几行统计信息
12. head(savread)
13. # A tibble: 6 x 4
14. #     x1     x2      x4      x3
15. #  <dbl> <dbl> <chr>    <chr>
16. #1   10      9 COVID - 19 S
17. #2   11     10 COVID - 19 T
18. …<部分数据省略>
```

2.1.5　STATA 数据

在经济学以及统计学数据处理中，有时会用到 STATA 软件，可以分别使用 haven 库的函数 read_dta()以及函数 write_dta()读取和写入 STATA 类型数据，常用的 STATA 数据后缀名是 *.dta。例 2-7 先创建一个数据框对象，将其写入 STATA 文件，然后从 R 读入该 STATA 文件并检查数据前后一致性。

【例 2-7】

```
 1. data <- data.frame(y1 = 31:33,y2 = 6,y3 = "SARS",y4 = LETTERS[11:13])
 2. data
 3. #   y1 y2    y3 y4
 4. #1 31   6 SARS  K
 5. #2 32   6 SARS  L
 6. #3 33   6 SARS  M
 7. #检查生成的数据类型
 8. is.data.frame(data)
 9. #[1] TRUE
10. #数据对象写入 dta 文件,然后读入运行环境检查一致性
11. library(haven)
```

```
12. write_dta(data, "data.dta")
13. dtaread <- read_dta("data.dta")
14. #检查数据
15. head(dtaread)
16. # A tibble: 3 x 4
17. #      y1      y2 y3      y4
18. #   <dbl> <dbl> <chr> <chr>
19. #1     31      6 SARS   K
20. #2     32      6 SARS   L
21. #3     33      6 SARS   M
```

2.1.6 MATLAB 数据

MATLAB 是运行数学运算的工具,常用的文件后缀名是 *.mat,读写 MATLAB 数据可以通过 R.matlab 库的函数 readMat()以及函数 writeMat()实现。在例 2-8 中,首先生成矩阵数据和数组数据,接着通过函数 writeMat()将数据对象写入 *.mat 文件,最后使用函数 readMat()读入文件并检查数据前后一致性。

【例 2-8】

```
 1. library(R.matlab)
 2. x <- matrix(2:13, ncol = 4)
 3. y <- as.matrix(3:12)
 4. z <- array(1:18, dim = c(2, 3, 3))
 5. #mat 文件信息
 6. matdata <- paste(11, ".mat", sep = "")
 7. #写数据对象并读入检查数据前后没有发生变化
 8. writeMat(matdata, x = x, y = y, z = z)
 9. matlabdata <- readMat(matdata)
10. str(matlabdata)
11. #List of 3
12. # $ x: int [1:3, 1:4] 2 3 4 5 6 7 8 9 10 11 …
13. # $ y: int [1:10, 1] 3 4 5 6 7 8 9 10 11 12
14. # $ z: int [1:2, 1:3, 1:3] 1 2 3 4 5 6 7 8 9 10 …
15. # - attr( * , "header") = List of 3
16.   #.. $ description : chr "MATLAB 5.0 MAT-file…
17.   #.. $ version     : chr "5"
18.   #.. $ endian      : chr "little"
```

2.1.7 R* 数据

R 语言包括两种数据类型,分别是 *.rds 和 *.RData,可以通过函数 saveRDS()以及函数 save()实现 R 数据保存操作,而读取数据可以分别通过函数 readRDS()以及函数 load()实现。例 2-9 分别说明了两种后缀名文件的不同用法。

【例 2-9】

```
1. #rds 文件保存
2. library(haven)
3. object <- data.frame(y1 = 31:33, y2 = 6,y3 = "SARS",y4 = LETTERS[11:13])
4. object
5. #   y1 y2  y3  y4
6. #1 31  6 SARS  K
```

```
 7.  #2 32   6 SARS   L
 8.  #3 33   6 SARS   M
 9.  #数据框对象保存为文件
10.  saveRDS(object, file = "RDSdata.rds")
11.  #读取 rds 文件
12.  rdsdata <- readRDS(file = "RDSdata.rds")
13.  str(rdsdata)
14.  # 'data.frame': 3 obs. of  4 variables:
15.   # $ y1: int  31 32 33
16.   # $ y2: num  6 6 6
17.   # $ y3: chr  "SARS" "SARS" "SARS"
18.   # $ y4: chr  "K" "L" "M"
19.  object <- data.frame(y1 = 31:33,y2 = 6,y3 = "SARS",y4 = c(7,8,9))
20.  object
21.  #   y1 y2  y3   y4
22.  #1 31   6 SARS   7
23.  #2 32   6 SARS   8
24.  #3 33   6 SARS   9
25.  # RData 数据保存
26.  save(object, file = "RData.RData")
27.  #RData 加载
28.  rdata <- load(file = "RData.RData")
```

2.1.8　系统数据集

访问系统数据集可以通过库 datasets 实现，函数 data()可以读取常用系统数据集概要信息，常用方法参见例 2-10。

【例 2-10】

```
1. library(datasets)
2. data()
3. data(package = .packages(all.available = TRUE))
```

2.1.9　数据转换处理

R 语言中存在长型数据和宽型数据的不同概念，长型数据的主要特征是数据中包含分类变量或者数据存在循环特征，而宽型数据的主要特点是数据不存在重复特征也无法分类。宽型数据转换为长型数据可以使用 tidyr 包中的 pivot_longer()函数，而长型数据转换为宽型数据可以通过函数 pivot_wider()实现。

pivot_longer()函数的定义如下：

```
pivot_longer(data, cols, names_to, values_to, …)
```

其中，参数 data 代表对象数据，一般为数据框；cols 是转换为长型数据的对象列；names_to 是转换后的新列名信息；values_to 代表转换后的新列值。

pivot_wider()函数的定义如下：

```
pivot_wider(data, names_from, values_from, …)
```

其中，参数 data 代表对象数据，一般为数据框；names_from 代表长型数据中对象列名称；values_from 代表长型数据中对象列取值。

在例 2-11 中，首先创建宽型数据对象，其中，变量 GPA 对应的数据列不存在重复循环也无法分类，因此可以通过函数 pivot_longer() 对数据列 GPA 执行长型数据转换。

【例 2-11】

```
1. library(tidyr)
2. data <- data.frame(id = 1:12,gender = c("Male","Female"),
3.       Class = c("Economics1","Economics2","Economics3","Economics4"),GPA = 86:97)
4. # 宽型数据转换为长型数据
5.  data
6. #    id gender    Class  GPA
7. # 1   1   Male Economics1   86
8. # 2   2 Female Economics2   87
9. # 3   3   Male Economics3   88
10. # 4   4 Female Economics4   89
11. # 5   5   Male Economics1   90
12. # 6   6 Female Economics2   91
13. # 7   7   Male Economics3   92
14. # 8   8 Female Economics4   93
15. # 9   9   Male Economics1   94
16. # 10 10 Female Economics2   95
17. # 11 11   Male Economics3   96
18. # 12 12 Female Economics4   97
19. # 新对象列命名为 GPAToLong，对应值命名为 Score
20. wideToLong <- pivot_longer(data,GPA,names_to = "GPAToLong",values_to = "Score")
21. wideToLong
22. # A tibble: 12 x 5
23. #        id gender Class      GPAToLong Score
24. #    < int > < chr >  < chr >     < chr >   < int >
25. # 1     1 Male    Economics1 GPA          86
26. # 2     2 Female Economics2 GPA          87
27. # 3     3 Male    Economics3 GPA          88
28. # 4     4 Female Economics4 GPA          89
29. # 5     5 Male    Economics1 GPA          90
30. # 6     6 Female Economics2 GPA          91
31. # 7     7 Male    Economics3 GPA          92
32. # 8     8 Female Economics4 GPA          93
33. # 9     9 Male    Economics1 GPA          94
34. # 10   10 Female Economics2 GPA          95
35. # 11   11 Male    Economics3 GPA          96
36. # 12   12 Female Economics4 GPA          97
```

基于例 2-11 生成的长型数据，使用 pivot_wider() 函数还原成宽型数据，具体用法参见例 2-12。

【例 2-12】

```
1. longToWide <- pivot_wider(wideToLong,names_from = GPAToLong,values_from = Score)
2. # 长型数据转换为宽型数据
3. longToWide
4. # A tibble: 12 x 4
5. #        id gender Class       GPA
6. #    < int > < chr >  < chr >     < int >
7. # 1     1 Male    Economics1    86
8. # 2     2 Female Economics2    87
9. # 3     3 Male    Economics3    88
```

```
10. # 4     4 Female  Economics4    89
11. # 5     5 Male    Economics1    90
12. # 6     6 Female  Economics2    91
13. # 7     7 Male    Economics3    92
14. # 8     8 Female  Economics4    93
15. # 9     9 Male    Economics1    94
16. # 10   10 Female  Economics2    95
17. # 11   11 Male    Economics3    96
18. # 12   12 Female  Economics4    97
```

数据转换处理中，中心化处理以及标准化处理是比较常见的方法。如果数据集的观测变量量纲存在差异，可以通过数据中心化或者标准化执行变换，调整量纲生成适于分析的数据集，存在以下三种数据变换方法。

（1）数据中心化：$x - \bar{x}$。

（2）数据标准化：$\dfrac{x - \bar{x}}{\sigma}$。

（3）0-1 标准化：$\dfrac{x - x_{\min}}{x_{\max} - x_{\min}}$。

其中，σ 通常代表标准差或者特定系数；$\bar{x}$ 通常代表观测样本的平均值，stats 库中的 scale() 函数可以实现数据集的中心化处理以及标准化处理功能。

函数 scale() 定义：

```
scale(x, center, scale, … )
```

其中，参数 x 一般代表矩阵型数据；参数 center 代表中心化处理；参数 scale 代表标准化处理，通常是除以标准差或者特定系数值。例 2-13 说明了中心化处理以及标准化处理的效果。

【例 2-13】

```
1. data <- matrix(20:23, ncol = 2, nrow = 2)
2. data
3. #     [,1] [,2]
4. #[1,]   20   22
5. #[2,]   21   23
6. # 数据中心化处理，各样本值减去对象变量的平均值
7. center.data <- scale(x, center = TRUE, scale = FALSE)
8. center.data
9. #     [,1] [,2]
10. #[1,] - 0.5 - 0.5
11. #[2,]   0.5   0.5
12. #attr(,"scaled:center")
13. #[1] 20.5 22.5
14. # 数据缩放处理
15. scale.data <- scale(x, center = FALSE, scale = TRUE)
16. scale.data
17. #            [,1]       [,2]
18. #[1,] 0.6896552 0.6912226
19. #[2,] 0.7241379 0.7226419
20. #attr(,"scaled:scale")
21. #[1] 29.00000 31.82766
```

2.2 管道操作

R 语言中可以通过 magrittr 库实现管道操作的功能。管道操作的符号为 %>%，data %> % $f(x)$ 操作等价于 $f(data, x)$，即管道操作符左侧变量作为右侧函数的第一个参数代入函数执行运算，代表函数操作的数据对象，管道操作可以多层方式叠加，从而实现对数据的多重筛选、过滤或者其他计算。如果需要将左边的参数传递给右边函数的指定位置，则需要使用点符号"."，代码参见例 2-14 和例 2-15。

在例 2-14 中，首先生成 50 个标准正态分布的随机数，取得近似值后再求解最大值，最后将最大值传递给序列函数的 to 变量。

【例 2-14】

```
1. library(magrittr)
2. set.seed(300)    #设置种子数值,使不同用户可以复现相同结果
3. rnorm(50) %>%    round() %>%    max() %>%    seq(from = 0, to = .)
4. [1] 0 1 2
```

在例 2-15 中，首先生成一个 4 行 4 列的矩阵，然后将此数据对象传递给 apply() 函数的第一个参数，分别求解按行方向的最大值以及按列方向的平均值。

【例 2-15】

```
 1. library(magrittr)
 2. data <- matrix(1:16, nrow = 4)
 3. #data
 4. #      [,1] [,2] [,3] [,4]
 5. #[1,]    1    5    9   13
 6. #[2,]    2    6   10   14
 7. #[3,]    3    7   11   15
 8. #[4,]    4    8   12   16
 9. #按照列方向分别求平均值
10. data %>% apply(2, mean)
11. [1]   2.5  6.5 10.5 14.5
12. #按照行方向分别求最大值
13. data %>% apply(1, max)
14. [1] 13 14 15 16
```

R 基本库中存在与上述管道操作等价的操作，使用标记"|>"表达。下面使用 R 基本库包含的管道操作功能分析上述例子，对矩阵数据执行行方向以及列方向的最大值和平均值计算，可以获得相同的结果，代码参见例 2-16。

【例 2-16】

```
1. data |> apply(2, mean)
2. #[1]   2.5  6.5 10.5 14.5
3. data |>    apply(1, max)
4. #[1] 13 14 15 16
```

2.3 数据挖掘

2.3.1 数据分组

R 语言中，数据分组可以通过 dplyr 库的函数 group_by() 实现，分组处理的数据对象是数

据框。例 2-17 中先根据数据框对象的性别变量进行分组，然后分别统计各分组的记录数，女性组统计数量为 6，男性组统计数量为 6。

【例 2-17】

```
1. library(dplyr)
2. data <- data.frame(id = 1:12,gender = c("Male","Female"),
3. Class = c("Economics1","Economics2","Economics3","Economics4"),GPA = 86:97)
4. data
5. #    id gender        Class GPA
6. #1   1   Male Economics1  86
7. #2   2 Female Economics2  87
8. #3   3   Male Economics3  88
9. #4   4 Female Economics4  89
10. #…<部分数据省略>
11. #基于分组变量分别统计信息
12. groupdata <- data %>% group_by(gender) %>% summarise(Class = n())
13. groupdata
14. # A tibble: 2 x 2
15.   # gender Class
16.   #<chr>  <int>
17. #1 Female      6
18. #2 Male        6
```

分组操作也可以通过函数 aggregate()实现。

aggregate()函数定义：

```
1. aggregate(x, by, FUN, …)
2.
3. aggregate(formula, data, FUN, …)
```

其中，参数 x 和 data 代表数据对象，一般为数据框；参数 by 是分组元素组成的列表信息；FUN 是汇总统计函数；参数 formula 代表表达式，如果表达为 y～x，则代表变量 y 按照 x 变量进行分组。针对系统数据集 iris 计算变量 Petal.Length 按照变量 Species 执行分组，分别得出三个最大值，代码参见例 2-18。

【例 2-18】

```
1. str(iris)
2. #'data.frame': 150 obs. of  5 variables:
3. # $ Sepal.Length : num  5.1 4.9 …
4. # $ Sepal.Width  : num  3.5 3 …
5. # $ Petal.Length : num  1.4 1.4 …
6. # $ Petal.Width  : num  0.2 0.2 …
7. # $ Species      : Factor w/ 3 levels "setosa","versicolor",..: 1 1 1 …
8. aggregate(Petal.Length～Species, data = iris, max)
9. #     Species Petal.Length
10. #1    setosa          1.9
11. #2 versicolor         5.1
12. #3  virginica         6.9
```

2.3.2 数据排序

数据排序可以通过 Order()函数实现，默认返回元素在对象集中从小到大排序索引位置，如果元素是字符型数据,则返回字符从 a~z 排序的先后顺序,代码参见例 2-19。

【例 2-19】

```
 1. data <- data.frame(id = 1:12,gender = c("Male","Female"),
 2.      Class = c("Economics1","Economics2","Economics3","Economics4"),GPA = 86:97)
 3. data
 4. #    id gender        Class GPA
 5. #1   1   Male Economics1  86
 6. #2   2 Female Economics2  87
 7. #3   3   Male Economics3  88
 8. #4   4 Female Economics4  89
 9. …<部分数据省略>
10. #执行排序
11. orderdata <- order(data$gender)
12. orderdata   #按照性别排序,返回索引值
13. #[1]  2  4  6  8 10 12  1  3  5  7  9 11
14. orderdata <- order(data$Class)
15. orderdata   #按照类别排序,返回数值从小到大排序的索引值
16. #[1]  1  5  9  2  6 10  3  7 11  4  8 12
17. orderdata <- order(data$GPA)
18. orderdata   #按照GPA从小到大排序,返回相应元素的索引值
19. #[1]  1  2  3  4  5  6  7  8  9 10 11 12
```

排序也可以基于 arrange() 函数实现。

arrange() 函数定义:

```
arrange(data, … )
```

其中,参数 data 代表排序的对象数据。arrange() 函数的应用方法,代码参见例 2-20,使用函数 arrange() 返回按照类别变量 Class 的排序结果,结果先显示 Economics1 数据,其次显示 Economics2 数据,以此类推。

【例 2-20】

```
 1. data
 2. #    id gender        Class GPA
 3. #1   1   Male Economics1  86
 4. #2   2 Female Economics2  87
 5. #3   3   Male Economics3  88
 6. #4   4 Female Economics4  89
 7. …<部分数据省略>
 8. arrange(data,Class)   #基于类别执行排序
 9. #    id gender        Class GPA
10. #1   1   Male Economics1  86
11. #2   5   Male Economics1  90
12. #3   9   Male Economics1  94
13. #4   2 Female Economics2  87
14. …<部分数据省略>
```

2.3.3 数据过滤

dplyr 包中的 filter() 函数可以完成数据过滤功能,代码参见例 2-21,括号内的参数是过滤后保留的数据对象,即保留变量 GPA<88 的数据记录。

【例 2-21】

```
 1. require(dplyr)
 2. data
 3. #      id gender       Class GPA
 4. #1    1    Male Economics1  86
 5. #2    2 Female Economics2  87
 6. #3    3    Male Economics3  88
 7. #4    4 Female Economics4  89
 8. #5    5    Male Economics1  90
 9. …<部分数据省略>
10. data %>% filter(GPA<88)
11. #   id gender      Class GPA
12. #1 1    Male Economics1  86
13. #2 2 Female Economics2  87
```

数据过滤也可以使用操作符％in％完成，基本处理逻辑是判断变量是否属于特定集合。在例 2-22 中，判断变量 GPA 是否为 86、87 或者 89，符合条件的情况过滤后保留对象记录。

【例 2-22】

```
 1. data
 2. #      id gender       Class GPA
 3. #1    1    Male Economics1  86
 4. #2    2 Female Economics2  87
 5. #3    3    Male Economics3  88
 6. #4    4 Female Economics4  89
 7. # …<部分数据省略>
 8. data %>% filter(GPA %in% c(86,87,89))
 9. #   id gender      Class GPA
10. #1 1    Male Economics1  86
11. #2 2 Female Economics2  87
12. #3 4 Female Economics4  89
```

另一种方法是使用函数 select() 筛选数据，因为这个函数同时在 dplyr 包以及 MASS 包中定义，因此，如果环境系统同时加载了 dplyr 包以及 MASS 包，函数前面需要设定加载的是 dplyr 库而非 MASS 库，否则系统会提示变量参数未使用的错误信息，代码参见例 2-23。

【例 2-23】

```
 1. data
 2. #      id gender       Class GPA
 3. #1    1    Male Economics1  86
 4. #2    2 Female Economics2  87
 5. #3    3    Male Economics3  88
 6. # …<部分数据省略>
 7. #筛选部分数据列
 8. data %>% dplyr::select(gender,GPA)
 9. #   gender GPA
10. #1    Male  86
11. #2  Female  87
12. #3    Male  88
13. # …<部分数据省略>
```

2.3.4　数据更新

R 基本库中的 transform() 函数可以为数据框添加新的变量，也可以对已有的变量进行编辑或者删除操作。此外，plyr 库提供了添加新变量的两个函数 mutate()和 transmute()，可以创建源数据集中不存在的新变量。例 2-24 通过函数 transform()对变量 GPA 取相反数，不生成新变量，而例 2-25 通过函数 mutate()创建新变量 GPAWeighted，此变量由源数据变量 GPA 乘以 2 获得。

【例 2-24】

```
1. data
2. #    id gender      Class GPA
3. #1   1   Male Economics1  86
4. #2   2 Female Economics2  87
5. #3   3   Male Economics3  88
6. # …<部分数据省略>
7. #基于 transform()函数实现对数据进行编辑,不改变数据的列信息
8. data %>% transform(GPA = - GPA)
9. #    id gender      Class GPA
10. #1   1   Male Economics1 - 86
11. #2   2 Female Economics2 - 87
12. #3   3   Male Economics3 - 88
13. # …<部分数据省略>
```

【例 2-25】

```
1. library(plyr)
2. data
3. #    id gender      Class GPA
4. #1   1   Male Economics1  86
5. #2   2 Female Economics2  87
6. #3   3   Male Economics3  88
7. # …<部分数据省略>
8. #基于 mutate 函数创建新的变量,列变量的结构信息发生改变
9. data %>%  mutate(GPAWeighted = GPA * 2)
10. #    id gender      Class GPA GPAWeighted
11. #1   1   Male Economics1  86        172
12. #2   2 Female Economics2  87        174
13. #3   3   Male Economics3  88        176
14. # …<部分数据省略>
```

2.4　数据挖掘综合实战

本节以 Kaggle 下载的糖尿病观测数据为研究对象,说明数据挖掘以及数据分析的基本步骤。此数据集包含 5 个观测指标,中文重命名后变量名称分别是:糖尿病诊断结果、年龄、BMI、血压以及孕期,总共 768 行数据记录。

（1）首先导入数据分析需要的库信息,主要包括 dplyr、ggcorrplot、tidyverse 以及 PerformanceAnalytics 等。本节使用 ggplot2 绘图库的部分功能,通过设置参数 warn. conflicts＝FALSE 关闭导入库时系统可能提示的告警信息,基于 showtext 库设定图像输出结果支持中文显示,代码参见例 2-26。

【例 2-26】

```
1. library(dplyr,warn.conflicts = FALSE)
2. library(showtext,warn.conflicts = FALSE)
3. library(ggplot2,warn.conflicts = FALSE)
```

```
 4. library(tidyverse,warn.conflicts = FALSE)
 5. library(ggrepel,warn.conflicts = FALSE)
 6. library(ggcorrplot,warn.conflicts = FALSE)
 7. library(caTools,warn.conflicts = FALSE)
 8. library(plotrix,warn.conflicts = FALSE)
 9. library(ggpubr,warn.conflicts = FALSE)
10. library(cowplot,warn.conflicts = FALSE)
11. library(PerformanceAnalytics,warn.conflicts = FALSE)
12. library(corrplot,warn.conflicts = FALSE)
13.
14. #设置中文显示支持
15. font_add("kaiti","STKAITI.TTF")
16. showtext_auto()
```

（2）读入糖尿病观测数据集，筛选观测指标并基于 str()函数输出数据统计信息。源数据为数据框对象，包含 5 个变量总共 768 行观测数据。变量诊断结果（Outcome）值为 1 代表罹患糖尿病，值为 0 代表未罹患糖尿病；变量孕期（Pregnancies）代表怀孕的周数，代码参见例 2-27。

【例 2-27】

```
 1. data <- read.csv("diabetes.csv")
 2. filterdata <- data %>% dplyr::select(Outcome,Age,BMI,BloodPressure,Pregnancies)
 3. filterdata %>% str()
 4. #查看数据整体结构
 5. # 'data.frame': 768 obs. of 5 variables:
 6. # $ Outcome      : int 1 0 1 0 1 0 1 0 1 1 …
 7. # $ Age          : int 50 31 32 21 33 30 26 …
 8. # $ BMI          : num 33.6 26.6 23.3 28.1 …
 9. # $ BloodPressure : int 72 66 64 66 40 74 …
10. # $ Pregnancies  : int 6 1 8 1 0 5 3 10 2 8 …
```

（3）数据集的各观测变量量纲不相同，基于函数 scale()对除变量诊断结果以外的其他变量执行数据转换处理，调整数据量纲，然后合并变量诊断结果，得到新的数据集 data，代码参见例 2-28。

【例 2-28】

```
 1. filterscale <- data.frame(scale(filterdata[, -1]))
 2. data <- cbind(filterscale,Outcome = filterdata[,1])
 3. head(data)
 4. #查看量纲变换效果
 5. #         Age          BMI       BloodPressure    Pregnancies   Outcome
 6. #       <dbl>        <dbl>         <dbl>           <dbl>       <int>
 7. #1   1.42506672    0.2038799      0.1495433        0.6395305        1
 8. #2 - 0.19054773  - 0.6839762    - 0.1604412      - 0.8443348        0
 9. #3 - 0.10551539  - 1.1025370    - 0.2637694        1.2330766        1
10. # …<部分数据省略>
```

（4）绘制观测指标的箱形图，代码参见例 2-29，代码执行后的输出结果见图 2-1。量纲变换后，各观测变量的中位数大致处于相同范围，上四分位数至下四分位数之间数据分布的大致区间为[−1,1]，最大值以及最小值的取值范围基本上保持相同水平，介于−3～3。

【例 2-29】

```
 1. pdf("boxplot.pdf",width = 12,height = 8)
 2. data %>% dplyr::select(Age,BMI,BloodPressure,Pregnancies) %>%
 3. boxplot(col = c("purple","orange","blue","green"),ylim = c(-3,4),horizontal = FALSE)
 4. dev.off()
```

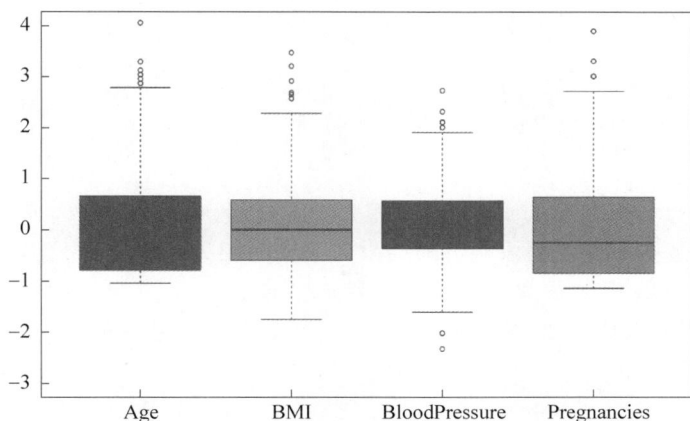

图 2-1　调整量纲处理

（5）重新命名英文变量为中文变量名，顺序与源数据顺序保持一致，检查观测变量之间的相关关系，获得相关性矩阵的数值输出，主对角线数值代表变量与自身的相关性，非主对角线的数值则代表对应两个变量之间的相关性。例如，血压与 BMI 的相关性约为 0.282，以此类推，代码参见例 2-30。

【例 2-30】

```
1. correlation <- cor(data)
2. rownames(correlation) <- c("年龄","BMI","血压","孕期","诊断结果")
3. colnames(correlation) <- c("年龄","BMI","血压","孕期","诊断结果")
4. correlation
5.
6. # 相关性矩阵结果输出
7. #              年龄          BMI           血压           孕期          诊断结果
8. # 年龄      1.00000000   0.03624187   0.23952795   0.54434123   0.23835598
9. # BMI       0.03624187   1.00000000   0.28180529   0.01768309   0.29269466
10. # 血压      0.23952795   0.28180529   1.00000000   0.14128198   0.06506836
11. # 孕期      0.54434123   0.01768309   0.14128198   1.00000000   0.22189815
12. # 诊断结果 0.23835598   0.29269466   0.06506836   0.22189815   1.00000000
```

（6）将相关性矩阵转换成相关性热图并输出图形结果，相关性热图的结果与上述相关性矩阵的数值大体一致，代码参见例 2-31，实现效果见图 2-2。

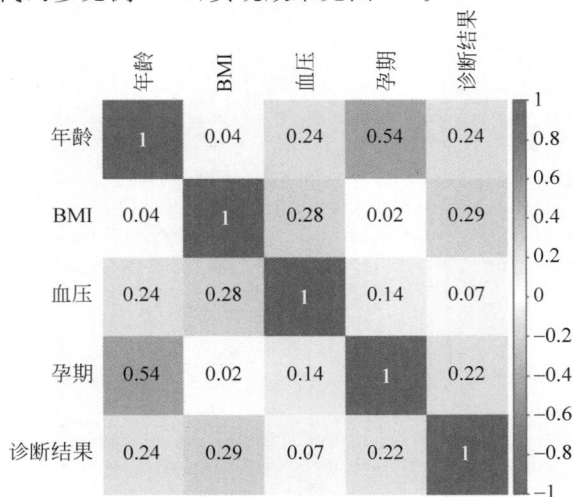

图 2-2　相关热图

【例 2-31】

```
1. corplot_refined <- corrplot(correlation, method = "color", diag = TRUE,
2.        addCoef.col = "black", col = COL2("RdYlBu"),
3.        number.cex = 1.2, tl.cex = 1.2, mar = c(0.01,0.01,0.01,0.01))
```

（7）使用函数 chart.Correlation()绘制相关性图，代码参见例 2-32，实现效果见图 2-3，与图 2-2 的输出结果基本一致。糖尿病诊断结果与孕期的相关系数为 0.22，与 BMI 的相关系数为 0.29，与年龄 Age 的相关系数为 0.24，三者均呈现显著正向相关性，而诊断结果与血压 BloodPressure 的相关性比较小，呈现非显著关系，年龄与孕期呈现正向显著相关性，相关系数为 0.54，相关性较高。

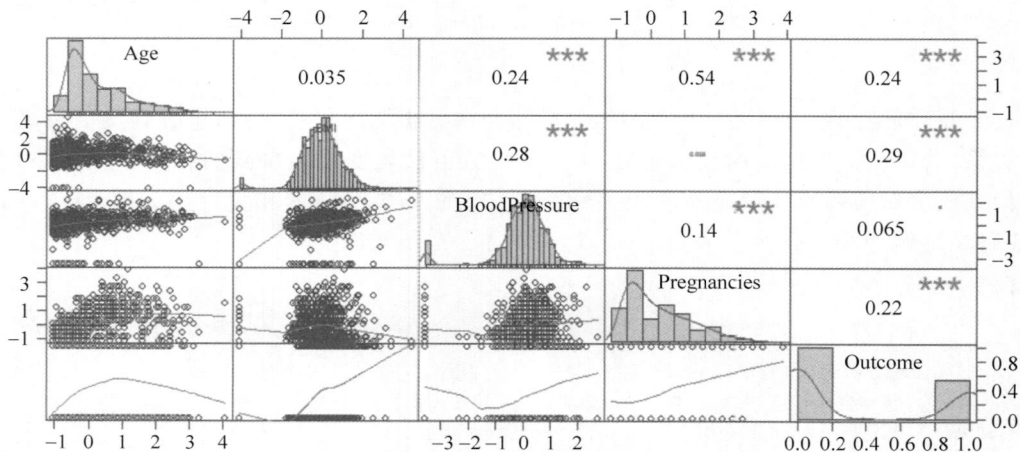

图 2-3　变量相关性图

【例 2-32】

```
1. chart.Correlation(data[,c(1:5)], histogram = TRUE,
2.     col = "grey2", pch = 10, main = "糖尿病指标相关性分析")
```

（8）统计诊断结果观测变量信息，结果以两种方式呈现，分别是数量图与百分比图，未罹患糖尿病的观测样本数为 500（约占比 65%），而罹患糖尿病的样本数为 268（约占比 35%），代码参见例 2-33，运行结果见图 2-4。

【例 2-33】

```
1. #数据集以诊断结果变量为基准进行分组,统计数据记录数
   outcome_number <- data %>% group_by(Outcome) %>% summarise(Count = n()) %>%
2. #绘制数量统计
3. ggplot(aes(x = as.factor(Outcome), y = Count)) + geom_bar(stat = "identity",
4.        fill = "purple", color = "grey10") + theme_bw() +
5.        geom_text(aes(x = Outcome, y = 0.2, label = Count), hjust = -4, vjust = -5, size = 5,
6.              color = "black", fontface = "bold", angle = 360) +
7.        labs(title = "数量", x = "", y = "数量") +
8.        theme(plot.title = element_text(hjust = 0)) +
9.        scale_x_discrete(name = "", breaks = c("0", "1"),
10.       labels = c("非糖尿病", "糖尿病")) + theme(text = element_text(size = 20))
11. #绘制百分比统计信息
12. outcome_percent <- data %>% group_by(Outcome) %>% summarise(Count = n()) %>%
13. mutate(pct = round(prop.table(Count),2) * 100) %>%
14. ggplot(aes(x = as.factor(Outcome), y = pct)) + geom_bar(stat = "identity",
```

```
15.            fill = "lightblue", color = "grey10") + theme_bw() +
16.            geom_text(aes(x = Outcome, y = 0.2, label = sprintf("%.1f % %", pct)),
17.          hjust = - 2.25, vjust = - 5, size = 5, color = "black", fontface = "bold",angle =
     360) + labs(title = "百分比(%)", x = "",y = "百分比") +
18.            theme(plot.title = element_text(hjust = 0)) +
19.            scale_x_discrete(name = "",breaks = c("0", "1"),
20.            labels = c("非糖尿病", "糖尿病")) + theme(text = element_text(size = 20))
21. #汇总统计结果
22. plot_grid(outcome_number, outcome_percent, align = "h", ncol = 2)
```

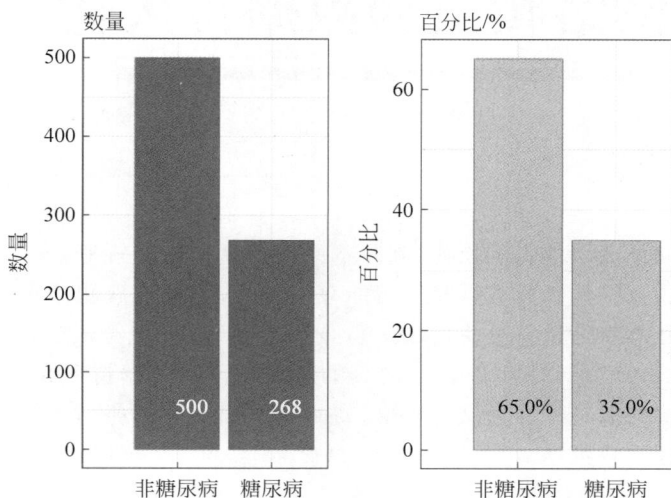

图 2-4　数量统计与百分比统计

小结

本章主要介绍数据挖掘以及数据分析的基本概念、常用函数定义、管道操作的基本逻辑以及不同类型数据的读写操作方法,重点分析数据分组、数据排序、数据过滤以及数据更新等函数定义以及基本操作方法,并通过综合实例阐述了基于外部数据源的数据挖掘以及数据分析的基本实现方法。

习题

1．使用不同数据集,编写代码实现 csv 数据的读写操作。

2．使用不同数据集,编写代码实现 Excel 数据的读写操作。

3．使用不同数据集,编写代码实现文本数据的读写操作。

4．使用不同数据集,编写代码实现 SPSS 数据的读写操作。

5．使用不同数据集,编写代码实现 STATA 数据的读写操作。

6．使用不同数据集,编写代码实现 MATLAB 数据的读写操作。

7．使用不同数据集,编写代码实现 R 数据的读写操作。

8．使用不同数据集,编写代码实现长型数据与宽型数据的转换操作。

9．使用不同数据集,基于函数 group_by()实现对数据的分组操作。

10．使用不同数据集,基于函数 filter()实现对数据的过滤操作。

11．使用不同数据集,使用不同方法分析变量之间的相关性,输出相关性热图以及变量相关性图,分析结果含义。

第 **3** 章

网络爬虫与数据持久化

网络爬虫是从网站获取信息的操作,其基本原理是基于特定规则定位网页信息以及网页元素。不同网站的数据结构以及数据特征可能存在差异,因此在爬虫之前需要预先对爬取对象的数据结构以及数据特征进行分析。tidyverse 库中的 rvest 包可以实现静态网页爬虫的基本功能,而 RSelenium 库则可以实现动态网页的爬虫功能。数据持久化主要包括两种方式:第一种是将网络爬取的数据保存为文件;第二种则是保存到数据库,为进一步数据分析以及数据挖掘提供可复用的源数据。

3.1　XML 数据

3.1.1　XML 定义

XML 是 eXtensible Markup Language(可扩展标记语言)的缩写,标记通常包含文档未输出的内容,主要目的是记述文档格式或者文档排版。XML 主要用于数据存储以及数据传输,这与超文本标识语言(Hyper Text Markup Language,HTML)存在差异,后者主要用途是数据显示。XML 标签不需要预定义,允许自定义标签或者自定义文档结构,而 HTML 标签则通常需要预先定义。通过 XML 可以将数据分离,特别是动态数据部分,可以独立存储为 XML 文件,划分以后用户可以专注静态数据的页面布局,然后通过脚本动态加载 XML 文件,实现动态更新网页信息的功能。

3.1.2　XML 基本语法

本节介绍 XML 的常用基础语法。XML 必须包含根元素,根元素是其他元素的父元素,例 3-1 中 level 结点是根元素,level 结点是 level1 结点以及 level2 结点的父结点,level3 结点是 level1 结点的子结点,level1 结点与 level2 结点属于同级结点,以此类推。

【例 3-1】

```
1. < level >
2.    < level1 > # 子结点
3.        < level3 > ··· </level3 >
4.    </level1 >
5.    < level2 > # 子结点
6.        < level4 > ··· </level4 >
```

```
7.    </level2>
8. </level>
```

XML 声明属于可选项,声明位于文档的首行,代码参见例 3-2。

【例 3-2】

```
<?xml version = "2.0">
```

XML 标签定义格式为"<> </>",这一点与 HTML 类似,XML 标签区分字符大小写,代码参见例 3-3。

【例 3-3】

```
1. < node>错误标签定义</Node>
2. < node>错误标签定义
3. < node>正确标签定义</node>
```

XML 属性值通过引号"属性"标注,而注释的定义方式为<!--备注-->,代码参见例 3-4,其中,element 代表元素,而 class 代表元素 element 的属性。

【例 3-4】

```
1. <!-- XML 错误属性定义,无引号 -->
2. < element class = top>
3. < sub>子结点</sub>
4. </element >
5. <!-- XML 正确属性定义,使用引号 -->
6. < element class = "top">
7. < sub>子结点</sub>
8. </element >
```

3.2　JSON 数据

3.2.1　JSON 定义

JSON 英文全称为 JavaScript Object Notation,代表 JavaScript 对象表述。JSON 数据格式与 JavaScript 对象的生成方法大体一致,JSON 文件后缀名为 *.json。

3.2.2　JSON 基本语法

JSON 可以理解为 JavaScript 语法的子集,数据包含名称和值(name：value),数据之间通过逗号","分隔开,花括号"{}"定义对象,数组则使用方括号"[]"定义,数组可以包含单个或者复数对象,即中括号内可以嵌套包含单对或者多对花括号。

JSON 的数据定义与 JavaScript 的变量定义类似,例如,"name"："R 语言"与 JavaScript 的变量定义 name＝"R 语言"类似,JSON 数据的基本应用方法,代码参见例 3-5。

【例 3-5】

```
1. ♯大括号 {} 定义 JSON 对象
2. {name1 : value1, … , namen : valuen }
3. ♯中括号 [] 定义 JSON 数组,数组元素使用逗号分隔
4. [
5.     { name1 : value1},
```

```
6.      …
7.         { namen: valuen},
8.      ]
9.  #JSON 数据定义
10. "name" : "R 语言"
11. # JavaScript 定义
12. name = "R 语言"
```

例 3-6 说明了 JSON 数据的访问方法，第一个数据对象的下标从 0 开始，后续对象的下标值依次增加 1。变量 variable 包含三个数据对象，variable[1].name 访问第二个数据对象的 name 对应的元素值"人工智能"，其他变量值访问可以以此类推。

【例 3-6】

```
1.  var variable = [
2.      { "name":"经济学" , "id":"1000" },
3.      { "name":"人工智能" , "id":"2000" },
4.      { "name":"软件" , "id":"3000"}
5.  ];
6.  #访问数组第 2 个对象,下标为 1
7.  variable[1].name;
8.  #人工智能
9.  #访问数组第 3 个对象,下标为 2
10. variable[2].id;
11. #3000
```

3.3　XPath 查询

XPath 查询的主要目的是筛选结点元素，通过路径表达式来选取 XML 结点信息，1999 年成为 W3C 标准。常用的路径选择方法参见表 3-1。

表 3-1　常用的路径选择方法

编　　号	表　达　式	含　　义
1	element	筛选对象 element 的全部子结点
2	/	基于根结点筛选子结点
3	//	基于当前结点筛选其他结点
4	.	筛选当前结点
5	..	筛选对象结点的父结点
6	@	筛选结点属性
7	*	筛选所有元素结点
8	@ *	筛选任何属性结点
9	node()	筛选任何类型的结点
10	/element/node[n]	筛选 element 元素的第 n 个 node 子元素

在例 3-7 中，执行命令"department/major"可以筛选"department"子元素"major"的所有结点；执行命令"//sub[@ name]"可以选出所有属性名为"name"的"sub"元素；命令"/department/major[number＞100]//sub"可以定位"department"子元素"major"的全部"sub"元素，且满足"number"元素值大于 100 的条件。

【例 3-7】

```
1.  < department >
2.  < major >
```

```
 3.    < sub name = "economics">经济学</sub >
 4.    < number > 100 </number >
 5.  </major >
 6.
 7.  < major >
 8.    < sub name = "business">智能商务</sub >
 9.    < number > 200 </number >
10.  </major >
11.  </department >
```

3.4　数据持久化

数据的文件保存操作在前面两章有所涉及,本节主要介绍数据库持久化保存相关操作,本书的实例代码基于 MySQL 数据库,使用 RMySQL 库实现 R 语言与数据库连接以及增、删、改、查等操作。

RMySQL 库中常见的函数包括连接函数(如 dbConnect()、dbDisconnect())、查询数据库函数(如 dbListTables()、dbGetQuery()、dbReadTable())、更新函数(如 dbWriteTable()、dbRemoveTable())、数据库引擎操作函数(如 dbSendQuery()、dbSendStatement()、dbFetch()、fetch())以及事务函数(如 dbCommit(),dbBegin(),dbRollback())等。

dbConnect()函数的定义如下:

```
dbConnect(object, user, password, dbname, host,port, … )
```

其中,参数 object 代表 DBIDriver 对象,连接 MySQL 数据库时通常设置为 MySQL();参数 user、password、dbname、host、port 分别代表连接数据库的用户名、密码、数据库名、主机地址以及端口信息。

dbSendQuery()函数以及 dbSendStatement()函数的定义如下:

```
1. dbSendQuery(connection, statement, … )
2.
3. dbSendStatement(connection, statement, … )
```

其中,参数 connection 代表数据库连接对象;参数 statement 代表 SQL 执行语句。通常函数 dbSendQuery()用于查询操作,而函数 dbSendStatement()则用于执行其他如增、删、改等相关操作。

3.5　静态网页爬虫实战

3.5.1　爬虫库 rvest 概要

通过网络爬虫库 rvest 实现数据爬取,主要包含网页文档读取、元素筛选、文本读取以及属性识别四类函数。

read_html()函数:读取网页文档函数。

html_nodes()函数:读取文档指定元素。

html_text()函数:读取标签文本信息。

html_attrs()函数:读取属性名称及其内容。

3.5.2　静态网页爬虫主要步骤

1. 分析网站数据结构

打开 Chrome 浏览器,本次爬取的地址为 IMDB 电影评论网站 https://www.imdb.com。

在搜索页面上筛选出对象国家为"中国"且对象语言为"中文"的电影主题,输入过滤条件包含"国家＝中国"以及"语言＝中文",基于筛选条件定位到页面"…/?countries＝cn&languages＝zh",总共可以过滤出约 7800 部中文主题电影,网址中问号"?"后面的信息可以理解为查询的参数信息。

本次电影评论数据爬虫基于用户排序的结果,界面上选择 User Rating,如果评价指标发生改变,可以选取其他如投票数、发布日期等指标爬取数据。搜索出的结果默认按照每页显示 50 部电影的格式显示,本实例爬取前两页信息,参数 start 用于调整每页显示的第一部电影的索引信息。

2. 获取爬取对象元素信息

接下来,获取爬取的对象元素的信息,以电影 *Let's Chat* 以及 *Success Formula* 为例,分别在显示的电影主题上右击,选择"检查"命令,打开开发者模式,获取主题对应信息,代码参见例 3-8 和例 3-9。可见,电影的标题符合类属性"class"为"lister-item-header",标题链接地址属于三号标题标签的超链接元素"<a></a>",可以通过"html_nodes(". lister-item-header a")"获取相应链接地址信息。此外,不同电影主题的年份信息的属性定义具有共通性,具体定义为"lister-item-year text-muted unbold",因此可以通过调用函数"html_nodes(". lister-item-year. text-muted. unbold")"实现筛选。

【例 3-8】

```
1. < h3 class = "lister - item - header">
2.     < span class = "lister - item - index unbold text - primary">1.</span>
3.     < a href = "/title/tt13223850/?ref_ = adv_li_tt">Let's Chat </a>
4.     < span class = "lister - item - year text - muted unbold">(2020)</span>
5. </h3>
```

【例 3-9】

```
1. < h3 class = "lister - item - header">
2.     < span class = "lister - item - index unbold text - primary">5.</span>
3.     < a href = "/title/tt16220616/?ref_ = adv_li_tt">Success Formula </a>
4.     < span class = "lister - item - year text - muted unbold">(2021)</span>
5. </h3>
```

例 3-10 说明了用户评分指标的元素信息,其类属性为"inline-block ratings-imdb-rating",粗体显示,可以通过执行函数"html_nodes(". inline-block. ratings-imdb-rating strong")"获取电影的用户评分信息。

【例 3-10】

```
1. < div class = "inline - block ratings - imdb - rating" name = "ir" data - value = "9.6">
2.         < span class = "global - sprite rating - star imdb - rating"></span>
3.         < strong>9.6</strong>
4. </div>
```

3. 编写爬虫代码

导入爬虫需要的库文件信息,本例爬取前 100 部电影的主题、年份以及评分等信息,通过循环语句实现分页爬取的功能,爬取的结果保存到 csv 文件,代码参见例 3-11。

【例 3-11】

```
1. #导入库
   library(dplyr)
2. library(rvest)
3. library(xml2)
4.
5. #爬取前两页数据,总共100部中文电影,每页显示50部电影
6. for (index in seq(1, 100, 50 )) {
7. #各电影的详细地址信息,变量 index 代表电影所在的索引信息
8.   moviePage = paste0("https://address/?countries = cn&languages = zh&sort = user_rating,
9.   desc&start = ", index ,"&ref_ = adv_nxt")
10.  webContent = read_html(moviePage)
11.  name = webContent |> html_nodes(".lister − item − header a") %>% html_text()
12.  year = webContent |> html_nodes(".lister − item − year.text − muted.unbold") %>%
13.  html_text()
14.  rating = webContent |> html_nodes(".inline − block.ratings − imdb − rating strong") %>%
15.   html_text()
16.  #爬取的数据向量生成数据框
17.  chinaMovie = data.frame(nane, year, rating, stringsAsFactors = FALSE)
18.  #输出页信息
19.  print(chinaMovie)
20.  print(paste0("第", index %/% 50 + 1,"页"))
21. }
22.  #爬取数据持久化保存为 csv 文件
23. write.csv(chinaMovie, "ChinaMovie.csv")
```

接着执行函数 head()检查爬取的中文电影的部分标题、年份以及用户评分信息,可以调整函数参数变换电影数量,第 16 部电影为 *Fu Gui*,第 17 部电影为 *Anarhan*,以此类推,代码参见例 3-12。

【例 3-12】

```
1. head(data,25)
2. #                    name         year rating
3. #15        The Journey   (I) (2017)    9.0
4. #16               Fu Gui      (2005)    9.0
5. #17              Anarhan      (2013)    9.0
6. #18   Hidden Dragon Battle   (2017)    8.9
7. #19 Private Shushan Gakuen   (2017)    8.9
8. #20     Blade of Enforcer    (2016)    8.9
9. #21 Da Ming Wang Chao 1566   (2007)    8.9
10. #22 Ni Jing: Thou Shalt Not Steal (2013) 8.9
```

3.5.3 爬虫数据持久化处理

1. 数据持久化

下面介绍将爬取的数据持久化保存到 MySQL 数据库的基本操作方法。函数 read.table()用于读取上述步骤爬取的电影评论数据,正式保存入库前需要将读取的信息预先转换为数据框 data.frame 数据,本例演示将第 16~22 部总共 7 部电影保存到 MySQL 数据库的操作,代

码参见例 3-13。

假定连接对象数据库名称为 test，MySQL 用户名为 root，MySQL 安装在本地计算机，端口为安装 MySQL 时默认的 3306。如果数据库安装地址不在本机，参数 host 需要相应更新，其他参数如端口和密码等发生变化的情况，对应参数的设置也需要相应调整。

【例 3-13】

```
 1. library(DBI)
 2. library(RMySQL)
 3. library(stringr)
 4. library(stringi)
 5. library(readxl)
 6. library(readr)
 7. library(RMariaDB)
 8. library(data.table)
 9. ♯关闭已经打开的数据库连接
10. dbDisconnect(sqlconnection)
11. ♯重新建立数据库连接,设置连接对象数据库信息
12. sqlconnection = dbConnect(MySQL(), user = 'root',
13.     password = '', dbname = 'test', host = 'localhost')
14. ♯查看数据库连接信息
15. summary(sqlconnection)
16. ♯查看数据库已经存在的表信息
17. dbListTables(sqlconnection)
18. ♯如果创建的表已经存在,则先删除
19. dbSendStatement(sqlconnection, "drop table if exists test.table")
20. ♯创建新表,并命名各字段名称以及数据类型
21. dbSendStatement(sqlconnection, 'create table if not exists
22.     test.table(name varchar(255), year varchar(255), rating varchar(255) ) ')
23. ♯读取爬取的数据,第一行表示字段标题
24. moviedata <- read.table("ChinaMovie.csv", header = TRUE, sep = ",")
25. head(moviedata)
26. ♯数据清洗
27. moviedata <- moviedata |> select(name, year, rating)
28. data <- data.frame(moviedata)
29. head(data, 25)
30. filterdata <- data[16:22, ]
31. ♯爬虫数据保存到 MySQL 数据库,执行持久化保存操作
32. sqlInsert <- "insert into test.table(name, year, rating) VALUES"
33. ♯数据库中创建三个变量,变量信息与爬取数据一致
34. sqlInsert <- paste0(sqlInsert, paste(sprintf("('%s','%s','%s')", filterdata $ name,
35.     filterdata $ year, filterdata $ rating), collapse = ","))
36. sqlInsert
37. ♯执行数据入库操作
38. dbSendStatement(sqlconnection, sqlInsert)
```

2. 数据一致性检查

通过 MySQL Workbench 工具打开 MySQL 数据库 test 的表 table，在查询窗口执行 SQL 语句"select * from test.table;"，确认数据库内保存的信息与数据对象入库前信息一致，总共 7 部电影，见图 3-1 和图 3-2。

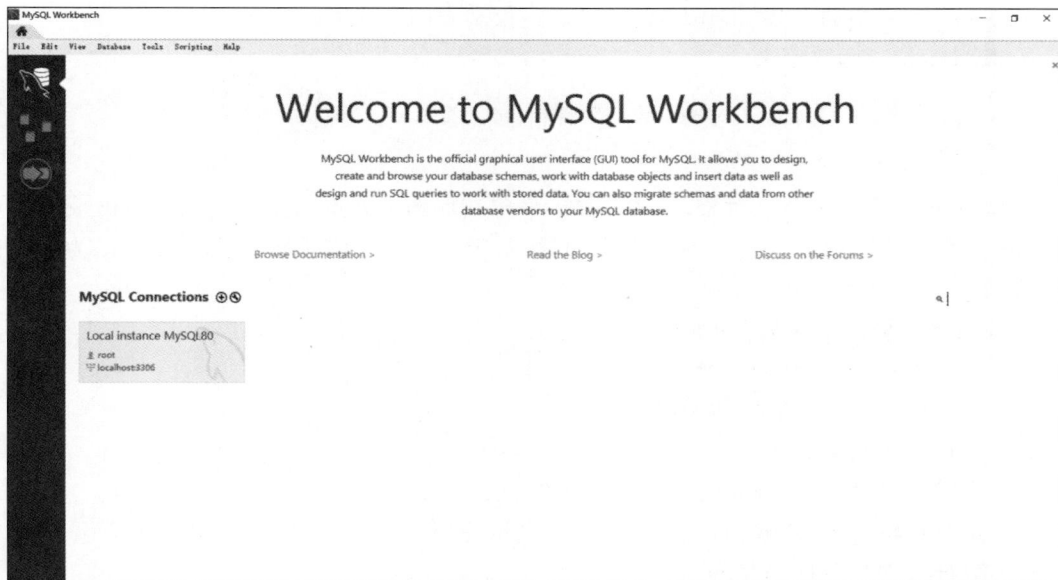

图 3-1　MySQL Workbench 数据库连接

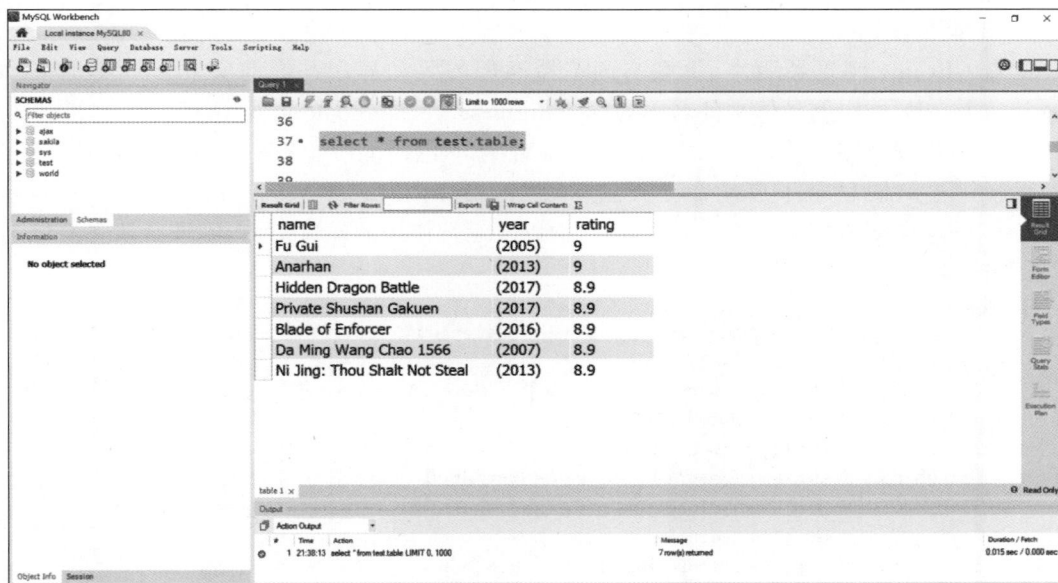

图 3-2　数据持久化一致性检查

3.6　动态网页爬虫实战

3.6.1　爬虫库 RSelenium 概要

xml2、rvest 以及 htmltab 库适用于爬取静态网页,通常不适用于动态网页爬虫,而 RSelenium 库可以实现动态网页爬虫的部分功能。RSelenium 驱动远程浏览器,可以实现用户输入,例如,鼠标单击、鼠标滚动等操作自动迁移到目标网页,可以获得目标页面的源代码并从页面获取信息。本实例使用 Chrome 浏览器,驱动程序可以从网址 chromedriver. chromium. org/downloads 下载,下载与浏览器版本不匹配的驱动程序可能导致动态爬虫程序运行异常。

RSelenium 库中的函数 findElement 可以定位动态网页元素。

findElement()函数定义：

```
findElement(remDr, using = c("xpath", "css selector", "id", "name", "tag name",
    "class name", "link text", "partial link text"), value, …)
```

其中，参数 remDr 是远程驱动对象；参数 using 设定获取网页元素的方式，包括 xpath、id 等；参数 value 代表具体获取方式对应的参数值，假如基于 xpath 定位元素，则参数 value 为元素的路径信息。

爬取动态网页信息的基本步骤如下。

（1）基于网页驱动导航到对象网页。

（2）基于网页驱动获取网站源码。

（3）解析源代码数据。

（4）完成首页爬取后，检查是否下一页操作。

（5）重复步骤（2）～步骤（4）直到对象数据获取完成。

（6）数据整理与数据保存。

3.6.2　动态网页爬虫主要步骤

1. 环境准备

检查 Chrome 浏览器版本，下载与浏览器匹配的驱动程序并提前安装 Java 程序，下载 Selenium Jar 库，本实例具体文件名称为"selenium-server-standalone- * .jar"。将上述文件放置在 Java 程序安装路径下，本实例具体路径地址为"C:\Program Files\Java\Selenium"。在驱动程序保存的同目录下启动命令行窗口，执行命令"java-jar selenium-server-standalone-4.0.0 * .jar"，检查 Selenium Server 启动正常以及运行使用的端口信息，代码参见例 3-14。

【例 3-14】

```
1. C:\Program Files\Java\Selenium > java - jar selenium - server - standalone - 4.0.0 - alpha -
   2.jar
2. #21:59:01.767 INFO [GridLauncherV3.parse] - Selenium server version:
3. #4.0.0 - alpha - 2, revision: f148142cf8
4. #21:59:01.819 INFO [GridLauncherV3.lambda $ buildLaunchers $ 3] -
5. #Launching a standalone Selenium Server on port 4000
6. #21:59:02.050 INFO [WebDriverServlet.< init >] - Initialising WebDriverServlet
7. #21:59:02.188 INFO [SeleniumServer.boot] -
8. #Selenium Server is up and running on port 4000
```

2. 导入库

导入动态网页爬虫相关的库信息，主要包括 XML 库、RSelenium 库以及 tidyverse 库，并通过库 rstudioapi 设置代码当前所在目录为工作路径，代码参见例 3-15。

【例 3-15】

```
1. library(rvest)
2. library(xml2)
3. library(lubridate)
4. library(tidyverse)
5. library(janitor)
```

```
 6. library(RSelenium)
 7. library(netstat)
 8. library(XML)
 9. library(RCurl)
10. library(rstudioapi)
11. #设置当前文件所在路径为工作路径
12. current_dir = dirname(getSourceEditorContext()$path)
13. setwd(current_dir)
```

3. 信息检查

确定爬虫对象地址,本实例为东方财富网的行业板块,打开远程驱动对象,检查连接状态信息,检查日志打印输出结果显示与远程服务器的连接状态,浏览器信息以及操作系统信息,代码参见例3-16。

【例3-16】

```
 1. url <- "http://quote.eastmoney.com/center/boardlist.html#industry_board"
 2. driver <- remoteDriver(browserName = "chrome")
 3. driver$open()
 4. #[1] "Connecting to remote server"
 5. #$browserName
 6. #[1] "chrome"
 7. #$browserVersion
 8. #[1] "108.0.5359.125"
 9. #$chrome
10. #$chrome$chromedriverVersion
11. [1] "108.0.5359.71
12. $platformName
13. #[1] "windows"
```

4. 动态爬虫代码

调用函数 navigate()导航到目标网页地址,然后通过函数 getPageSource()获取网页内容,最后基于函数 read_html()读取对象内容,主要包括网页的头部信息以及正文内容等基本结构,代码参见例3-17。

【例3-17】

```
 1. driver$navigate(url)
 2. wescrape <- driver$getPageSource()
 3. outcome <- read_html(wescrape[[1]])
 4. outcome
 5. #{html_document}
 6. #<html>
 7. #[1] <head> …
 8. #[2] <body> …
```

5. 一致性检查

本实例以网站前4行数据为操作对象,查看爬取数据的前4行,主要包括文化传媒、游戏、铁路公路以及商业百货等行业,比较目标网站内容,检查数据一致性。可以根据实际需要,修改参数调整数据行数,代码参见例3-18。

【例3-18】

```
 1. data <- html_table(outcome)[[1]]
 2. head(data,4)
```

```
3. # A tibble: 4 x 12
4. #      排名        板块名称      …
5. #    < int >        < chr >      …
6. #1     1           文化传媒      …
7. #2     2           游戏          …
8. #3     3           铁路公路      …
9. #4     4           商业百货      …
```

小结

本章简要介绍了静态网页爬虫、动态网页爬虫、XML 数据、JSON 数据以及 XPath 的基本概念以及爬虫数据库持久化的实现方法，通过实例阐述了静态爬虫与动态爬虫的基本应用方法以及基本操作步骤。

习题

1. 简述网络爬虫数据持久化的两种方法。
2. 简述静态网页爬虫与动态网页爬虫使用的库名称。
3. 基于 rvest 库爬取静态网页数据，并将结果持久化保存到 MySQL 数据库。
4. 基于 RSelenium 库实现动态网页数据爬虫功能。

第 **4** 章

ggplot2绘图

ggplot2 是非常重要的绘图库,主要用途是数据可视化处理,特点是可以实现图形与数据分离,通过将绘图过程分解为可灵活组合的独立步骤,实现图形逐层叠加呈现数据分布特征的功能,提高了绘图操作的效率性,提升了数据分析以及数据挖掘的易用性。

4.1 ggplot2 功能概述

ggplot2 库的图形主要包括数据(data)、映射(mapping)、几何对象(geom)、统计(stats)、标度(scale)、坐标系(coord)、分面(facet)以及主题(theme)等组件。图形组件以图层方式叠加,通过加号"+"实现图形不同属性的组合输出,各图层可以分别设定数据源、映射关系以及其他参数,从而实现绘制复杂图形的功能。

4.2 ggplot2 绘图方法

4.2.1 ggplot()函数

ggplot2 库绘图通常以绘图函数 ggplot()开始,函数参数部分设置数据源(data)和映射关系(mapping),数据源通常由数据框对象构成,而映射关系可以通过图形属性函数 aes()设定。

ggplot()函数的定义如下:

```
ggplot(data, mapping = aes(), …)
```

其中,参数 data 代表数据源,一般是数据框,如果数据源非数据框类型,需要先转换为数据框格式;映射关系参数 mapping 通常通过函数 aes()实现,可以设定绘图的 x 坐标、y 坐标、颜色(color)、形状(shape)、大小(size)、线形(linetype)、填充(fill)以及透明度(alpha)等属性信息。

颜色属性通常支持 color 或者 colour 两种表述方法。颜色属性设定颜色信息,可以指定具体的颜色,在多分组的情况下,可以基于分组信息设置颜色显示,此时具体颜色呈现通常由运行环境自动分配。

形状参数可以设定图形输出的散点形状信息,形状参数的取值范围为整数 0~25,其中,21~25 的形状存在填充效果,而其他数值对应的形状无填充效果,各数值对应的图形信息见图 4-1。

大小参数设定图形输出的大小信息,如果输出图形是散点,则大小参数设定散点的直径;

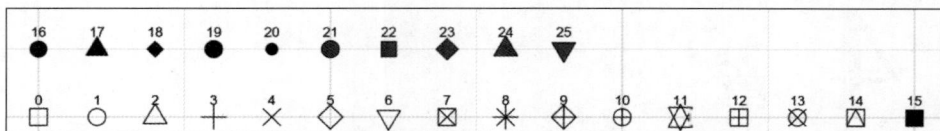

图 4-1 形状参数显示效果

如果输出图形是线，则大小参数设定线的宽度；如果输出图形是文本，则大小参数设定文本的高度。填充参数设定图形的填充效果，而透明度参数则实现图形的透明显示效果。

线形参数可以设置图形线信息，常用的线形名称包括"blank""solid""dashed""dotted""dotdash""longdash""twodash"。线性参数除了可以通过具体名称设定，也可以通过数值方式设置，与上述线形名称对应的数值范围为整数 0～6，如数值 0 代表空白，数值 1 则代表实线。

4.2.2 geom()函数系列

geom 全称为 geometrics，代表几何对象。ggplot2 库通过几何函数系列实现添加几何对象的功能。几何函数系列通常以"geom_*"开头，如果绘制点状图，则对应的函数名为 geom_point()；如果绘制线图，则对应的函数名为 geom_line()，以此类推。

几何函数 geom_*()的通用定义如下：

```
geom_*(data, mapping, stat, …)
```

其中，参数 data 以及参数 mapping 分别代表数据源以及映射关系；参数 stat 代表统计信息；参数…代表可选项。

常用几何函数系列如下。

- geom_point()：散点图。
- geom_jitter()：随机抖动散点图，类似于散点图，但散点显示位置随机变化，通常用于避免散点输出为直线。
- geom_line()：线图，可以将散点连接成线。
- geom_abline()：直线图，需要设定直线的斜率参数和截距参数。
- geom_hline()以及 geom_vline()：绘制水平线或者垂直线。
- geom_linerange()：线段区间图。
- geom_pointrange()：点线段区间图，点通常表示平均值，而线段区间通常代表点的最大值、最小值以及置信区间等信息。
- geom_smooth()：散点的拟合曲线，拟合平滑处理主要包括线性拟合(lm)、广义线性拟合(glm)、平滑线拟合(smooth-loess)、稳健线性拟合(rlm)、广义相加模型拟合(gam)，默认方式为平滑线拟合。
- geom_bar()：条形图。
- geom_boxplot()：箱形图。
- geom_histogram()：直方图。
- geom_polygon()：多边形图，参数设定多边形的顶点位置。
- geom_rect()：矩形图，参数设定矩形的四个顶点位置。
- geom_segment()：箭头图，参数设定箭头的起点和终点。
- geom_step()：阶梯图。

- geom_density()：密度图。
- geom_text()：添加文本说明，参数通常设定文本显示的坐标。
- geom_violin()：小提琴图。
- geom_errorbar()：误差条图，误差条的区间通常用于表示置信区间。
- geom_signif()：显著水平。

4.2.3　facet()函数系列

facet 代表分面，分面函数系列可以实现在同一画布上绘制多幅图形的功能，因此，通常需要预先将数据划分为多个子数据集，然后将各子集按照指定顺序映射到画布的不同分面中。ggplot2 提供两种分面函数，分别是 facet_grid()和 facet_wrap()。

分面函数 facet_*()的定义如下：

```
facet_grid(rows, cols, …)

facet_wrap(facets, nrow, ncol, …)
```

其中，参数 rows 代表行维度方向的分面分组；参数 cols 代表列维度方向的分面分组；参数 facets 代表分面的分组信息；参数 nrow 和 ncol 则分别代表行数以及列数。

分面函数的常见应用方法如下。
- facet_grid(variable～.)：列分布分组绘图。
- facet_grid(.～variable)：行分布分组绘图。
- facet_wrap(～variable,ncol = n)：n 列分布分组绘图。
- facet_wrap(～variable,nrow = n)：n 行分布分组绘图。
- facet_grid(colvar ～ rowvar)：基于变量 rowvar 和变量 colvar 的二维分组绘图。

4.2.4　theme()函数系列

theme 代表主题，主题可以定制图形输出的网格、背景等风格。除了 ggplot2 库的主题函数，也可以通过 ggthemes 库以及 cowplot 库等实现主题定制功能。

ggplot2 库的主题主要包括以下几个。
- theme_grey：灰色主题，背景为灰色，默认主题。
- theme_bw：黑白主题，白色背景，黑色边框，灰色网格线。
- theme_linedraw：网格线主题，网格为黑色，其他与黑白主题相似。
- theme_light：灰白主题。
- theme_dark：黑色背景主题。
- theme_minimal：最小化显示主题。
- theme_classic：经典主题。
- theme_void：空主题。

R 库安装方法通常包括两种，分别是标准安装和 GitHub 安装，后者通常通过 devtools 库或者 remotes 调用 install_github 函数实现。ggthemes 库的安装可以通过标准安装或者 GitHub 安装实现，代码参见例 4-1。ggthemes 主题主要包括 theme_base、theme_calc、theme_clean、theme_economist 以及 theme_Excel 等。

【例 4-1】

```
1. #标准安装
2. install.packages('ggthemes')
3. #通过 GitHub 安装
4. library("devtools")
5. devtools::install_github("jrnold/ggthemes")
```

cowplot 库安装方法与 ggthemes 库类似,代码参见例 4-2。cowplot 库主题主要包含 theme_cowplot、theme_minimal_grid 以及 theme_nothing 等。

【例 4-2】

```
1. install.packages("cowplot")
2. #安装最新的开发版本
3. remotes::install_github("wilkelab/cowplot")
```

4.2.5 scale()函数系列

scale 代表标度,通过标度函数用户可以自定义映射关系。标度可以分为连续型标度 (continuous)和离散型标度(discrete)两种。标度函数允许用户根据坐标、颜色(color)、填充 (fill)、大小(size)、形状(shape)、线型(linetype)等不同图形属性设定,通过标度函数第一个下画线后面的参数名定制。例如,坐标标度函数对应 scale_x_discrete 和 scale_y_continuous 等, 颜色标度函数对应 scale_color_hue 和 scale_color_identity 等,形状标度函数对应 scale_shape_ manual 等,以此类推。

另外,标度函数第二个下画线的紧邻参数名确定的情况下,第一个下画线的紧邻参数名也 可以根据上述命名方法生成不同的标度函数。例如,scale_ * _manual()代表用户手动设置信 息的标度函数,允许用户根据实际数据手动设定颜色(color)、填充(fill)、大小(size)、形状 (shape)、线型(linetype)、透明度(alpha)等信息。

scale_ * _manual()函数的定义如下:

```
1. #自定义颜色
2. scale_color_manual(values,aesthetics, … )
3. #自定义填充
4. scale_fill_manual(values,aesthetics, … )
5. #自定义大小
6. scale_size_manual(values, … )
7. #自定义形状
8. scale_shape_manual(values, … )
9. #自定义线型
10. scale_linetype_manual(values, … )
11. #自定义透明度
12. scale_alpha_manual(values, … )
13. #离散/连续变量标度
14. scale_discrete/continuous_manual(values,aesthetics, … )
```

其中,参数 values 代表图形属性;参数 aesthetics 是字符串或者字符串向量,代表具体的映射 属性。例如,同时基于颜色和填充两种属性映射,则 aesthetics 可以设置为 c("color","fill")。

4.3 ggplot2 绘图综合实战

下面以从 Kaggle 下载的罹患癌症的诊断数据为研究对象,分析基于 ggplot2 绘图的基本 操作步骤以及具体应用方法,源数据总共包含 32 个观测变量,569 行数据。

（1）导入需要的库文件，主要包括 ggplot2、readxl、tidyverse 以及 magrittr 等。readxl 库可以读取外部文件，magrittr 库则主要实现数据的多层清洗以及管道操作功能。设定图形输出支持中文显示，并将代码所在的目录设定为工作目录。检查数据的统计信息，变量 id 是样本对象的编号信息，在数据分析以及数据挖掘中通常定义为噪声数据。剔除 id 变量，清洗后的新数据集命名为 patientdata，包含 31 个有效观测变量，总共 569 行记录，代码参见例 4-3。

【例 4-3】

```
 1. library(data.table)
 2. library(readxl)
 3. library(ggplot2)
 4. library(magrittr)
 5. library(tidyverse)
 6. library(showtext)
 7. library(patchwork)
 8. library(dplyr)
 9. library(ggpubr)
10. library(rstudioapi)
11. library(ggradar)
12. # 设置代码文件所在目录为工作路径
13. current_dir = dirname(getSourceEditorContext() $ path)
14. setwd(current_dir)
15. # 设置中文显示支持
16. font_add("kaiti","STKAITI.TTF")
17. showtext_auto()
18. # 读取外部文件
19. data <- read_Excel("cancer.xlsx")
20. # 将外部数据源转换为数据框数据类型，作为 ggplot2 绘图的输入数据
21. patientdata <- data.frame(data)
22. # 删除第一列 id 变量
23. patientdata <- patientdata[, -1]
24. # 查看数据结构
25. str(patientdata)
26. # 'data.frame'         : 569 obs. of 31 variables:
27. # $ diagnosis          : chr "M" "M" "M" …
28. # $ radius_mean        : num 18 20.6 19.7 …
29. # …<部分数据省略>
```

（2）变量癌症诊断结果（diagnosis）是二值字符串变量，"M"代表恶性肿瘤，"B"代表良性肿瘤，将癌症诊断结果变量转换为因子变量，重新命名为"patientdata $ 诊断结果"。因子水平值有两类，分别为 1 和 0。给两因子水平对应的标签分别取名"恶性肿瘤"与"良性肿瘤"。基于样本的均值凹度（concavity_mean）创建凹度阈值变量，设定阈值为 0.1，小于阈值的样本定义为"弱凹度"，除此以外的样本定义为"强凹度"，划分出"弱凹度"与"强凹度"两组数据。基于源数据诊断结果变量调用标准差计算函数以及平均值计算函数，运算得到新变量凹度标准差以及凹度均值，生成新数据集 data。根据诊断结果分组后的汇总信息，可见恶性肿瘤组的凹度标准差为 0.075，凹度均值为 0.161；而良性肿瘤组的凹度标准差为 0.0434，凹度均值为 0.046，前者的凹度标准差以及凹度均值比后者大，代码参见例 4-4。

【例 4-4】

```
 1. patientdata $ 诊断结果<- factor(patientdata $ diagnosis,
 2.                          levels = c("M","B"),labels = c("恶性肿瘤","良性肿瘤"))
```

```
3. 凹度阈值 <- factor(ifelse(patientdata $ concavity_mean < 0.1, "弱凹度", "强凹度"))
4.    # 基于诊断结果分组
5. data <- patientdata %>% group_by(诊断结果) %>%
6. summarize(凹度标准差 = sd(concavity_mean, na.rm = TRUE),
7.           凹度均值 = mean(concavity_mean, na.rm = TRUE))
8. # 查看数据汇总信息
9. Data
10. # A tibble: 2 x 3
11.   #诊断结果         凹度标准差        凹度均值
12.   #<fct>            <dbl>            <dbl>
13.   #1 恶性肿瘤        0.0750           0.161
14.   #2 良性肿瘤        0.0434           0.046
```

(3) 查看数据集 patientdata 以及数据集 data 的统计信息,后者的数据类型为 tibble, tibble 可以理解为 data.frame 数据类型的缩小版。前者数据样本通常比后者小,data 数据维度为 2 行 3 列,包含诊断结果、凹度标准差以及凹度均值三个变量。凹度均值是所有样本的凹度平均值,由单样本凹度平均值(concavity_mean)相加以后除以样本数获得。数据集 patientdata 中显示增加了一个新的因子变量诊断结果,因子有两个水平,与两个水平值对应的标签名称分别是"恶性肿瘤"和"良性肿瘤",代码参见例 4-5。

【例 4-5】

```
1. str(data)
2. #tibble [2 x 3] (S3: tbl_df/tbl/data.frame)
3.   # $ 诊断结果    : Factor w/ 2 levels "恶性肿瘤","良性肿瘤": 1 2
4.   # $ 凹度标准差  : num [1:2] 0.075 0.0434
5.   # $ 凹度均值    : num [1:2] 0.1608 0.0461
6. str(patientdata)
7. # 'data.frame'   : 569 obs. of 32 variables:
8.   # $ diagnosis   : chr "M" "M" "M" …
9.   # $ radius_mean : num 18 20.6 19.7 …
10.  # …<部分数据省略>
11.  # $ 诊断结果    : Factor w/ 2 levels "恶性肿瘤","良性肿瘤": 1 1 1 …
```

(4) 绘制误差条形图,横轴为变量诊断结果,纵轴为变量凹度均值,纵轴方向统计基于诊断结果分组的凹度均值标准差信息。误差条的最小值设定为凹度均值,而最大值设定为凹度均值正向偏移一个标准差。这里的最小值也可以根据实际情况设置为凹度均值负向偏移一个或者多个标准差。两组之间的显著性测试结果基于 wilcox.test 指标计算获得。误差条函数参数 comparisons 通过列表方式设置比较对象为"恶性肿瘤"分组与"良性肿瘤"分组,测试结果"NS"代表不显著,即两组之间不存在显著差异。代码参见例 4-6,运行结果见图 4-2。

【例 4-6】

```
1. ggplot(data, aes(诊断结果, 凹度均值)) +
2.   geom_bar(aes(fill = 诊断结果),stat = "identity",
3.           position = position_dodge(0.8), width = 0.7,alpha = 0.7) +
4.   geom_errorbar(aes(ymin = 凹度均值, ymax = 凹度均值+凹度标准差, group = 诊断结果),
5.           width = 0.2, position = position_dodge(0.8),color = "red",lty = 2,lwd = 0.5) +
6.   scale_fill_nejm() +
7.   labs(title = "",x = "诊断结果",y = "凹度阈值") +
8.   theme_bw() +
9.   geom_signif(comparisons = list(c("恶性肿瘤","良性肿瘤")),
10.          test = wilcox.test,
```

```
11.            y_position = 0.25,
12.            map_signif_level = T,
13.            size = 0.1,vjust = 0.1) + coord_cartesian(ylim = c(0,0.3)) +
14. theme(axis.text.x.top = element_blank(),
15.       axis.title = element_blank(),
16.       axis.text.y.right = element_blank(),
17.       axis.line.x.top = element_blank(),
18.       axis.ticks.x.top = element_blank()) +
19. geom_bar_pattern(aes(pattern = 诊断结果,pattern_angle = 诊断结果),
20.            stat = "identity",
21.            colour = 'black',
22.            pattern_fill = "blue",
23.            pattern_colour = 'yellow')
24. #保存绘图结果
25. ggsave ("exp_46.pdf",height = 4,width = 6)
```

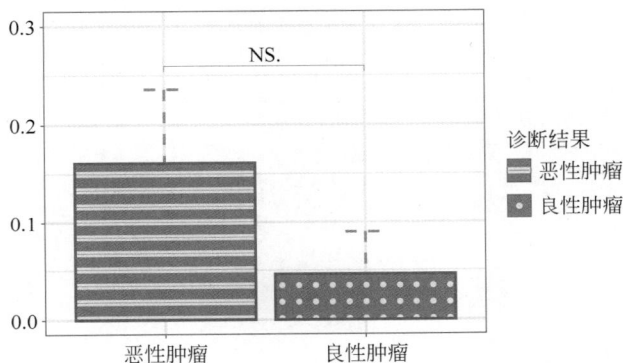

图4-2 误差条形图及显著性比较

（5）绘制基于变量诊断结果的点线段区间图,圆点代表凹度均值,线段区间的上限和下限分别代表凹度均值正向偏移以及负向偏移各一个凹度标准差,可见恶性肿瘤分组的凹度均值要大于良性肿瘤分组的凹度均值,这里的线段区间也可以根据实际需要进行灵活调整。代码参见例4-7,运行结果见图4-3。

【例4-7】

```
1. ggplot(data, aes(诊断结果, 凹度均值)) +
2.   geom_pointrange(aes(ymin = 凹度均值 – 凹度标准差, ymax = 凹度均值 + 凹度标准差,
3.                 color = 诊断结果, shape = 诊断结果),
    position = position_dodge(0.3),lwd = 1) +
4.   scale_color_manual(values = c("#00AFBB", "#E7B800")) +
5.   labs(title = "",x = "诊断结果",y = "凹度均值") +
6.   theme(legend.position = c(0.85,0.85))
7. #保存绘图结果
8. ggsave ("exp_47.pdf",height = 4,width = 6)
```

（6）绘制直方图。从所有样本的分布趋势判断,良性肿瘤分组的单样本凹度平均值相对比较小,大部分样本分布于靠近横轴原点的附近区间,而恶性肿瘤分组的单样本凹度平均值则相对比较大,大部分样本偏离横轴原点分布。代码参见例4-8,运行结果见图4-4。

【例4-8】

```
1. ggplot(data = patientdata, aes(x = concavity_mean, fill = 诊断结果)) +
2.   geom_histogram(binwidth = 0.005, alpha = 0.8, color = "white", size = 0.25) +
```

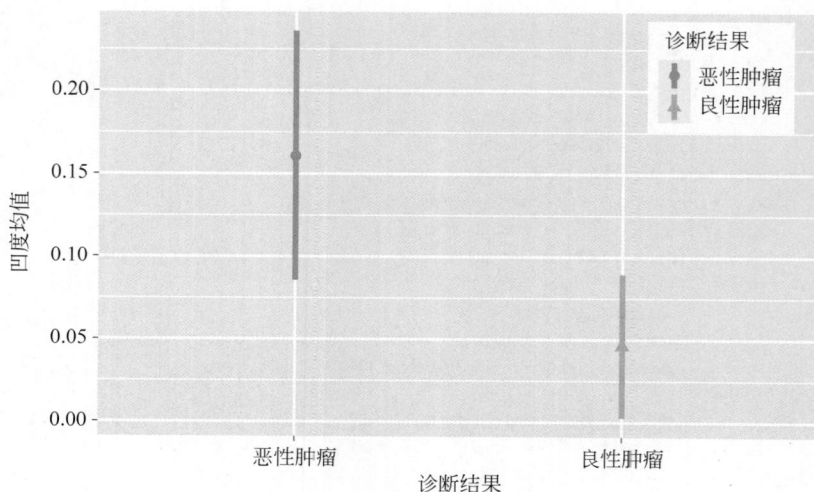

图 4-3　点线段区间图

```
3.    labs(title = "",x = "单样本凹度平均值",y = "频率") +
4.    theme_bw() + scale_fill_grey()
5. ggsave ("exp_48.pdf",height = 4,width = 6)
6.
```

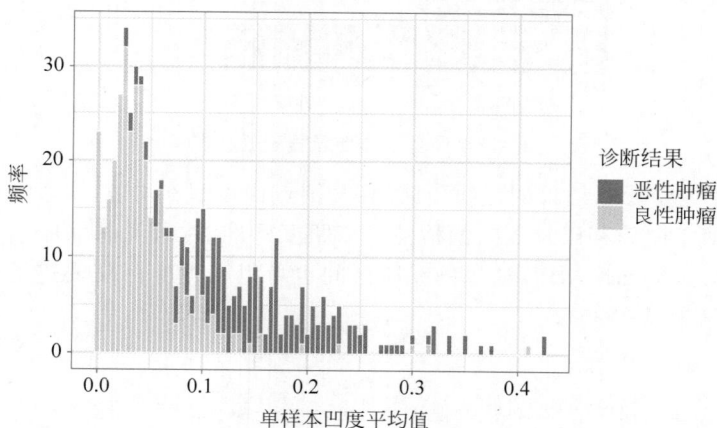

图 4-4　肿瘤分组直方图

（7）根据源数据单样本凹度平均值（concavity_mean）以及单样本平滑度平均值（smoothness_mean）绘制散点图，图形形状通过参数 shape 设定。基于诊断结具变量自动分类，实心三角形代表良性肿瘤组，实心圆代表恶性肿瘤组。以强凹度与弱凹度的分界阈值 0.1 为分界点，良性肿瘤大部分样本分布于临界点左侧，而恶性肿瘤大部分样本的凹度均值大于阈值，分布于临界点右侧。代码参见例 4-9，运行结果见图 4-5。

【例 4-9】

```
1. ggplot(data = patientdata) +
2.    geom_point(aes(x = concavity_mean,y = smoothness_mean,color = 诊断结果,shape = 诊断结果)) +
3.    labs(title = "",x = "单样本凹度平均值",y = "单样本平滑度平均值") +
4.    geom_vline(xintercept = 0.1,color = "red",lty = 2,lwd = 1) +
```

```
5.   theme_bw()
6.
7. #保存结果为矢量文件
8. ggsave ("exp_49.pdf",height = 4,width = 6)
9.
```

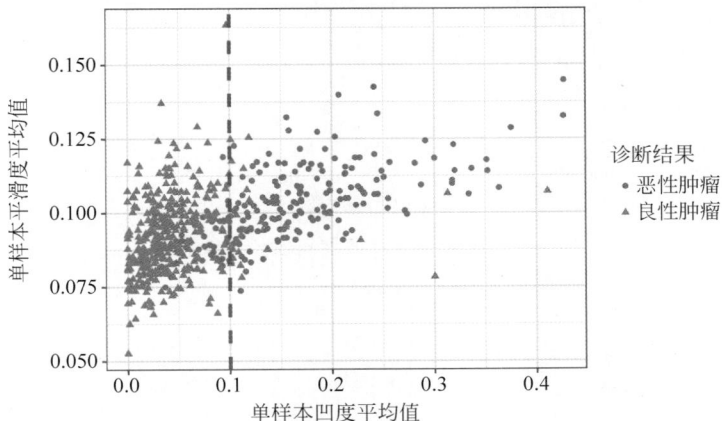

图 4-5　凹度-平滑度散点图

（8）分别针对单样本凹度值大于阈值 0.1 以及小于阈值 0.1 样本进行不同颜色区分显示。形状参数和颜色参数都设定为凹度阈值变量，即两个分组，小于阈值的弱凹度样本显示为实心三角形，而凹度值大于 0.1 的样本显示为实心圆。对样本的散点图进行平滑处理，图形输出的带状区间代表标准差，单样本凹度平均值和单样本平滑度平均值之间在弱凹度区间大致呈非线性关系，而在强凹度区间大致呈线性关系。代码参见例 4-10，运行结果见图 4-6。

【例 4-10】

```
1. ggplot(data = patientdata) +
2.   geom_point(aes(x = concavity_mean,y = smoothness_mean,color = 凹度阈值,shape = 凹度阈值)) +
3.   labs(title = "",x = "单样本凹度平均值",y = "单样本平滑度平均值") +
4.   geom_vline(xintercept = 0.1,color = "red",lty = 2,lwd = 1) +
5.   geom_smooth(aes(x = concavity_mean,y = smoothness_mean),se = T,color = "purple",
6.             fill = "purple") +
7.   theme_bw()
8. #保存结果
9. ggsave ("exp_410.pdf",height = 4,width = 6)
10.
```

（9）基于诊断结果变量重新绘制箱形图。添加原始数据点的随机抖动，恶性肿瘤组的凹度均值约为 0.16，而良性肿瘤组的凹度均值约为 0.046，跟前述步骤的结果一致。代码参见例 4-11，运行结果见图 4-7。

【例 4-11】

```
1. ggplot(data = patientdata,aes(x = 诊断结果,y = concavity_mean)) +
2.   stat_boxplot(geom = "errorbar",width = 0.2,size = 0.5,position = position_dodge(0.6),
3.             color = "blue") +
4.   geom_jitter(color = "purple",size = 1.8,shape = 16,alpha = 0.6) +
5.   geom_boxplot(color = "black",position = position_dodge(0.6),
```

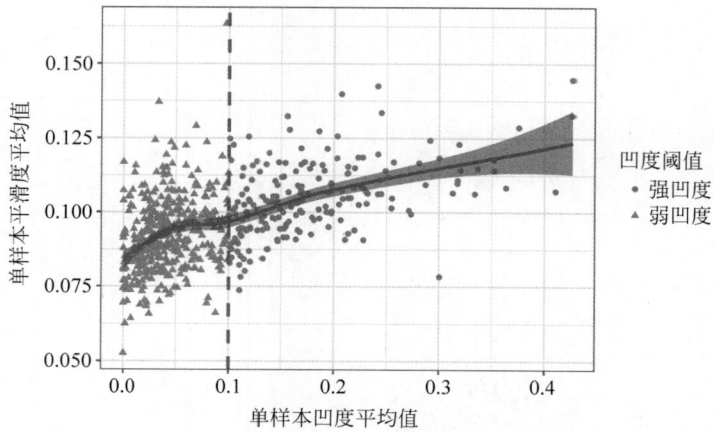

图 4-6   凹度-平滑度凹度阈值分组散点图

```
6.                    size = 0.5,
7.                    width = 0.3,
8.                    fill = "orange",
9.                    outlier.color = "blue",
10.                   outlier.fill = "red",
11.                   outlier.shape = 19,
12.                   outlier.size = 1.5,
13.                   outlier.stroke = 0.5,
14.                   outlier.alpha = 45,
15.                   notch = F,
16.                   notchwidth = 0.5) +
17.    labs(title = "",x = "诊断结果",y = "单样本凹度平均值") +
18.    theme_bw()
19.    ♯保存结果
20. ggsave ("exp_411.pdf",height = 6,width = 6)
```

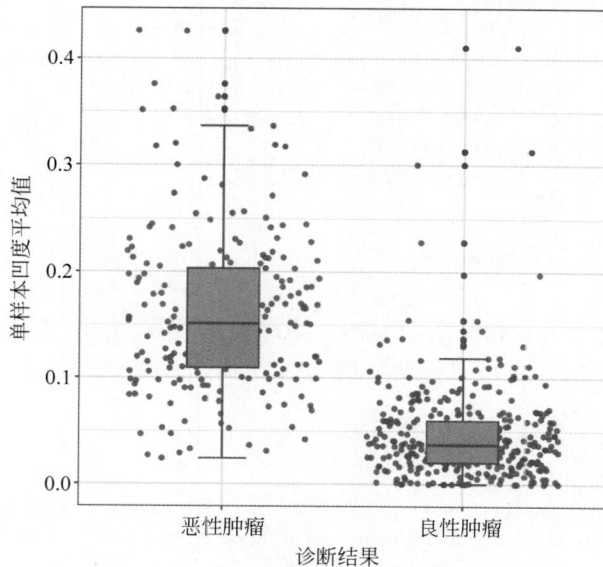

图 4-7   诊断结果随机抖动箱形图

（10）通过分面函数 facet_grid()重新整理绘图输出，按照变量诊断结果将恶性肿瘤组和良性肿瘤组列排序显示，恶性肿瘤组的单样本凹度平均值分布离散度更高一些。代码参见例 4-12,运行结果见图 4-8。

【例 4-12】

```
1. p1 <- ggplot(data = patientdata, aes(x = smoothness_mean, y = concavity_mean,
2.          color = 诊断结果, shape = 诊断结果)) +
3.      geom_point() +
4.      facet_grid(诊断结果 ~ .) +
5.      labs(title = "", x = "单样本平滑度平均值", y = "单样本凹度平均值") + theme_bw() +
6.      geom_hline(yintercept = 0.2, color = "red", lty = 2, lwd = 0.5)
7. #保存结果
8. ggsave ("exp_412.pdf", height = 5, width = 6)
```

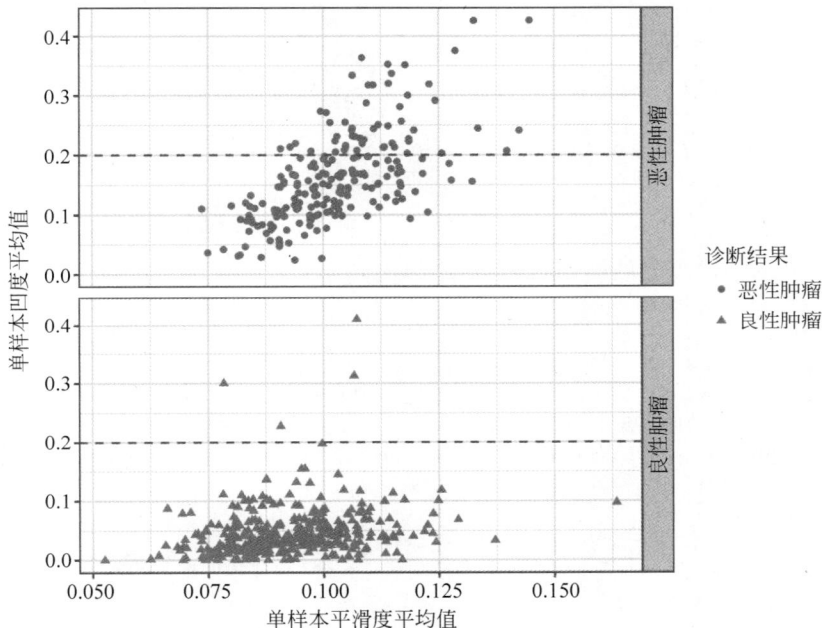

图 4-8 诊断结果分组列显示

（11）通过分面函数 facet_grid()调整图形排序方式,按照变量诊断结果分组将恶性肿瘤组和良性肿瘤组行排列输出显示,代码参见例 4-13,运行结果见图 4-9。

【例 4-13】

```
1. p2 <- ggplot(data = patientdata, aes(x = smoothness_mean, y = concavity_mean,
2.          color = 诊断结果, shape = 诊断结果)) +
3.      geom_point() +
4.      facet_grid(. ~ 诊断结果) + theme_bw() +
5.      labs(title = "", x = "单样本平滑度平均值", y = "单样本凹度平均值") + theme_bw() +
6.      geom_hline(yintercept = 0.2, color = "red", lty = 2, lwd = 0.5)
7. #保存绘图结果
8. ggsave ("exp_413.pdf", height = 4, width = 6)
```

（12）创建新变量命名为"对称性",基于源数据集的对称性变量 symmetry_mean 设定阈值 0.2,将小于阈值的样本划分为非对称样本,其他样本划分为对称样本。变量诊断结果和变量对称性分别有两个值,因此图形输出如果按照变量诊断结果与变量对称性重新排序,总共可以划分为四种情况。重新输出单样本平滑度平均值与单样本凹度平均值的关系,在非对称或者对称两种情况下,恶性肿瘤组的单样本凹度平均值比良性肿瘤组大,以此类推,可以获得其

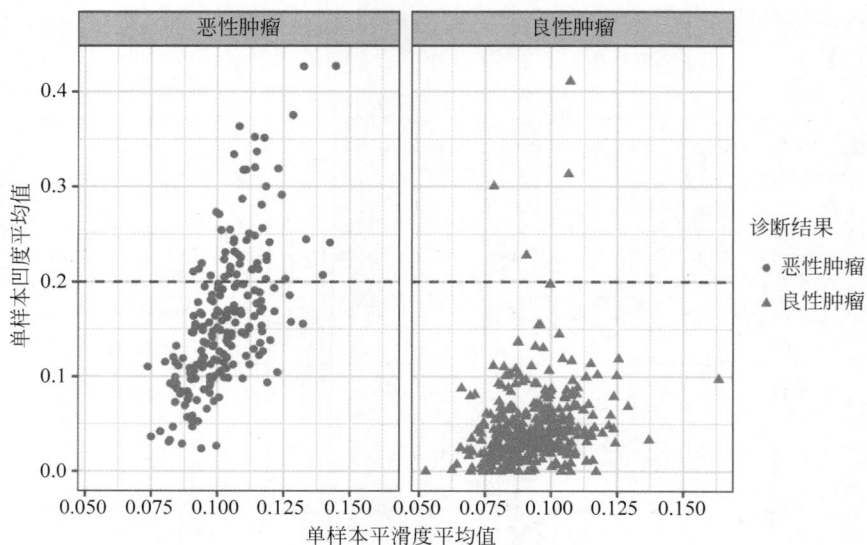

图 4-9　诊断结果分组行显示

他场景的对应关系。代码参见例 4-14，运行结果见图 4-10。

【例 4-14】

```
 1. patientdata $ 对称性 <- ifelse(patientdata $ symmetry_mean < 0.2, 0, 1)
 2. patientdata $ 对称性 <- factor(patientdata $ 对称性,labels = c("非对称","对称"))
 3. #基于对称性~诊断结果分组分面输出
 4. p2 <- ggplot(data = patientdata,aes(x = smoothness_mean,y = concavity_mean,
 5.               color = 诊断结果,shape = 诊断结果)) +
 6.   geom_point() +
 7.   facet_grid(对称性~诊断结果) + theme_bw() +
 8.   labs(title = "",x = "单样本平滑度平均值",y = "单样本凹度平均值") + theme_bw() +
 9.   geom_hline(yintercept = 0.2,color = "red",lty = 2,lwd = 0.5)
10. #保存绘图结果
11. ggsave ("exp_414.pdf",height = 4,width = 6)
```

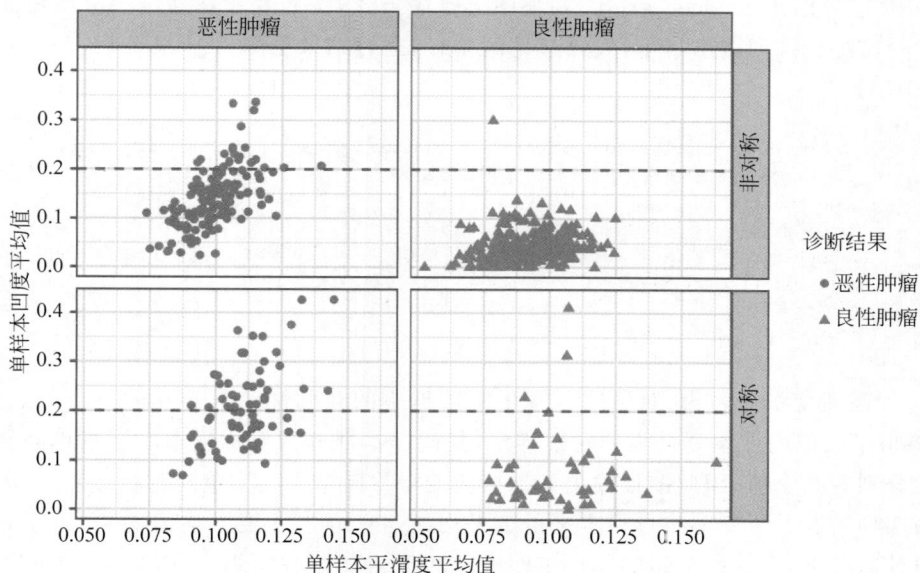

图 4-10　对称性-诊断结果分组分面图

（13）基于诊断结果分组输出，再根据强凹度和弱凹度划分，即不同肿瘤分组都可以分为强凹度组和弱凹度组，通过箱形图函数 geom_boxplot() 的填充参数"fill＝凹度阈值"实现，纵轴为单样本凹度平均值，恶性肿瘤组和良性肿瘤组的强凹度子分组均比弱凹度子分组平均值大，散点代表样本随机抖动。代码参见例4-15，运行结果见图4-11。

【例4-15】

```
1. colvec <- c("#CFD8DC", "#255A64")
2. ggplot(data = patientdata,aes(x = 诊断结果,y = concavity_mean)) +
3.   stat_boxplot(aes(fill = 凹度阈值),geom = "errorbar",width = 0.2,size = 0.5,
4.                color = "black",position = position_dodge(0.6)) +
5.   geom_jitter(color = "purple",size = 1.8,shape = 16,alpha = 0.6) +
6.   geom_boxplot(aes(fill = 凹度阈值),outlier.color = "blue",
7.                             position = position_dodge(0.6),
8.                             outlier.fill = "red",
9.                             outlier.shape = 20,
10.                            outlier.size = 1.5) +
11.  labs(title = "",x = "诊断结果",y = "单样本凹度平均值") +
12.  theme(legend.position = c(0.7,0.8)) +
13.  theme_bw() + scale_fill_manual(values = colvec)
14. #保存绘图结果
15. ggsave ("exp_415.pdf",height = 5,width = 6)
16.
```

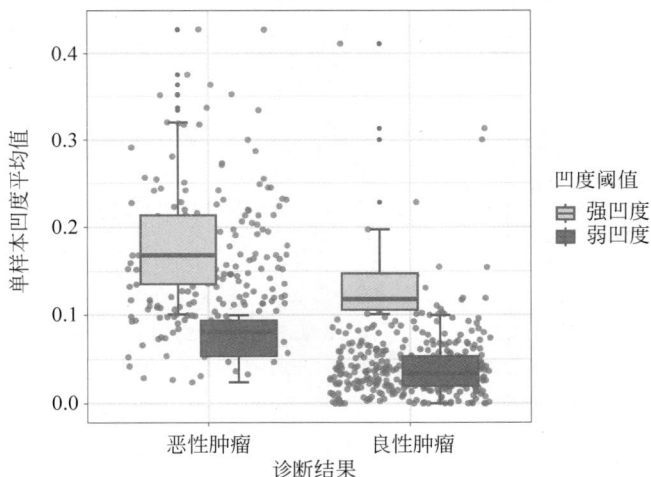

图4-11　随机抖动强弱凹度箱式对比图

（14）根据源数据集分别绘制基于诊断结果的小提琴图。比较不同主题的显示效果，主要包括黑白主题、灰色主题、网格线主题、灰白主题、黑色背景主题、最小化显示主题、经典主题以及空主题，可以根据实际项目需要定制不同的主题效果。代码参见例4-16，运行结果见图4-12。

【例4-16】

```
1. #黑白主题
2. plot_bw <- ggplot(data = patientdata,aes(x = 诊断结果,y = concavity_mean)) +
3.   geom_violin(fill = "purple",alpha = 0.5,linewidth = 0.2) +
4.   labs(title = "",x = "theme_bw",y = "单样本凹度平均值") +
5.   theme_bw() + geom_boxplot(width = 0.1)
```

```
6.  #灰色主题
7.  plot_grey <- ggplot(data = patientdata,aes(x = 诊断结果,y = concavity_mean)) +
8.     geom_violin(fill = "purple",alpha = 0.5,linewidth = 0.2) +
9.     labs(title = "",x = "theme_grey",y = "单样本凹度平均值") +
10.    theme_grey() + geom_boxplot(width = 0.1)
11. #网格线主题
12. plot_linedraw <- ggplot(data = patientdata,aes(x = 诊断结果,y = concavity_mean)) +
13.    geom_violin(fill = "purple",alpha = 0.5,linewidth = 0.2) +
14.    labs(title = "",x = "theme_linedraw",y = "单样本凹度平均值") +
15.    theme_linedraw() + geom_boxplot(width = 0.1)
16.
17. #灰白主题
18. plot_light <- ggplot(data = patientdata,aes(x = 诊断结果,y = concavity_mean)) +
19.    geom_violin(fill = "purple",alpha = 0.5,linewidth = 0.2) +
20.    labs(title = "",x = "theme_light",y = "单样本凹度平均值") +
21.    theme_light() + geom_boxplot(width = 0.1)
22. #黑色背景主题
23. plot_dark <- ggplot(data = patientdata,aes(x = 诊断结果,y = concavity_mean)) +
24.    geom_violin(fill = "purple",alpha = 0.5,linewidth = 0.2) +
25.    labs(title = "",x = "theme_dark",y = "单样本凹度平均值") +
26.    theme_dark() + geom_boxplot(width = 0.1)
27. #最小化显示主题
28. plot_minimal <- ggplot(data = patientdata,aes(x = 诊断结果,y = concavity_mean)) +
29.    geom_violin(fill = "purple",alpha = 0.5,linewidth = 0.2) +
30.    labs(title = "",x = "theme_minimal",y = "单样本凹度平均值") +
31.    theme_minimal() + geom_boxplot(width = 0.1)
32. #经典主题
33. plot_classic <- ggplot(data = patientdata,aes(x = 诊断结果,y = concavity_mean)) +
34.    geom_violin(fill = "purple",alpha = 0.5,linewidth = 0.2) +
35.    labs(title = "",x = "theme_classic",y = "单样本凹度平均值") +
36.    theme_classic() + geom_boxplot(width = 0.1)
37. #空主题
38. plot_void <- ggplot(data = patientdata,aes(x = 诊断结果,y = concavity_mean)) +
39.    geom_violin(trim = FALSE,fill = "purple",alpha = 0.5,linewidth = 0.2) +
40.    labs(title = "",x = "theme_void",y = "单样本凹度平均值") +
41.    theme_void() + geom_boxplot(width = 0.1)
42.
43. #组合排列各主题显示效果
44. (plot_bw|plot_grey|plot_linedraw|plot_light)/
45. (plot_dark|plot_minimal|plot_void|plot_classic)
46.
47. #保存为 PDF 文件
48. ggsave ("exp_416.pdf", height = 4,width = 8)
```

（15）选择源数据集部分样本分别绘制诊断结果的雷达图。选择源数据集的五个变量 id、radius_mean、texture_mean、perimeter_mean 以及 area_se。id 变量是第一列变量，在实际数据挖掘中主要用于识别用户信息，经过清洗后筛选前三行数据记录，代表三个观测对象，其余四个英文变量重新命名为"均值半径""均值纹理""均值周长""均值面积"。各变量取值范围最小值为 0，最大值不超过 160，设置显示的最大值和最小值，输出结果支持中文显示。雷达图表明样本 1 的均值面积最大，而均值纹理最小，三个样本的均值半径大致相同。代码参见例 4-17，运行结果见图 4-13。

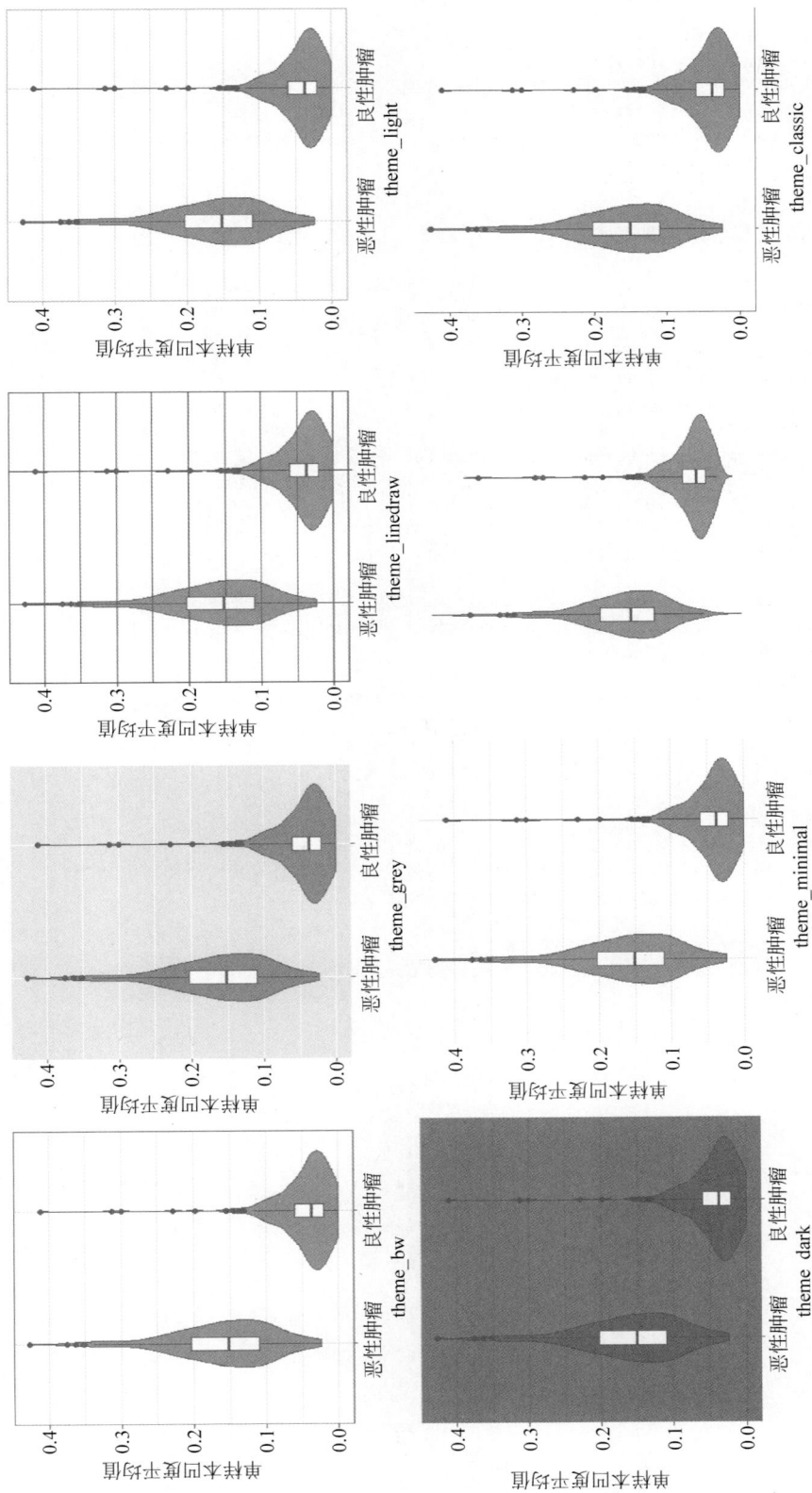

图 4-12 不同主题显示效果

【例 4-17】

```
 1. library(magrittr)
 2. data <- read_excel("cancer.xlsx")
 3. #重新读入癌症诊断结果与指标数据集,筛选观测指标
 4. patientdata <- data.frame(data)
 5. radardata <- patientdata %>% select(id,radius_mean,texture_mean,
 6. perimeter_mean,area_se)
 7. #仅选择前三行数据绘制雷达图
 8. radardata <- radardata[1:3,]
 9. #显示前三行数据详细信息
10. head(radardata)
11. #         id radius_mean texture_mean perimeter_mean area_se
12. #1   842302       17.99        10.38         122.8  153.40
13. #2   842517       20.57        17.77         132.9   74.08
14. #3 84300903       19.69        21.25         130.0   94.03
15. #第一列为 id,标识用户号码,不用于绘图
16. radardata[, 1] <- paste0("样本", 1:3)
17. head(radardata)
18. #      id radius_mean texture_mean perimeter_mean area_se
19. #1 样本 1       17.99        10.38         122.8  153.40
20. #2 样本 2       20.57        17.77         132.9   74.08
21. #3 样本 3       19.69        21.25         130.0   94.03
22. #英文变量重新命名中文名称
23.
24. radardata <- radardata %>% rename(c(样本编号 = id,均值半径 = radius_mean,
25. 均值纹理 = texture_mean,均值周长 = perimeter_mean,均值面积 = area_se,))
26. #显示重新命名后的数据显示效果
27. head(radardata)
28. #   样本编号 均值半径 均值纹理 均值周长 均值面积
29. #1    样本 1    17.99    10.38    122.8   153.40
30. #2    样本 2    20.57    17.77    132.9    74.08
31. #3    样本 3    19.69    21.25    130.0    94.03
32.
33. #绘制雷达图,支持中文输出
34. ggradar(radardata,values.radar = c(0, 80, 160),grid.min = 0,grid.max = 160,
35.         axis.labels = c("均值半径", "均值纹理", "均值周长", "均值面积"),
36.         background.circle.colour = "skyblue",
37.         legend.title = "肿瘤诊断样本",
38.         legend.position = "bottom",
39.         font.radar = "kaiti",  group.colours = c("black","grey50","grey80"))
40. #保存结果
41. ggsave ("exp_417.pdf",height = 8,width = 8)
```

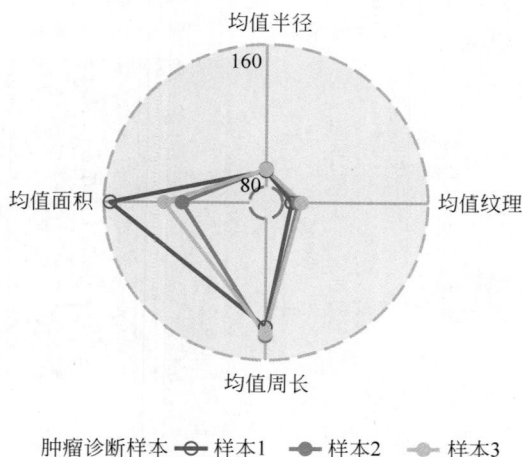

图 4-13 肿瘤诊断部分样本雷达图

小结

本章主要介绍了 ggplot2 绘图的基本概念、绘图组件分层原理、常用组件以及常用函数，重点分析了绘图函数、几何对象函数系列、分面函数系列、标度函数系列以及主题函数系列的定义和参数设置，通过癌症诊断样本阐述了基于 ggplot2 库的数据挖掘以及数据可视化的基本应用方法。

习题

1. ggplot2 库主要包含哪些函数系列？
2. 使用不同源数据，实现 ggplot2 的统计功能，包括变量名称、变量数据类型以及数量统计。
3. 使用不同数据，实现基于 ggplot2 的误差条图绘制功能，说明结果含义。
4. 使用不同数据，基于 ggplot2 绘制点线段区间图，说明结果含义。
5. 使用不同数据，基于 ggplot2 绘制随机抖动箱形图，说明结果含义。
6. 使用不同数据，基于 ggplot2 绘制雷达图，说明结果含义。

第Ⅱ篇
数据应用

第 **5** 章

空间数据处理

R 语言空间数据处理主要包括二维数据和三维数据的分析,而根据数据生成特征,三维数据有时可以理解为二维数据在第三个观测维度方向的叠加,因此二者之间存在一定联系。空间处理的数据源主要包括外部空间数据文件(如 shapefile)、外部非空间数据文件(如 csv 文件)以及系统内部生成的模拟数据(也称仿真数据)。二维数据处理中,地理空间信息是比较常见的数据,通常包括经度和维度等信息,可以基于地图文件生成。如果源数据不是空间数据格式,则通常还需要其他参考数据集,且数据集包含空间表示和空间属性等相关信息。

5.1　二维数据处理

5.1.1　二维数据处理概述

广义上,空间数据主要包括两种类型,第一种是矢量数据,第二种是栅格数据,本章主要研究前者。矢量数据一般包括顶点和路径,可以分为点、线以及多边形三种类型。点数据是最基本的空间数据形式,用于描述坐标系的坐标信息,常见的应用场景如地图位置。线一般由两个相连的点组成,线长度可用于表示具体事物。多边形由三个及其以上点连接的线段组成,可用于标注区域或结构信息。栅格数据是另外一种空间数据,一般由单元格矩阵组成,单元格包含温度、坡度、高度以及覆盖等信息,常见应用场景包括航空以及航天等领域。

地图空间数据涉及地理位置相关信息,通常保存为空间数据格式(如 shapefile)。shapefile 是一种常见的数据类型,可以用于存储点、线或多边形组成的矢量空间数据,通常包含 *.shp、*.shx、*.prj 以及 *.dbf 四类文件。

5.1.2　二维空间数据处理实战

本实例使用的二维数据包含地图信息,原始数据下载可以参考网址 datav.aliyun.com/portal/school/atlas/area_selector,下载后的源数据通过提交到网站 mapshaper.org 实现数据类型转换,自动生成 *.shp、*.shx、*.prj 以及 *.dbf 四种文件,形成 R 语言二维空间分析的数据基础。另外一个数据源是约翰·霍普金斯大学医院提供的某传染病历史统计数据,数据更新频率精确到天。

下面介绍数据挖掘、空间数据分析的基本操作方法以及基本步骤。

(1) 导入库文件信息,主要包括 maps、spatstat、maptools、ggplot2、tidyverse、sf 以及 readr

等。tidyverse库可以实现地图数据清洗、数据处理以及绘图功能,而sf库可以实现空间数据管理,通过showtext库设置图形输出结果支持中文显示的功能,代码参见例5-1。

【例5-1】

```
1. library(maps)
2. library(rnaturalearth)
3. library(rnaturalearthdata)
4. library(spatstat)
5. library(tidyverse)
6. library(DT)
7. library(car)
8. library(sf)
9. library(sp)
10. library(ggcorrplot)
11. library(circlize)
12. library(maptools)
13. library(showtext)
14. library(ggplot2)
15. library(rstudioapi)
16. library(readr)
17.
18. #设置中文显示支持
19. font_add("kaiti","STKAITI.TTF")
20. showtext_auto()
```

(2)读取原始数据并检查前几行数据结构,该数据集总共包括8个观测变量,15 769行记录,统计了感染(Confirmed)、死亡(Deaths)以及康复(Recovered)的人数信息。其中,变量Country. Region代表国家,变量Province.State代表省份或者地区,变量ObservationDate代表数据汇总日期,源数据日期显示格式为月/日/年。代码参见例5-2,运行结果见图5-1。

【例5-2】

```
1. csvdata <- read.table('data/covid_19_data.csv',header = TRUE, sep = ",")
2. csvdata[]
```

SNo	ObservationDate	Province.State	Country.Region	Last.Update	Confirmed	Deaths	Recovered
1	01/22/2020	Anhui	Mainland China	1/22/2020 17:00	1	0	0
2	01/22/2020	Beijing	Mainland China	1/22/2020 17:00	14	0	0
3	01/22/2020	Chongqing	Mainland China	1/22/2020 17:00	6	0	0
4	01/22/2020	Fujian	Mainland China	1/22/2020 17:00	1	0	0
5	01/22/2020	Gansu	Mainland China	1/22/2020 17:00	0	0	0
6	01/22/2020	Guangdong	Mainland China	1/22/2020 17:00	26	0	0
7	01/22/2020	Guangxi	Mainland China	1/22/2020 17:00	2	0	0
8	01/22/2020	Guizhou	Mainland China	1/22/2020 17:00	1	0	0
9	01/22/2020	Hainan	Mainland China	1/22/2020 17:00	4	0	0
10	01/22/2020	Hebei	Mainland China	1/22/2020 17:00	1	0	0

1-10 of 15,769 rows · Previous 1 2 3 4 5 6 ...100 Next

图5-1 部分源数据

(3)筛选福建、湖北、浙江、江西、广东以及北京6省市的数据,从源数据集的日期变量创建新的日期变量,命名为Date,日期变量的显示格式按照中文表达习惯更新为"年-月-日"格式,数据清洗后整理保存为对象csvdata,结果表明总共存在516行记录,共9个变量,新增日期变量Date。代码参见例5-3,运行结果见图5-2。

【例 5-3】

```
1. csvdata <- csvdata %>% filter(Country.Region == "Mainland China") %>%
          filter(Province.State == "Fujian" | Province.State == "Hubei" |
          Province.State == "Zhejiang" | Province.State == "Jiangxi" |
          Province.State == "Guangdong" | Province.State == "Beijing" ) %>%
2.            mutate(Date = as.Date(ObservationDate, '%m/%d/%Y'))
3. csvdata[]
```

Description: df [516 x 9]

SNo	ObservationDate	Province.State	Country.Region	Last.Update	Confirmed	Deaths	Recovered	Date
	\<date\>	\<chr\>	\<chr\>	\<chr\>	\<int\>	\<int\>	\<int\>	\<date\>
2	2020-01-22	Beijing	Mainland China	1/22/2020 17:00	14	0	0	2020-01-22
4	2020-01-22	Fujian	Mainland China	1/22/2020 17:00	1	0	0	2020-01-22
6	2020-01-22	Guangdong	Mainland China	1/22/2020 17:00	26	0	0	2020-01-22
14	2020-01-22	Hubei	Mainland China	1/22/2020 17:00	444	17	28	2020-01-22
18	2020-01-22	Jiangxi	Mainland China	1/22/2020 17:00	2	0	0	2020-01-22
35	2020-01-22	Zhejiang	Mainland China	1/22/2020 17:00	10	0	0	2020-01-22
40	2020-01-23	Beijing	Mainland China	1/23/20 17:00	22	0	0	2020-01-23
42	2020-01-23	Fujian	Mainland China	1/23/20 17:00	5	0	0	2020-01-23
44	2020-01-23	Guangdong	Mainland China	1/23/20 17:00	32	0	2	2020-01-23
52	2020-01-23	Hubei	Mainland China	1/23/20 17:00	444	17	28	2020-01-23

1-10 of 516 rows   Previous 1 2 3 4 5 6 … 52 Next

图 5-2　筛选部分省市感染数据

(4) 确诊、死亡以及康复三个变量属于宽型数据,无法分类也不具备重复循环的特征,根据日期变量分组后转换为长型数据,长型数据变量命名为 Status,转换后的新数据具有分组特征,按照日期汇总确诊、死亡以及康复的状态信息,长型数据变量值命名为 Value,总共生成 258 行记录,包含 Date、Status 以及 Value 三个变量。代码参见例 5-4,运行结果见图 5-3。

【例 5-4】

```
1. datafilter <- csvdata %>%
2.   group_by(Date) %>%
3.   summarize_at(vars(Confirmed, Deaths, Recovered), sum) %>%
4.   pivot_longer(cols = c('Confirmed', 'Deaths', 'Recovered'),
5.                names_to = 'Status', values_to = 'Value')
6. #检查数据清洗结果
7. datafilter[]
```

A tibble: 258 x 3

Date	Status	Value
\<date\>	\<chr\>	\<int\>
2020-01-22	Confirmed	497
2020-01-22	Deaths	17
2020-01-22	Recovered	28
2020-01-23	Confirmed	537
2020-01-23	Deaths	17
2020-01-23	Recovered	30
2020-01-24	Confirmed	709
2020-01-24	Deaths	24
2020-01-24	Recovered	35
2020-01-25	Confirmed	978

1-10 of 258 rows   Previous 1 2 3 4 5 6 … 26 Next

图 5-3　宽型数据转换为长型数据

(5) 按照省市分组,再根据确诊数、死亡数以及康复数的降序排序输出结果,总共存在 6 行记录,获得 4 个变量。代码参见例 5-5,运行结果见图 5-4。

【例 5-5】

```
1. maxstatistic <- csvdata %>%
2.   group_by(Province.State) %>%
```

```
3.   summarize_at(vars(Confirmed, Deaths, Recovered), max) %>%
4.   arrange(desc(Confirmed))
5. ♯按照确诊人数降序排序,并查看结果
6. head(maxstatistic)
```

Province.State <chr>	Confirmed <int>	Deaths <int>	Recovered <int>
Hubei	67 803	3222	64 435
Guangdong	1571	8	1471
Zhejiang	1268	1	1244
Jiangxi	937	1	936
Beijing	593	8	503
Fujian	353	1	333
6 rows			

图 5-4　部分省市确诊人数、死亡人数以及康复人数排序

（6）基于 6 省市排序结果,重新整理数据集,增加新变量 Rank 统计各省市的排序情况,筛选生成的变量组成新数据集。排序结果表明,在观察对象周期内,湖北省排名第一,广东省排名第二,浙江省排名第三,江西省排名第四,北京市排名第五,福建省排名第六。代码参见例 5-6,运行结果见图 5-5 和图 5-6。

【例 5-6】

```
1. maxstatistic $ Rank <- str_pad(as.character(1:nrow(maxstatistic)), 2, pad = '0')
2. maxstatistic $ Prefix <- ' : '
3. maxstatistic <- maxstatistic %>%
4.   mutate(Rank.Province = str_c(Rank, Prefix, Province.State)) %>%
5.   mutate(Rank = Rank)
6. ♯检查各省市排序情况
7. head(maxstatistic)
8. ♯筛选生成的新变量
9. rankdata <- maxstatistic %>% select(Province.State, Rank, Rank.Province)
10. head(rankdata)
```

Province.State <chr>	Confirmed <int>	Deaths <int>	Recovered <int>	Rank <chr>	Prefix <chr>	Rank.Province <chr>
Hubei	67 803	3222	64 435	01	:	01 : Hubei
Guangdong	1571	8	1471	02	:	02 : Guangdong
Zhejiang	1268	1	1244	03	:	03 : Zhejiang
Jiangxi	937	1	936	04	:	04 : Jiangxi
Beijing	593	8	503	05	:	05 : Beijing
Fujian	353	1	333	06	:	06 : Fujian
6 rows						

图 5-5　增加排序变量的数据输出

Province.State <chr>	Rank <chr>	Rank.Province <chr>
Hubei	01	01 : Hubei
Guangdong	02	02 : Guangdong
Zhejiang	03	03 : Zhejiang
Jiangxi	04	04 : Jiangxi
Beijing	05	05 : Beijing
Fujian	06	06 : Fujian
6 rows		

图 5-6　排序后部分省市统计信息

（7）基于日期以及省市变量分组,将源数据与排序结果按照省市变量连接,生成在观察周期内 6 省市的各日期的排序统计。代码参见例 5-7,运行结果见图 5-7。

【例 5-7】

```
1. joindata <- csvdata %>%
2.   group_by(Date, Province.State) %>%
```

```
3.    summarize_at(vars(Confirmed, Deaths, Recovered), sum) %>%
4.    inner_join(rankdata, by = c('Province.State' = 'Province.State'))
5. ♯查看数据连接结果
6. joindata[]
```

Date	Province.State	Confirmed	Deaths	Recovered	Rank	Rank.Province
2020-01-22	Beijing	14	0	0	05	05 : Beijing
2020-01-22	Fujian	1	0	0	06	06 : Fujian
2020-01-22	Guangdong	26	0	0	02	02 : Guangdong
2020-01-22	Hubei	444	17	28	01	01 : Hubei
2020-01-22	Jiangxi	2	0	0	04	04 : Jiangxi
2020-01-22	Zhejiang	10	0	0	03	03 : Zhejiang
2020-01-23	Beijing	22	0	0	05	05 : Beijing
2020-01-23	Fujian	5	0	0	06	06 : Fujian
2020-01-23	Guangdong	32	0	2	02	02 : Guangdong
2020-01-23	Hubei	444	17	28	01	01 : Hubei

图 5-7　基于日期的数据统计和省市排名

（8）根据各省市感染排序结果，绘制感染变化趋势图，从 2020 年 2 月到 4 月，湖北省确诊人数以及康复人数上升，接近 4 月时趋近于饱和状态，而北京市感染的变化趋势平缓，4 月时感染人数达到 600，康复人数约 400，其他省份的确诊数变化率也比湖北省低。代码参见例 5-8，运行结果见图 5-8。

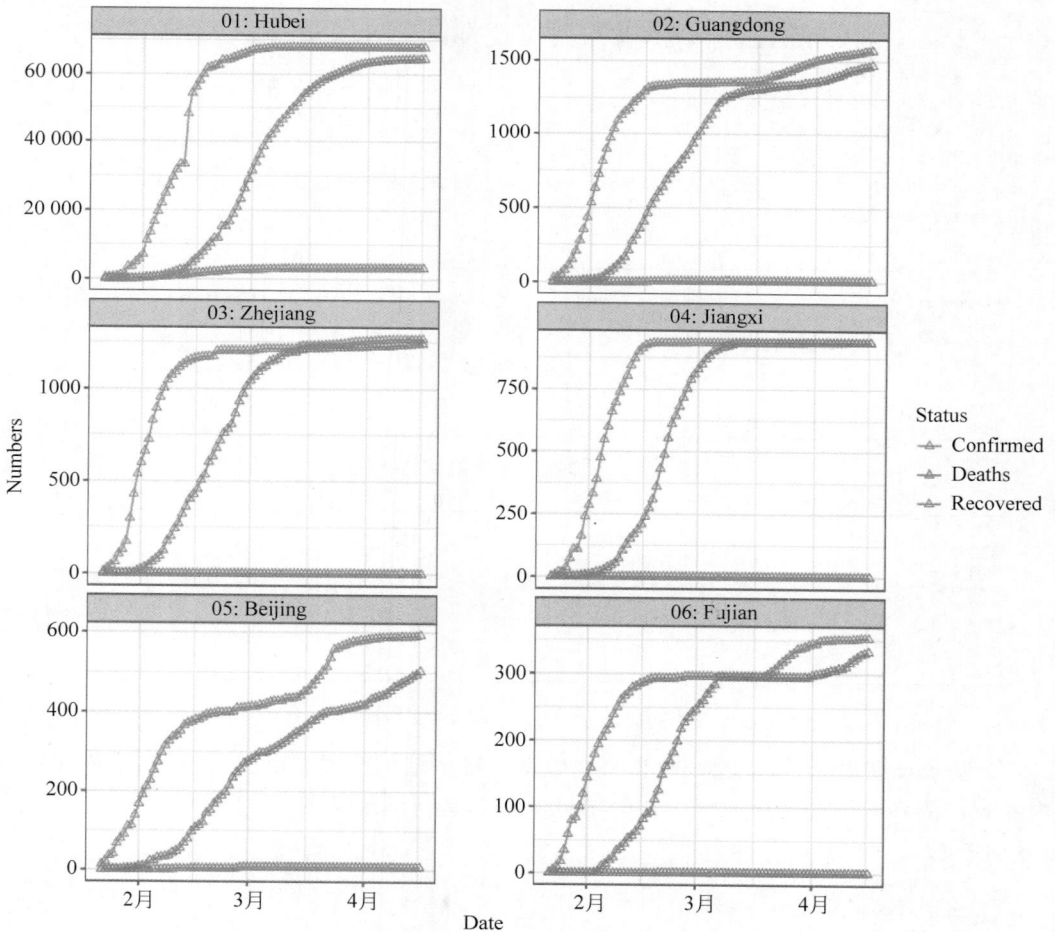

图 5-8　2020 年不同地区感染变化趋势

【例 5-8】

```
1. pdf("不同省份感染趋势.pdf",width = 15,height = 6)
2. ggplot(joindata %>% pivot_longer(
3.             cols = c('Confirmed', 'Deaths', 'Recovered'),
4.             names_to = 'Status', values_to = 'Numbers'),
5.         aes(x = Date, y = Numbers,
6.             group = Status, color = Status)) +
7.     geom_line() + geom_point(shape = 2) +
8.     facet_wrap('. ~Rank.Province', ncol = 2, scale = 'free_y') +
9.     theme(text = element_text(size = 20), legend.position = 'top') + theme_bw() +
10.     ggtitle('不同地区感染变化趋势') + theme(plot.title = element_text(hjust = 0.5))
11. dev.off()
```

（9）前述步骤对感染趋势进行了大致分析，这一步开始使用新的数据源，新数据包括经度以及维度信息，可以用于空间分析以及空间图形输出。读取各国以及各地区每天的历史感染状态数据，数据集总共 283 列数据，随机截取涉及中国的相关数据，数据显示从 2022 年 3 月开始统计，数据内包含各省市以及各地区的经纬度信息。代码参见例 5-9，相关的观测数据从第 5 列开始，运行结果见图 5-9。

【例 5-9】

```
1. timeseriesdata <- read_csv('data/time_series_covid_19_confirmed.csv')
2. timeseriesdata[61:65,]
```

A tibble: 5 × 283

Province.State <chr>	Country.Region <chr>	Lat <dbl>	Long <dbl>	3/1/2022 <dbl>	3/2/2022 <dbl>	3/3/2022 <dbl>	3/4/2022 <dbl>	3/5/2022 <dbl>	3/6/2022 <dbl>
Beijing	China	40.1824	116.4142	1484	1495	1504	1513	1526	1532
Chongqing	China	30.0572	107.8740	622	622	622	623	624	624
Fujian	China	26.0789	117.9874	1562	1566	1568	1584	1586	1586
Gansu	China	35.7518	104.2861	368	369	369	370	371	383
Guangdong	China	23.3417	113.4244	4800	4894	5033	5158	5250	5370

5 rows | 1-10 of 283 columns

图 5-9　包含地理位置信息的数据

（10）观测数据从第 5 列开始统计，前 4 列定位地区的地理位置以及地区名称，第 5 列开始的感染数据列为宽型数据，不具备分类特征也没有重复循环，可以转换为长型数据使其具有分类属性。分别选择 6 个不同时间点的观测数据作为观察对象，通过空间分析研究 6 个时间点不同地区感染的变化趋势。代码参见例 5-10，运行结果见图 5-10。

【例 5-10】

```
1. ncount <- ncol(timeseriesdata) - 4
2. timeseriesdata <- timeseriesdata %>% filter(Country.Region == "China")
3. colnames(timeseriesdata) <- c(colnames(timeseriesdata)[1:4],
4.     str_c('时间: ', str_c(colnames(timeseriesdata)[5:(4 + ncount)])))
5. #提取中国数据,宽型数据转换为长型数据,获得 6 个时间点信息
6. pivotlong <- timeseriesdata %>% pivot_longer(names_to = 'Confirmed.Time',
7.                                     values_to = 'Confirmed',
8.             cols = colnames(timeseriesdata)[c(5,20,50,100,140,280)]) %>%
9.             filter(Country.Region == "China")
10. pivotlong[15:23,]
```

（11）读入北京市地图数据，并将 *.shp 文件的经纬度信息与源数据的经纬度信息进行

A tibble: 9 x 279						
时间: 11/29/2022 <dbl>	**时间: 11/30/2022** <dbl>	**时间: 12/2/2022** <dbl>	**时间: 12/3/2022** <dbl>	**时间: 12/4/2C22** <dbl>	**Confirmed.Time** <chr>	**Confirmed** <dbl>
5829	5829	6438	6701	6701	时间: 4/5/2022	692
5829	5829	6438	6701	6701	时间: 5/25/2022	710
5829	5829	6438	6701	6701	时间: 9/12/2022	1014
5829	5829	6438	6701	6701	时间: 12/1/2022	6231
6085	6085	6344	6436	6436	时间: 3/1/2022	1562
6085	6085	6344	6436	6436	时间: 3/11/2022	1592
6085	6085	6344	6436	6436	时间: 4/5/2022	2844
6085	6085	6344	6436	6436	时间: 5/25/2022	3212
6085	6085	6344	6436	6436	时间: 9/12/2022	4195
9 rows	273-279 of 279 columns					

图 5-10　宽型数据转换为长型数据

匹配，绘制对应地区感染随时间变化的趋势图，代码参见例 5-11，运行结果见图 5-11～图 5-13。

【例 5-11】

```
1. Beijing <- readShapePoly("data/Beijing.shp")
2. #结合地理空间数据绘制部分省市感染变化趋势
3. pdf("二维数据挖掘.pdf", width = 15, height = 20)
4. ggplot(legend = FALSE) +
5.   geom_polygon(data = Beijing, aes(x = long, y = lat, group = group),
6.               color = 'gray', fill = 'white') +
7.               xlab('') + ylab('') +
8.   geom_point(data = pivotlong, color = 'purple', fill = 'purple',
9.             shape = 16, alpha = 0.8,
10.            aes(x = Long, y = Lat, fill = Confirmed, size = Confirmed)) +
11.  theme_minimal() +
12.  scale_size_continuous(range = c(4, 30)) + ggtitle('北京市感染变化趋势图') +
13.  theme(text = element_text(size = 50), legend.position = 'top',
14.       panel.background = element_rect(fill = 'lightblue', colour = 'blue')) +
15.  theme_bw() +
16.  facet_wrap(. ~ Confirmed.Time, ncol = 2) +
17.  theme(plot.title = element_text(hjust = 0.5))
18. dev.off()
```

A tibble: 6 x 279						
Province.State <chr>	**Country.Region** <chr>	**Lat** <dbl>	**Long** <dbl>	**时间: 3/2/2022** <dbl>	**时间: 3/3/2022** <dbl>	**时间: 3/4/2022** <dbl>
Beijing	China	40.1824	116.4142	1495	1504	1513
Beijing	China	40.1824	116.4142	1495	1504	1513
Beijing	China	40.1824	116.4142	1495	1504	1513
Beijing	China	40.1824	116.4142	1495	1504	1513
Beijing	China	40.1824	116.4142	1495	1504	1513
Beijing	China	40.1824	116.4142	1495	1504	1513
6 rows	1-7 of 279 columns					

图 5-11　北京市感染变化趋势（2022 年 3 月）

A tibble: 6 x 279					
时间: 5/24/2022 <dbl>	**时间: 5/26/2022** <dbl>	**时间: 5/27/2022** <dbl>	**时间: 5/28/2022** <dbl>	**时间: 5/29/2022** <dbl>	**时间: 5/30/2022** <dbl>
3250	3310	3330	3344	3352	3368
3250	3310	3330	3344	3352	3368
3250	3310	3330	3344	3352	3368
3250	3310	3330	3344	3352	3368
3250	3310	3330	3344	3352	3368
3250	3310	3330	3344	3352	3368
6 rows	86-91 of 279 columns				

图 5-12　北京市感染变化趋势（2022 年 5 月）

A tibble: 6 x 279					
时间: 11/27/2022 <dbl>	时间: 11/28/2022 <dbl>	时间: 11/29/2022 <dbl>	时间: 11/30/2022 <dbl>	时间: 12/2/2022 <dbl>	时间: 12/3/2022 <dbl>
10 547	11 520	11 520	13 840	15 493	16 205
10 547	11 520	11 520	13 840	15 493	16 205
10 547	11 520	11 520	13 840	15 493	16 205
10 547	11 520	11 520	13 840	15 493	16 205
10 547	11 520	11 520	13 840	15 493	16 205
10 547	11 520	11 520	13 840	15 493	16 205
6 rows | 271-276 of 279 columns					

图 5-13　北京市感染变化趋势(2022 年 12 月)

可见截至 2022 年 12 月,感染人数逐渐增加,其他地区的感染变化趋势可以按照相同方法生成。

5.2　三维数据处理

5.2.1　三维数据处理概述

基于 R 语言的三维数据处理,数据源既可以是外部文件,也可以是系统仿真数据。本节分别介绍这两种数据源的三维分析基本操作步骤。三维数据处理可以理解为数据集中三个观测变量的空间呈现。常用的三维绘图库包括 plot3Drgl、plot3D 以及 plotly 等。

plot3D 库常用的三维绘图函数包括 scatter3D()、text3D()、points3D() 以及 lines3D() 等。plot3D 库中常用的函数定义如下:

```
1. scatter3D(x, y, z, … )
2. text3D(x, y, z, … )
3. points3D(x, y, z, … )
4. lines3D(x, y, z, … )
```

其中,参数 x、y、z 分别是用于三维绘图的观测变量;…是其他可选项参数。函数 points3D() 可以实现与函数 scatter3D($\cdots$, type = "p") 相同的效果;而 lines3D() 可以实现与函数 scatter3D($\cdots$, type = "l") 相同的效果。

plotly 库中常用的函数包括 plot_ly,也可以完成三维图形绘制的功能。

函数 plot_ly() 的定义如下:

```
plot_ly(data,type,colors,linetype, … )
```

其中,参数 data 代表数据源,数据类型一般为数据框;参数 type 代表绘图追踪类型,可以设置为"scatter""bar""box";参数 colors 代表颜色;参数 linetype 代表线型;…代表其他可选项参数。

5.2.2　基于外部数据源的三维数据处理实战

本实例使用的源数据是从 Kaggle 网站下载的糖尿病诊断数据,总共包含 9 个观测变量,394 行数据记录。

(1) 导入库文件,主要包括 plotly、plot3Drgl 以及 plot3D。设置代码所在目录为当前工作路径,代码参见例 5-12。

【例 5-12】

```
1. library(plotly)
2. library(plot3Drgl)
```

```
 3. library(data.table)
 4. library(plot3D)
 5. library(tidyverse)
 6. library(showtext)
 7. library(rstudioapi)
 8.
 9. ♯设置工作路径
10. current_dir = dirname(getSourceEditorContext() $ path)
11. setwd(current_dir)
```

（2）查看数据统计信息，筛选胰岛素大于 0 的数据记录，分别重新命名英文变量 Glucose、Insulin 以及 Outcome 为中文变量名"葡萄糖""胰岛素"以及"糖尿病"。变量 Outcome 代表糖尿病诊断结果，0 代表未罹患糖尿病，而 1 则代表罹患糖尿病。数据集总共包含 9 个变量，394 行数据记录，代码参见例 5-13。

【例 5-13】

```
 1. patientdata <- read.table("diabetes.csv",header = TRUE,sep = ",")
 2. patientdata <- data.frame(patientdata)
 3. ♯筛选胰岛素变量大于 0 的数据
 4. patientdata <- patientdata %>% filter(Insulin > 0)
 5. ♯重新命名变量
 6. x <- 葡萄糖 <- patientdata $ Glucose
 7. y <- 胰岛素 <- patientdata $ Insulin
 8. z <- 糖尿病 <- patientdata $ Outcome
 9. ♯查看数据整体结构
10. str(patientdata)
11. ♯ 'data.frame':394 obs. of 9 variables:
12. ♯ $ Pregnancies   : int 1 0 …
13. ♯ $ Glucose       : int 89 137 …
14. ♯ $ Insulin       : int 94 168 …
15. ♯ $ Outcome       : int 0 1 …
16. ♯ …<部分数据未显示>
```

（3）基于函数 scatter3D()绘制三维散点图，x、y 以及 z 轴的变量分别是上述步骤生成的变量葡萄糖、胰岛素以及糖尿病，可见基于第三个维度变量糖尿病样本划分为两个分组，糖尿病组与非糖尿病组在空间数据显示上有一定区别，共同点是大部分样本的胰岛素值位于低位值区间，代码参见例 5-14，运行结果见图 5-14。

【例 5-14】

```
 1. par(mar = c(2,0.5,0.5,0.5))
 2.
 3. scatter3D(x, y, z,bty = "b2", pch = c(16,2),cex = 1.5,
 4.       col = gg.col(20),colkey = list(side = 4, length = 0.4),
 5.       theta = 60, phi = 30,clab = c("葡萄糖/胰岛素"),
 6.       main = "疾病观测数据", xlab = "葡萄糖",
 7.       ylab = "胰岛素",zlab = "糖尿病",ticktype = "detailed",size = 20)
```

（4）基于函数 plot_ly()绘制三维散点图，三维空间图形的显示效果与步骤（3）的显示效果存在一定差异，整体上同样分为糖尿病组和非糖尿病组，后者的数据离散度略高。代码参见实例 5-15，运行结果见图 5-15。

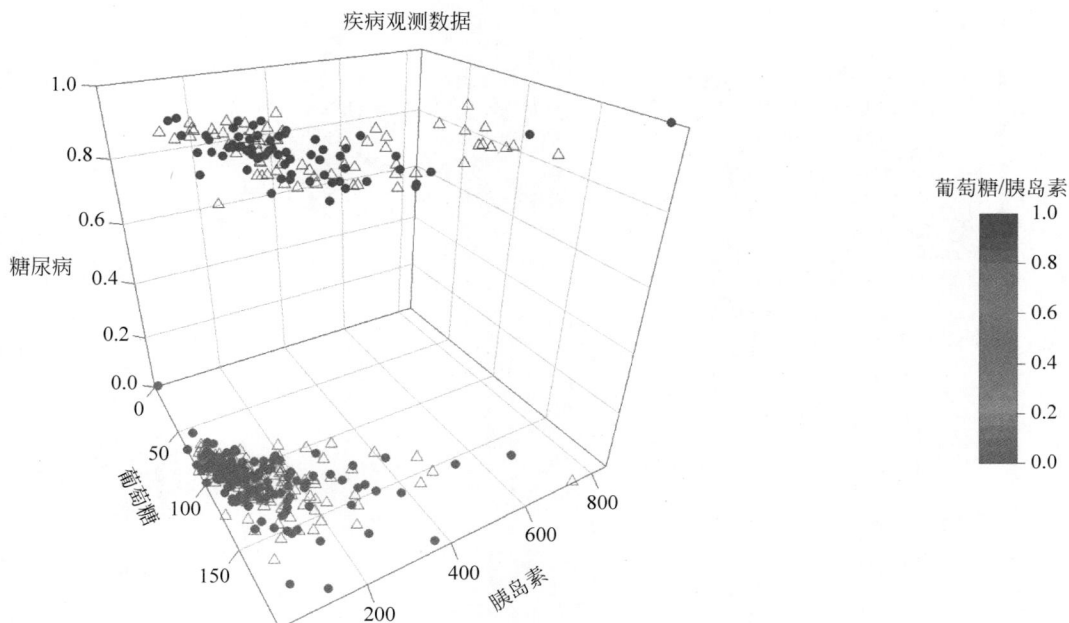

图 5-14 函数 scatter3D( )三维空间图

【例 5-15】

```
1. scatterPlot <- plot_ly(patientdata, x = ～胰岛素, y = ～葡萄糖, z = ～糖尿病,
2.                    color = ～糖尿病) %>% add_markers(size = 5)
3. scatterPlot
```

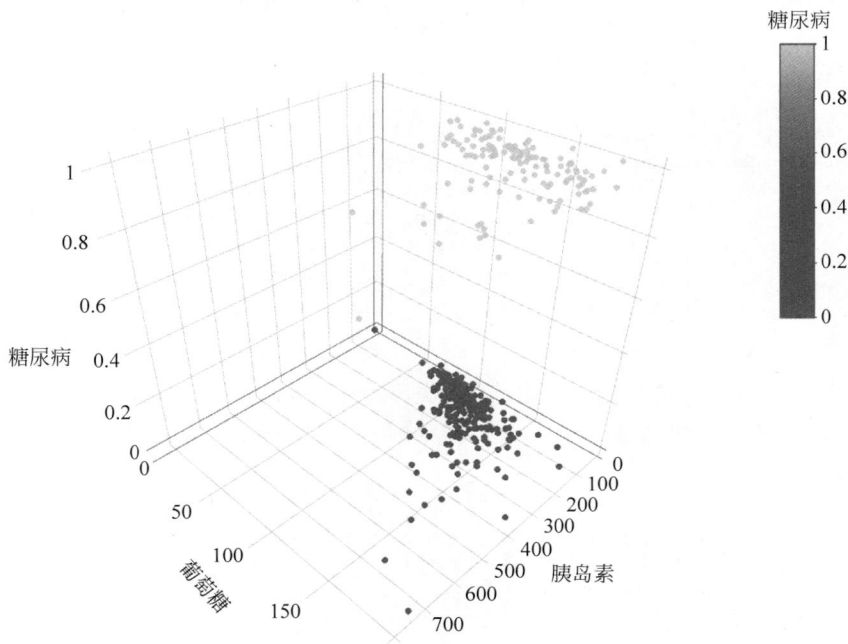

图 5-15 函数 plot_ly( )三维空间图

（5）基于函数 plotrgl( )绘制三维散点图，三个维度的定义基本没有变化，实现三维绘图的另一种效果。代码参见例 5-16，运行结果见图 5-16。

【例5-16】

```
1. with(patientdata,scatter3D(x, y, z,bty = "b2", pch = c(16,2),
2.          col = gg.col(20),colkey = list(side = 1, length = 0.4),
3.          theta = 60, phi = 30,clab = c("Glucose", "Insulin"),
4.          main = "", xlab = "Glucose",
5.          ylab = "Insulin", zlab = "Outcome",ticktype = "detailed"))
6. #绘制图形
7. plotrgl()
```

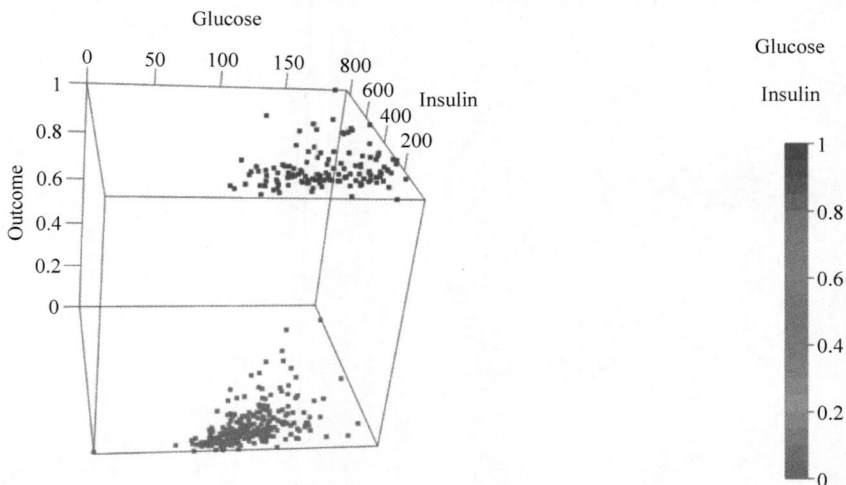

图5-16   函数 plotrgl()三维空间图

(6) z 轴替换成孕期,重新基于函数 plotrgl()绘制三维散点图。代码参见例5-17,运行结果见图5-17。

【例5-17】

```
1. z <- 孕期 <- patientdata $ Pregnancies
2. with(patientdata,scatter3D(x = x, y = y, z = z,bty = "b2", pch = c(16,2),
3.                  col = gg.col(20),colkey = list(side = 1, length = 0.4),
4.                  theta = 60, phi = 30,clab = c("Glucose", "Insulin"),
5.                  main = "", xlab = "Glucose",
6.                  ylab = "Insulin", zlab = "Pregnancies",ticktype = "detailed"))
7.
8. plotrgl()
```

(7) 基于函数 plot_ly()绘制三维散点图,类型参数 type 设置为'scatter3d',颜色指定为 z 轴变量,通过运行环境设置渐变颜色。代码参见例5-18,运行结果见图5-18。

【例5-18】

```
1. patientPlot <- plot_ly(patientdata, x = ~x, y = ~y, z = ~z,
2.                  type = 'scatter3d', mode = 'points', color = ~z)
3. patientPlot
```

5.2.3   基于仿真数据的三维数据处理实战

本节介绍基于系统生成的仿真数据,实现三维空间绘图的基本操作方法。

(1) 导入需要的库文件,主要包括 plotly 以及 dplyr 等库,设置代码所在路径为当前工作

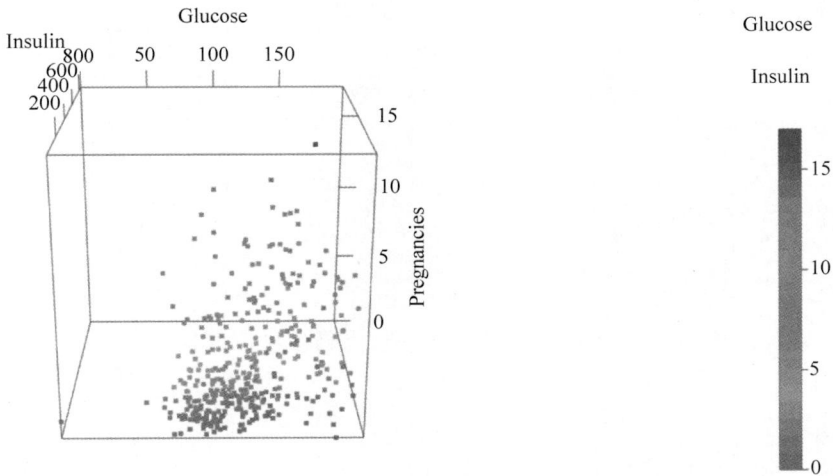

图 5-17 函数 plotrgl（）三维空间图（孕期）

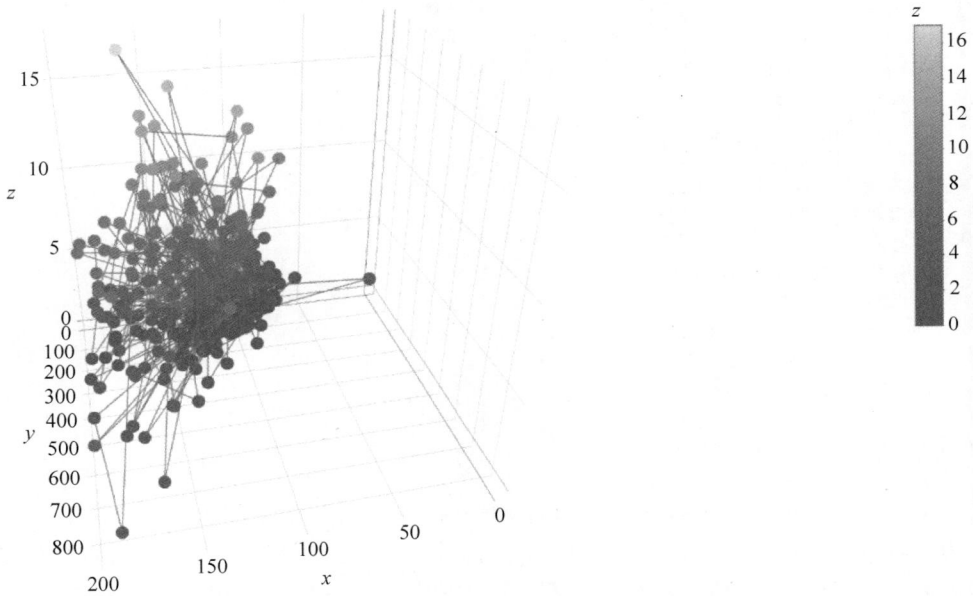

图 5-18 函数 plot_ly（）三维空间图

路径，代码参见例 5-19。

【例 5-19】

```
1. library(deSolve)
2. library(ggplot2)
3. library(reshape2)
4. library(plotly)
5. library(dplyr)
6. library(tikzDevice)
7. library(pracma)
8. library(cowplot)
9. library(patchwork)
10. library(showtext)
11. library(rstudioapi)
```

```
12.
13.  #设置工作路径
14.  current_dir = dirname(getSourceEditorContext() $ path)
15.  setwd(current_dir)
16.
17.
18.  #设置输出支持中文显示
19.  font_add("kaiti","STKAITI.TTF")
20.  showtext_auto()
```

（2）以传染病传播为研究对象，创建数学模型，代码参见例 5-20。

【例 5-20】

```
 1.  #创建模型,获取模型参数
 2.  model = function(t,x,parameters){
 3.    SP = x[1]
 4.    IP = x[2]
 5.    R = x[3]
 6.    mu = as.numeric(parameters["mu"])
 7.    delta = as.numeric(parameters["delta"])
 8.    gamma = as.numeric(parameters["gamma"])
 9.    beta = as.numeric(parameters["beta"])
10.
11.    #建立数学模型
12.    dSt = mu - (beta * SP * IP) - mu * SP
13.    dIt = (beta * SP * IP) - (gamma + mu) * IP
14.    dRt = gamma * IP - (delta + mu) * R
15.
16.    #返回一阶求导常微分方程的求解结果
17.    dxdt <- c(dSt,dIt,dRt)
18.    #结果以列表形式返回
19.    list(dxdt)
20.  }
```

（3）设置状态变量以及参数的初始值，求解方程并绘制三维空间图形，以年份为 x 轴，康复速率为 y 轴，感染比率为 z 轴绘制三维空间图。结果表明，康复速率越快的情况下，感染比率的峰值越低；相反，康复速率越慢的情况下，感染比率峰值越大。代码参见例 5-21，运行结果见图 5-19。

【例 5-21】

```
 1.  simulationPlot = function(){
 2.    #创建空列表保存结果
 3.    outI = list()
 4.
 5.    outR = list()
 6.    outS = list()
 7.    #基本再生数数据来源
 8.    R0 = read.table("data.csv",header = T,sep = ",")
 9.    R0 = R0 $ x
10.    R0 <- mean(R0)
11.    #设置各参数初始值
12.    delta = 1/(2 * 365)
13.    mu = 1/(50 * 365)
```

```
14.    #设置三种不同的康复速度
15.    gammaSet = c(0.30,0.28,0.25)
16.    #传染速率
17.    beta = R0/5
18.    #初始感染率
19.    I0 = 1.5e - 9
20.    xstart = c(SP = 1 - I0,IP = I0,R = 0)
21.    times = seq(from = 0,to = 3 * 365,by = 1)
22.    #设定循环,传入参数列表求解常微分方程
23.    for  (i in  1:length(gammaSet)){
24.      gamma = gammaSet[i]
25.      parameters = c(mu = mu,gamma = gamma,beta = beta,alpha = alpha,delta = delta)
26.      outcome< - as.data.frame(rk(func = model,y = xstart,times = times,parms = parameters))
27.      outI[[i]] = outcome $ IP
28.      outR[[i]] = outcome $ R
29.      outS[[i]] = outcome $ SP
30.    }
31.    dataI = t(do.call(cbind,outI))
32.    dataS = t(do.call(cbind,outS))
33.    dataR = t(do.call(cbind,outR))
34.    meltI = melt(dataI)
35.    meltS = melt(dataS)
36.    meltR = melt(dataR)
37.    for (i in 1:length(gammaSet)){
38.      meltI $ Var1[meltI $ Var1 == i] = gammaSet[i]
39.      meltS $ Var1[meltS $ Var1 == i] = gammaSet[i]
40.      meltR $ Var1[meltR $ Var1 == i] = gammaSet[i]
41.    }
42.    meltI $ Var1 = as.character(meltI $ Var1)
43.    meltS $ Var1 = as.character(meltS $ Var1)
44.    meltR $ Var1 = as.character(meltR $ Var1)
45.    #设置三种不同场景,分别对应康复速度慢、康复速度中以及康复速度快
46.    scene = list(camera = list(eye = list(x = - 1.8,y = - 1.8,z = - 1.8)),
47.          yaxis = list(title = "康复速率",titlefont = list(size = 14),tickfont = list(size = 10),
48.              ticksuffix = "",automargin = T),
49.          zaxis = list(title = "感染比率",titlefont = list(size = 14),tickfont = list(size = 10),
50.              ticksuffix = "",automargin = T),
51.          xaxis = list(title = "年份",titlefont = list(size = 14),tickfont = list(size = 10),
52.              ticksuffix = "",automargin = T))
53.
54.    bindI = bind_rows(meltI,.id = c("infection"))
55.
56.    #绘制三维空间图形
57.    plotCombined = plot_ly(data = bindI,x = ~Var2/365,y = ~Var1,z = ~value,type = 'scatter3d',
58.                    mode = 'lines',color = ~Var1,
59.                    colors = c("green","red","blue"),
60.                    linetype = 1,line = list(width = 8)) %>%
61.                    layout(scene = scene,showlegend = F,legend = ~Var1)
62.    #模型求解结果以列表形式返回
63.    plots = list(plotCombined)
64.    return(plots)
65. }
66. #调用函数并绘制图形
67. simuPlot = simulationPlot()
68. simuPlot
```

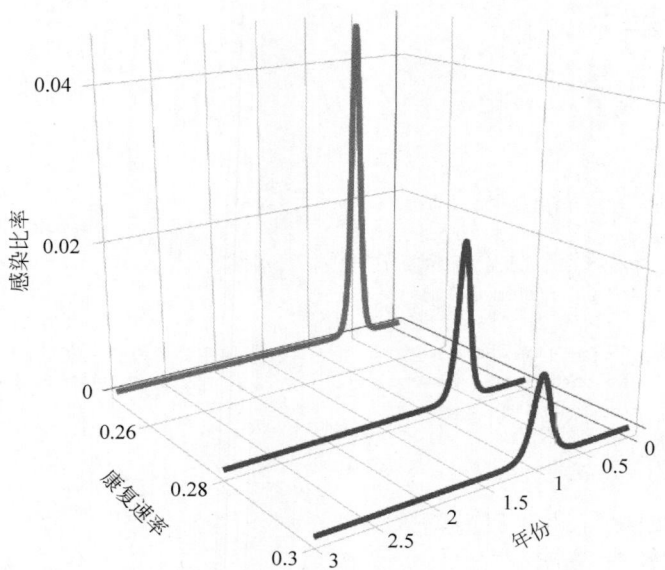

图 5-19　基于仿真数据的三维空间分析

小结

　　本章介绍了空间数据处理的基本概念，重点分析二维空间数据和三维数据的空间表示基本方法以及常用空间处理库的应用方法，分别通过外部数据源和系统内部仿真数据阐述了空间数据处理的基本实现方法。

习题

　　1．空间处理的数据源主要包括哪几种？
　　2．执行空间数据分析，如果源数据不是空间数据格式，通常需要获取哪些额外信息？
　　3．使用不同数据源以及地图数据，实现二维空间数据分析，输出图形结果并分析含义。
　　4．基于系统内部仿真数据，创建数学模型并实现数据的三维空间输出，解释含义。

第 **6** 章

R Markdown

Markdown 是一种标记语言,允许使用纯文本格式编写文档,然后转换成 HTML 等文档,而 R Markdown 是 R 语言环境提供的 Markdown 编辑工具。通过 R Markdown 可以在同一运行环境中集成文本与代码,在编辑文本的同时可以运行代码,代码分成不同模块,可以按照不同模块运行不同代码并直接输出各代码模块匹配的运行结果,便于提升问题定位以及故障排查的效率。R Markdown 源文件扩展名为.rmd,代码运行结果的输出格式比较灵活,常用的输出包括 HTML、PDF、Word 和 Flex Dashboard 等。在 RStudio 中安装 R Markdown 有两种方法,第一种是标准方法,第二种则是通过 GitHub 安装。标准安装方法直接调用库安装函数 install.packages("rmarkdown")。

6.1 R Markdown 语法基础

R Markdown 一般由元数据、代码块以及正文三部分组成。元数据设定文档的全局信息。此外,在 R Markdown 代码的起始部分通常初始化设置全局参数,以标记"{r setup,全局参数}"开始,全局参数可以设置代码显示(echo)、告警显示(warning)、消息显示(message)以及结果显示(include)等。运行代码块可以获得匹配结果,而正文部分则可以定制标题、字体、数学公式、图形以及表格等内容。

6.1.1 元数据

R Markdown 元数据(YAML header)以标记"---"开始,同时以标记"---"结束,介于二者符号之间的内容属于元数据部分。元数据主要定义文档的全局信息,包括标题、作者、生成日期以及输出格式等内容,分别通过参数 title、author、date 以及 output 设定,代码参见例 6-1。

【例 6-1】

```
1. ---
2. title: "标题"
3. author: "作者"
4. date: "日期"
5. output: "输出格式"
6. ---
```

6.1.2　代码块

R Markdown 代码块（Code chunks）包括三种常见表示方法。第一种表示方法中，代码块介于标记"'''{}"与标记"'''"之间，第一个标记"'''{}"如果记述为"'''{r}"则代表对象模块的编码语言是 R 语言；第二种表示方法中，标记"{r 可选参数}"后面的部分可以理解为 R 语言代码块；第三种表示涉及正文部分的内联代码，可以使用标记'r 代码'表述，通常用于在正文中输出变量的运行结果。上述三种代码块定义的应用方法，代码参见例 6-2。

【例 6-2】

```
 1. #第一种 R 语言代码块定义
 2. '''{r 可选参数}
 3. #R 代码块
 4. '''
 5. #第二种 R 语言代码块定义
 6. {r 可选参数}
 7. #R 代码块
 8.
 9. #第三种 R 语言代码块定义
10. 'r 代码'
```

6.1.3　正文

R Markdown 正文可以用于输出内容、标题、数学公式以及表格等信息。

1. 正文

正文内容没有特殊标记，通常直接在 R Markdown 空白处输入，正文支持中文显示。

2. 标题

R Markdown 的标题主要包括 6 级，"#"定义 1 级标题，"#"定义 2 级标题，以此类推。"#"与标题文本之间一般预留一个或一个以上空格，其中，1 级标题字体最大，2 级标题字体次之，6 级标题字体最小。标题或者正文的斜体显示内容可以使用标记"_斜体内容_"或者标记"*斜体内容*"表达，黑体显示可以使用"**黑体内容**表达"，代码参见例 6-3。

【例 6-3】

```
 1. #定义标题
 2.
 3. # 1 级标题
 4. # 2 级标题
 5. # 3 级标题
 6. # 4 级标题
 7. # 5 级标题
 8. # 6 级标题
 9.
10. #显示斜体
11. _斜体内容_
12. #显示斜体
13. *斜体内容*
14. #显示黑体
15. **黑体内容**
```

3. 数学公式

R Markdown 中，数学公式可以使用标记"$$　$$"表达，例 6-4 分别定义矩阵、函数以及不定积分三种数学公式的表达,运行结果见图 6-1～图 6-3。

【例 6-4】

```
1. #定义矩阵
2. $$ \begin{matrix}{}
3. e_{11} & e_{12} & e_{13}\\
4. e_{21} & e_{22} & e_{23}\\
5. e_{31} & e_{32} & e_{33}
6. \end{matrix} $$
7. #定义函数
8. $$ f(x,y) = {e^{x*y} \over 1 + e^{x*y}} $$
9. #定义不定积分
10. $$ \iint{\frac{x^\alpha}{\gamma + y^\theta}}dxdy $$
```

$$
\begin{matrix}
e_{11} & e_{12} & e_{13}\\
e_{21} & e_{22} & e_{23}\\
e_{31} & e_{32} & e_{33}
\end{matrix}
\qquad
f(x,y)=\frac{e^{x*y}}{1+e^{x*y}}
\qquad
\iint \frac{x^\alpha}{\gamma+y^\beta}\,dxdy
$$

图 6-1　定义矩阵　　　图 6-2　定义函数　　　图 6-3　定义不定积分

4. 表格

R Markdown 中,可以使用 knitr 库的函数 kable() 显示表格内容,例 6-5 读取外部糖尿病患者数据,对英文变量重新命名中文名称后调用函数 knitr::kable() 显示第 15～20 行的数据内容,双冒号标记“::”的前面内容代表 R 语言库名称,冒号后面内容则代表库函数名称。代码参见例 6-5,运行结果见图 6-4。

【例 6-5】

```
1. '''{r tables - mtcars}
2. library(readxl)
3. #读取外部文件数据
4. data <- read_Excel("diabetes.xlsx")
5. patientdata <- data.frame(data)
6. head(patientdata)
7. #重新命名字段名称
8. colnames(patientdata) <- c("孕期","葡萄糖","血压","皮肤厚度","胰岛素","BMI",
9. "糖尿病预测度函数","年龄","糖尿病诊断结果")
10. #以表格形式显示数据结果
11. knitr::kable(patientdata[15:20, ], caption = '糖尿病评估数据集')
12. '''
```

糖尿病评估数据集

	孕期	葡萄糖	血压	皮肤厚度	胰岛素	BMI	糖尿病预测度函数	年龄	糖尿病诊断结果
15	5	166	72	19	175	25.8	0.587	51	1
16	7	100	0	0	0	30.0	0.484	32	1
17	0	118	84	47	230	45.8	0.551	31	1
18	7	107	74	0	0	29.6	0.254	31	1
19	1	103	30	38	83	43.3	0.183	33	0
20	1	115	70	30	96	34.6	0.529	32	1

图 6-4　表格数据输出

6.2　输出多样化

R Markdown 的运行结果可以多种方式输出,主要包括 HTML、PDF 以及 Word 等,输出格式可以在元数据的 output 参数中设定。常见的输出方式说明如下。

1. 文档输出

- html_notebook：交互式 HTML 记事本。
- html_document：HTML 文档，包括 Bootstrap 与 CSS。
- pdf_document：PDF 文档。
- word_document：Word 文档。
- md_document：Markdown 文档。

2. 演示文档

- beamer_presentation：PDF 演示文档(LaTeX Beamer)。
- powerpoint_presentation：PowerPoint 演示文档。

3. 其他输出

- flexdashboard::flex_dashboard：交互式文档。
- html_vignette：精简 HTML。
- github_document：GitHub 文档。

6.3 R 与其他语言对接

在 R Markdown 运行环境中，R 可以实现与多种语言对接，主要包括 Python、SQL、Stan、JavaScript、Rcpp 以及 CSS 等。对接方法是将标记"'''{r 可选参数} 代码 '''"部分的 R 语言标识符替换成对应语言标识。例如，"'''{python 可选参数} 代码'''"代表 Python 语言代码块。运行 R Markdown 文档前，先下载 R Markdown 库，安装配置 Rtools，具体可以参考 cran. r-project. org/bin/windows/Rtools/获取详细信息。R 语言与 Python 等语言对接时，需要预先安装配置 reticulate 库。在 R 代码块中调用 Python 代码块的对象信息或者变量名称时，通常使用符号"py＄变量名"或者"py＄对象名"，其中，标记"py"代表引用对象或者变量来自 Python 代码运行结果，且调用的 Python 对象需要在 R 语言代码之前运行生成结果。

例 6-6 基于 Python 语言创建了两个多项式函数，第一个多项式函数以散点图方式输出结果，而第二个多项式函数以线图方式输出。横轴自变量数据的分布介于 $-5\sim5$，通过系统仿真生成 50 个数据点，纵轴因变量数据通过对应函数表达式生成，代码运行结果见图 6-5。

【例 6-6】

```
1.  #定义 Python 代码块
2.  {python Python 程序代码}
3.  import matplotlib.pyplot as plt
4.  import numpy as np
5.  x = np.linspace( - 5, 5, 50)
6.  #定义第一条曲线
7.  curve1 = x ** 2 - 2 * x + 1
8.  #定义第二条曲线
9.  curve2 = x ** 4/x ** 3 - 10 * x ** 2 - 3 * x - 1
10. #绘制两条曲线
11. plt.scatter(x, curve1)
12. plt.plot(x, curve2)
13. plt.show()
```

例 6-7 基于 R 语言编码，实现的功能与例 6-6 基本相同，自变量和因变量的数据通过调用例 6-6 代码的运行结果获得，因此通过命令 py＄x、py＄curve1 以及 py＄curve2 分别获取例 6-6

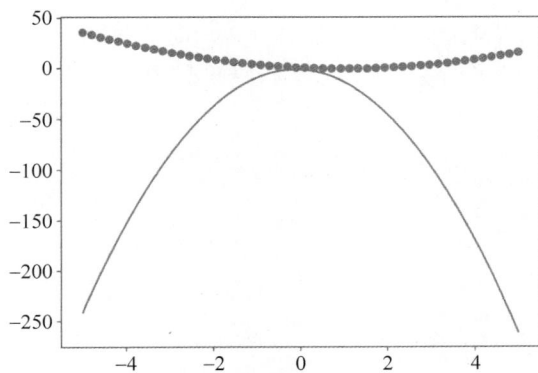

图 6-5　Python 语言绘制图形

Python 代码生成的横轴以及纵轴数据，最后输出图形并获得与图 6-5 类似的显示效果，见图 6-6。

【例 6-7】

```
1.  #定义 R 代码块
2.  {r r 程序代码}
3.  library(reticulate)
4.  library(ggplot2)
5.  #定义绘图结果排列方式,占用 1 行 2 列
6.  par(mfrow = c(1,2), cex = 1)
7.  #R 环境中调用 Python 生成的变量和结果
8.  rx <- py $ x
9.  rcurve1 <- py $ curve1
10. rcurve2 <- py $ curve2
11. #将数据整合为数据框
12. data1 <- data.frame(cbind(rx,rcurve1))
13. data2 <- data.frame(cbind(rx,rcurve2))
14. #绘图获得两个曲线结果
15. ggplot(data1,aes(rx,rcurve1)) +
16.     geom_point(color = "orange") +
17.     geom_line(data = data2,aes(rx,rcurve2),color = "purple",lwd = 1) + theme_bw()
```

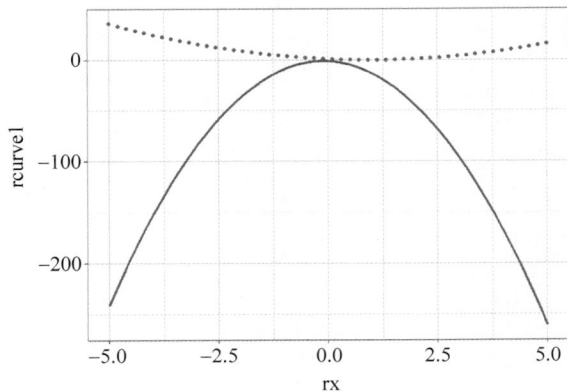

图 6-6　R 语言绘图

R 与 MySQL 数据库对接,常见的库包括 RMySQL 以及 DBI,可以通过连接函数 dbConnect( ) 设定数据库连接,包括主机名、端口、数据库名、用户名以及密码等。例 6-8 定义连接的数据库名称为"sys",用户名为"root",连接主机名为"localhost",连接端口为 3306。例 6-9 定义数据

库连接成功后执行的 SQL 语句，从对象表格 sys_config 通过命令 select 筛选变量 variable 以及 value 数据，总共可以获取 6 行数据记录，运行结果见图 6-7。

【例 6-8】

```
1. #R环境中设定连接 MySQL 数据库的相关参数信息
2. {r r 连接 MySQL 数据库}
3. library(DBI)
4. library(RMySQL)
5. #配置数据库连接参数
6. mysqlconnection = dbConnect(MySQL(), user = "root", password = "",dbname = "sys",
7. host = "localhost",port = 3306)
```

【例 6-9】

```
1. #定义 SQL 代码块，执行 SQL 语句
2. {sql connection = mysqlconnection}
3. select variable,value from sys_config;
```

variable	value
<chr>	<chr>
diagnostics.allow_i_s_tables	OFF
diagnostics.include_raw	OFF
ps_thread_trx_info.max_length	65535
statement_performance_anal...	100
statement_performance_anal...	NA
statement_truncate_len	64
6 rows	

图 6-7　R Markdown 数据库对接

6.4　R Markdown 综合实战

下面以 Kaggle 网站下载的糖尿病数据为研究对象，介绍基于 R Markdown 的数据挖掘、数据分析以及图形输出的基本操作。

（1）从 RStudio 菜单中选择 File→New File→R Markdown，在弹出的对话框中选择 From Template→Flex Dashboard，见图 6-8 和图 6-9。Flex Dashboard 是 R Markdown 常用的输出格式之一，主要特点是支持开发简易仪表盘功能，支持 HTML 网页以及 PDF 等输出。

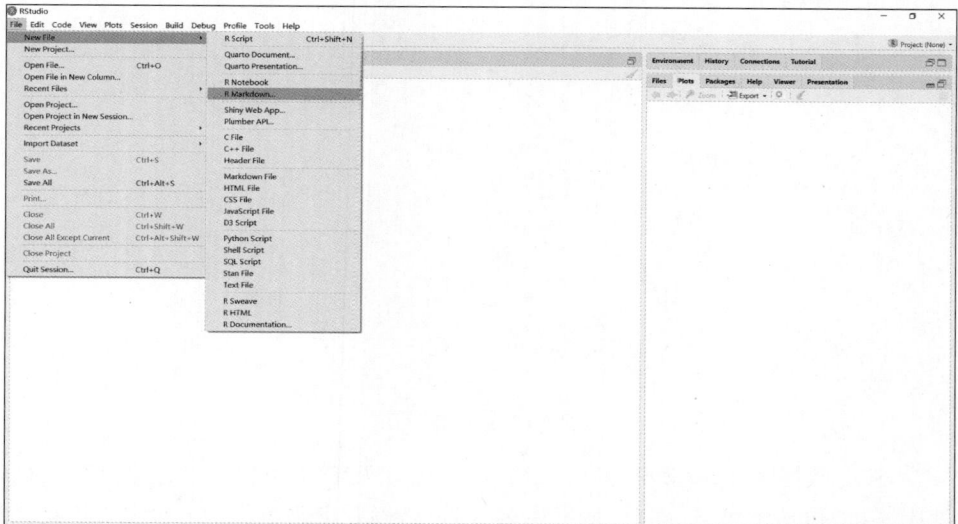

图 6-8　创建 R Markdown

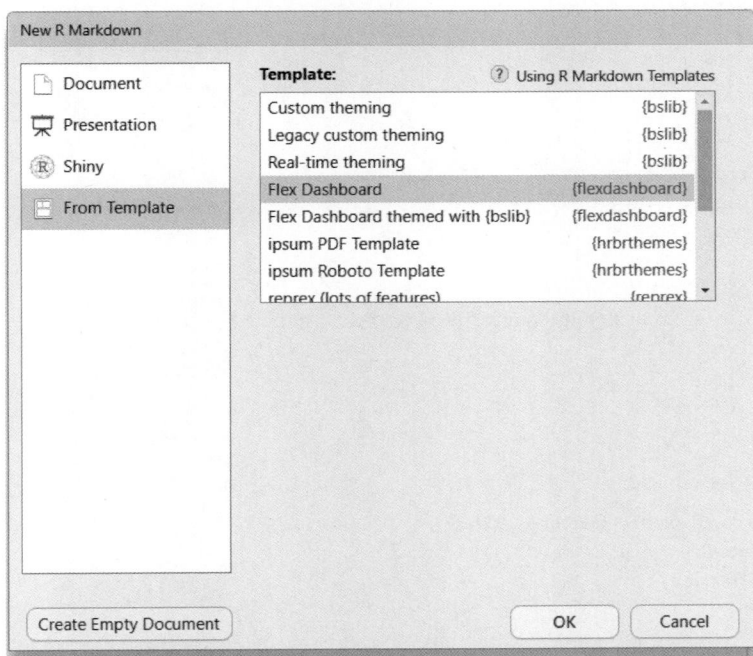

图 6-9 选择 Flex Dashboard

（2）定义元数据内容，包括标题、作者以及输出方式，输出方式设置为"flexdashboard：：flex_dashboard："，布局相关参数设置为 scroll，即垂直滚动式布局，代码参见例 6-10。

【例 6-10】

```
1. ---
2. title: "R Markdown 综合实战"
3. author: "第 6 章"
4. output:
5.     flexdashboard::flex_dashboard:
6.     vertical_layout: scroll
7. ---
```

（3）设置全局参数，参数 include 以及参数 echo 设置为 FALSE，简化输出的显示效果，代码参见例 6-11。

【例 6-11】

```
1. {r setup, include = FALSE}
2. knitr::opts_chunk $ set(echo = FALSE)
```

（4）导入库文件信息，主要包括 flexdashboard、ggplot2、readxl、highcharter 以及 readr 等，通过库 flexdashboard 实现 Flex Dashboard 风格的输出效果。读入源数据并显示数据统计信息。代码参见例 6-12，运行结果参见例 6-13。数据集包含 9 个观测变量，总共 768 行数据记录，数据类型为数值型。

【例 6-12】

```
1. {r message = FALSE, include = FALSE}
2. library(flexdashboard)
```

```
 3. library(ggplot2)
 4. library(readr)
 5. library(highcharter)
 6. library(dplyr)
 7. library(rstudioapi)
 8. library(showtext)
 9. library(data.table)
10. library(readxl)
11.
12. #设置工作路径
13. current_dir = dirname(getSourceEditorContext()$path)
14. setwd(current_dir)
15.
16. #设置支持中文显示
17. showtext_auto()
18.
19. # 读取文件
20. data <- read_excel("diabetes.xlsx")
21. patientdata <- data.frame(data)
22. str(patientdata)
```

【例 6-13】

```
1. # 'data.frame': 768 obs. of 9 variables:
2. # $ Pregnancies    : num 6 1 8 …
3. # $ Glucose        : num 148 85 183 …
4. # $ Insulin        : num 0 0 0 …
5. # $ …<部分结果省略>
6. # $ Outcome        : num 1 0 1 …
```

（5）设置数据集统计信息的显示效果，通过文本框显示，分别定义显示数据集观测变量数、数据行数以及糖尿病罹患比例三个指标，其中，数值 768 代表数据总行数，数值 9 代表观测变量数，数值 35％代表罹患糖尿病比例，代码参见例 6-14。

【例 6-14】

```
1. {r}
2. valueBox(768, icon = "", color = "#2E9C6f")
3. valueBox("9", icon = "", color = "#AEDC6f")
4. valueBox("35 %", icon = "",color = "#CEDC6f")
```

（6）源数据变量 Outcome 代表糖尿病诊断结果，基于诊断结果划分罹患糖尿病组和未罹患糖尿病组，数值 0 代表未罹患糖尿病组，数值 1 代表罹患糖尿病组，过滤缺失值数据后选择变量葡萄糖（Glucose），计算两个分组的葡萄糖变量密度分布，分别查看两组的葡萄糖密度统计信息，代码参见例 6-15～例 6-17。未罹患糖尿病组包含 500 行数据，而罹患糖尿病组则包含 268 行数据。前者密度统计的 x 变量最小值为 -18.60，最大值为 215.60；y 变量的最小值为 $8.390e-07$，最大值为 $1.722e-02$；后者密度统计的 x 变量最小值为 -28.19，最大值为 227.19；y 变量的最小值为 $1.040e-07$，最大值为 $1.155e-02$。

【例 6-15】

```
1. {r message = FALSE, include = FALSE}
2. #未罹患糖尿病组
```

```
3. nodiabetes <- patientdata %>% filter(Outcome == "0", !is.na(patientdata $ Glucose)) %>%
4. select(Glucose) %>% .[[1]]
5. nodiabetesdensity <- density(nodiabetes)
6. ♯罹患糖尿病组
7. diabetes <- patientdata %>% filter(Outcome == "1", !is.na(patientdata $ Glucose)) %>%
8. select(Glucose) %>% .[[1]]
9. diabetesdensity <- density(diabetes)
```

【例 6-16】

```
1. ♯未罹患糖尿病组统计
   nodiabetesdensity
2. ♯Call:
3. ♯density.default(x = nodiabetes)
4. ♯Data: nodiabetes (500 obs.); Bandwidth 'bw' = 6.201
5. ♯最小值,最大值,下四分位,中位数,平均数以及上四分位
6. ♯             x                      y
7. ♯Min.   : - 18.60    Min.    :8.390e - 07
8. ♯1st Qu.:  39.95    1st Qu. :1.697e - 04
9. ♯Median :  98.50    Median  :8.569e - 04
10. ♯Mean   :  98.50    Mean    :4.265e - 03
11. ♯3rd Qu.: 157.05    3rd Qu. :7.251e - 03
12. ♯Max.   : 215.60    Max.    :1.722e - 02
```

【例 6-17】

```
1. ♯罹患糖尿病组统计信息
2. diabetesdensity
3. ♯Call:
4. ♯density.default(x = diabetes)
5. ♯Data: diabetes (268 obs.); Bandwidth 'bw' = 9.396
6. ♯最小值,最大值,下四分位,中位数,平均数以及上四分位
7. ♯             x                      y
8. ♯Min.   : - 28.19    Min.    :1.040e - 07
9. ♯1st Qu.:  35.66    1st Qu. :7.456e - 05
10. ♯Median :  99.50    Median  :1.303e - 03
11. ♯Mean   :  99.50    Mean    :3.912e - 03
12. ♯3rd Qu.: 163.34    3rd Qu. :8.608e - 03
13. ♯Max.   : 227.19    Max.    :1.155e - 02
```

（7）将罹患糖尿病组和未罹患糖尿病组生成的密度变量转换为数据框格式,输出两个分组的密度信息,共包含 1024 行数据,选取前 10 行结果输出,代码参见例 6-18,运行结果见图 6-10。

【例 6-18】

```
1. {r}
2. dataframe <- data.frame(Glucose = c(nodiabetesdensity $ x,diabetesdensity $ x),
3. Density = c(nodiabetesdensity $ y,diabetesdensity $ y),
4. Outcome = c(rep("0",length(nodiabetesdensity $ x)),rep("1",length(diabetesdensity $ x))))
5. dataframe
```

（8）绘制两个分组的葡萄糖指标密度图,密度分布部分区域重叠,横轴坐标值大于 120 的

图 6-10 葡萄糖密度统计

区间,两个分组的密度分布在部分区间存在差异,罹患糖尿病组的葡萄糖密度值更大一些,代码参见例 6-19,运行结果见图 6-11。

【例 6-19】

```r
1. {r}
2. hchart(dataframe, type = "area", hcaes(x = Glucose, y = Density,
3.   group = Outcome), lineWidth = 3.5, fillOpacity = 0.8, color = c("♯CE9C6b", "♯89ABFD"), marker = list(radius = 1.5))
```

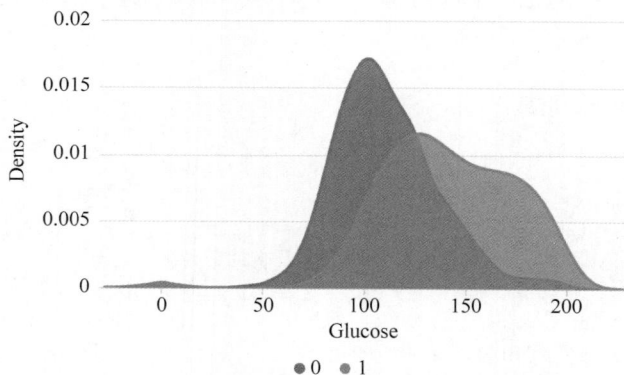

图 6-11 葡萄糖密度图形输出

（9）统计糖尿病人数比例,0 代表未罹患糖尿病,1 代表罹患糖尿病,结果表明前者占比约为 65%,后者占比约为 35%,代码参见例 6-20,运行结果见图 6-12。

【例 6-20】

```r
1. {r}
2. filterdata <- patientdata %>% filter(!(Outcome == "")&!(Age == "")) %>%
3.   group_by(Outcome) %>% tally() %>% mutate(Percentage = n/sum(n))
4. filterdata$colors <- c("♯F38D97", "♯B60AAA")
5. filterdata <- arrange(filterdata, desc(Percentage))
6. hchart(filterdata, "bar", hcaes(x = Outcome, y = Percentage, color = colors))
```

（10）基于变量 BMI 定义新变量 BMIRescale,当 BMI>25 时,BMIRescale 值为 1,代表未超重组;当 BMI<25 时,BMIRescale 值为 0,代表超重组。超过 80% 的人群 BMI 大于 25,而低于 20% 的人群 BMI 小于 25。代码参见例 6-21,运行结果见图 6-13。

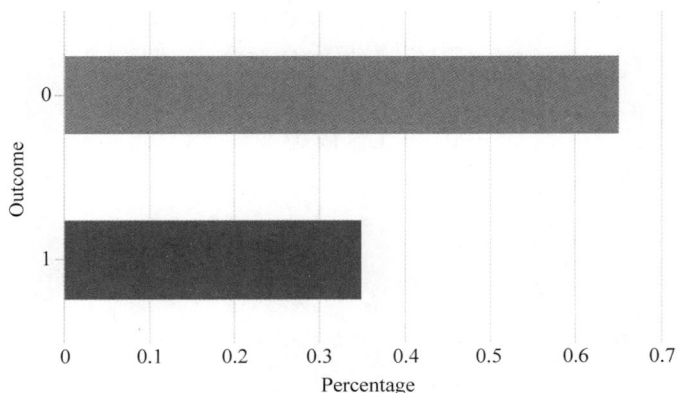

图 6-12　罹患糖尿病分组统计

【例 6-21】

```
 1. {r}
 2. patientdata $ BMIRescale = ifelse(patientdata $ BMI > 25,1,0)
 3. patientdata $ BMIRescale <- as.factor(patientdata $ BMIRescale)
 4. #过滤出诊断结果以及年龄为非空的记录,并基于 BMIRescale 分组
 5. filterdata <- patientdata %>% filter(!(Outcome == "")&!(Age == "")) %>%
 6. group_by(BMIRescale) %>% tally() %>% mutate(Percentage = n/sum(n))
 7. head(filterdata)
 8. colors <- c("purple", "orange")
 9. filterdata <- arrange(filterdata,desc(Percentage))
10. hchart(filterdata, "bar", hcaes(x = BMIRescale, y = Percentage, color = colors))
```

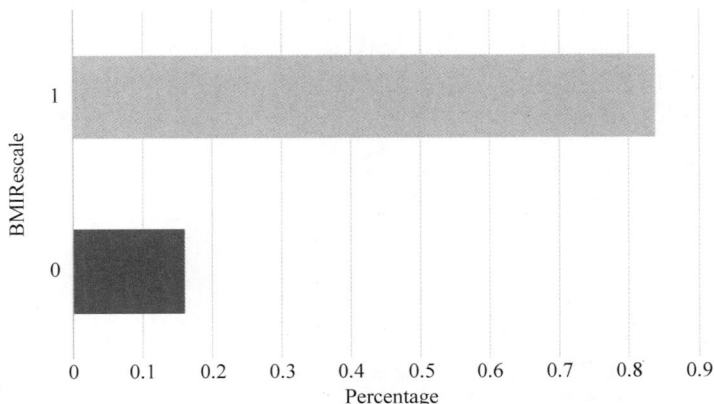

图 6-13　超重占比(BMIRescale)统计

（11）绘制罹患糖尿病占比仪表盘图,罹患糖尿病组所占比例约为 35%,未罹患糖尿病组所占比例约为 65%。代码参见例 6-22,运行结果见图 6-14。

【例 6-22】

```
1. {r}
2. diabetesratio <- 35
3. gauge(diabetesratio, min = 0, max = 100, symbol = '%',
4. gaugeSectors(success = c(0, 10), warning = c(10, 30), danger = c(30, 100),
5.   colors = c("green","orange","red")
6. ))
```

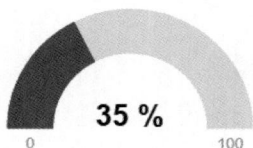

图 6-14 罹患糖尿病占比仪表盘图

（12）按照变量血压（BloodPressure）分组，然后绘制不同年龄的 BMI 分布散点图，获得不同血压值条件下，不同年龄层的 BMI 分布趋势。总体上，大部分样本的 BMI 分布区间为 $20 \sim 48$。代码参见例 6-23，运行结果见图 6-15。

【例 6-23】

```r
{r}
# 基于血压分组的散点图
hchart(patientdata, "scatter", hcaes(x = Age, y = BMI,group = BloodPressure))
```

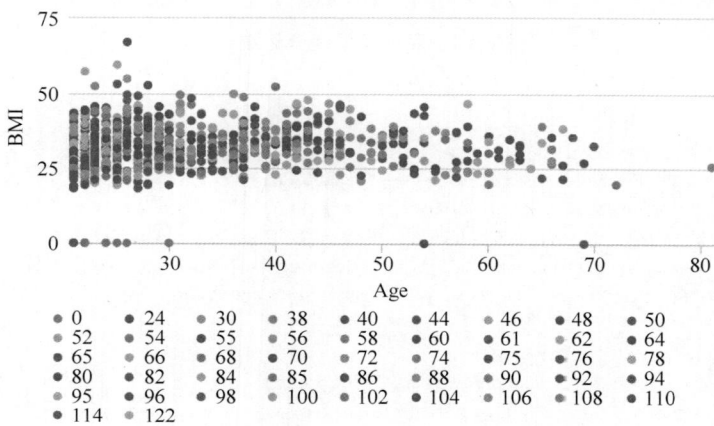

图 6-15 BMI 分组统计

（13）筛选前 20 行数据，每一行数据记录代表一个观测样本，绘制不同样本在不同怀孕周数（Pregnancies）的血压值（BloodPressure）雷达图。输出圆圈的外围数值代表样本的怀孕周数，可见，即使孕期相同，不同个体之间的血压值也可能存在差异，大部分样本的血压值分布区间为 $[60,100]$，个别样本的血压值输出异常，基于雷达图可以分析不同样本观测变量的结果异同以及变化趋势。代码参见例 6-24，运行结果见图 6-16。

【例 6-24】

```r
{r}
# 选取前 20 行数据
patientdata <- patientdata[1:20,]
# 不同孕期阶段的血压分布雷达图
radarchart <- highchart() %>%
  hc_chart(type = "line", pclar = TRUE) %>%
  hc_xAxis(categories = patientdata $ Pregnancies) %>%
  hc_series( list(
    name = "孕期－血压雷达图",
    data = patientdata $ BloodPressure,
    pointPlacement = "on",
    type = "line",
    color = "steelblue",
    showInLegend = TRUE
    ))
radarchart
```

（14）绘制罹患糖尿病组与未罹患糖尿病组的比例饼图，通过 mutate（）函数创建新变量

percentage，代表两个分组的比例，显示结果精确到小数点后面一位数，数值计算结果与前述步骤的输出结果基本一致，代码参见例 6-25，运行结果见图 6-17。

【例 6-25】

```
1. {r}
2. datafilter <- patientdata %>% group_by(Outcome) %>% tally() %>%
3. mutate(percentage = n/sum(n))
4. datafilter $ colors <- c("purple", "orange")
5. hchart(datafilter, "pie", hcaes(x = "Outcome", y = "percentage")) %>%
6. hc_plotOptions(pie = list(dataLabels = list(enabled = TRUE,
7. format = '<b>{point.Outcome}</b>:{point.percentage:.1f} % ')),color = datafilter $ colors)
```

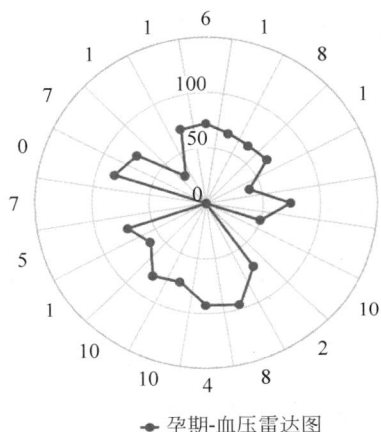

图 6-16　孕期-血压雷达图

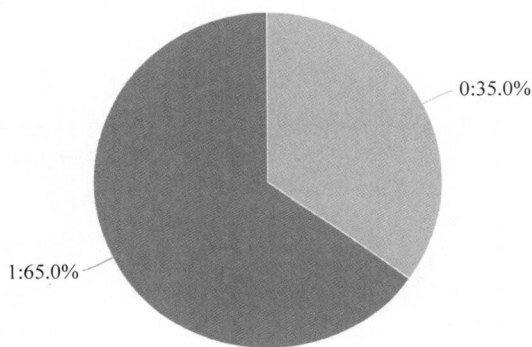

图 6-17　糖尿病分组饼图

（15）单击 RStudio 菜单中的 Knit 按钮，运行完整代码并输出最终结果，运行效果见图 6-18 和图 6-19，分别代表输出结果的第一页和第二页。

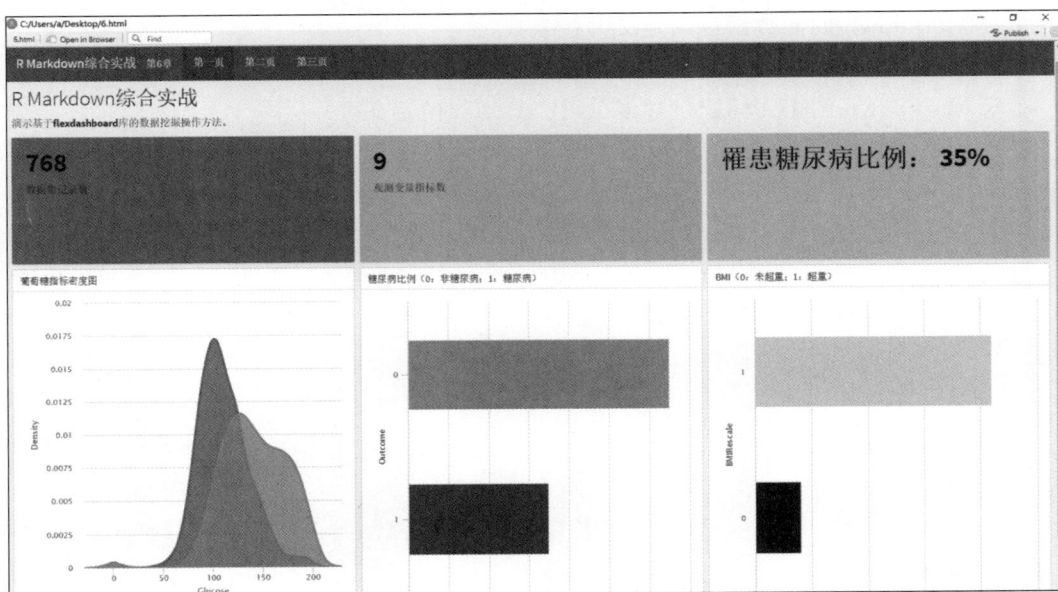

图 6-18　Flex Dashboard 输出结果（第一页）

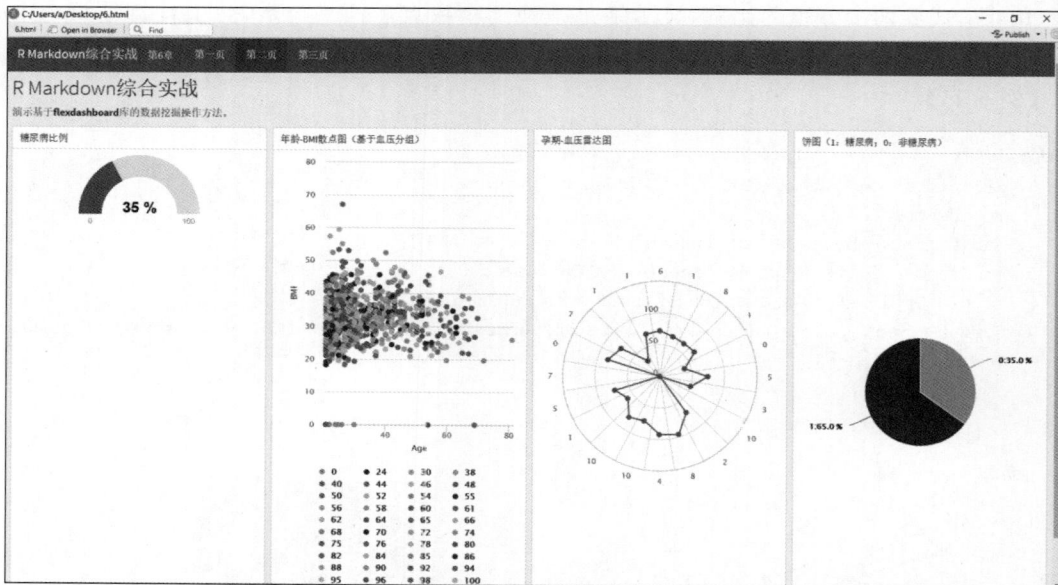

图 6-19　Flex Dashboard 输出结果（第二页）

小结

本章主要介绍 R Markdown 基本概念以及 R Markdown 基础语法，重点分析在 R Markdown 环境中实现 R 语言与其他语言的对接方法及基本操作步骤，并通过实例说明 Flex Dashboard 风格的 R Markdown 文档生成的应用方法。

习题

1. R Markdown 通常包含几部分？

2. R Markdown 的元数据可以定义哪些参数？

3. R Markdown 的代码块有几种表达方法？

4. R Markdown 的正文标题包含多少级？分别如何定义？

5. 使用不同数据源，创建基于 Flex Dashboard 风格的 R Markdown 图形输出，解释输出结果的含义。

第 **7** 章

Shiny应用

通过 R 语言 Shiny 可以创建交互式网页,将代码封装成交互式界面,实现实时响应用户输入的效果。可以通过调用函数 install. packages("shiny")完成 Shiny 库的标准安装。

7.1 Shiny 基本结构

Shiny 应用由用户接口组件(user interface,ui)、服务器端组件(server)以及调用函数 shinyApp 组成。用户接口组件的主要功能是构建界面元素;服务器端组件的主要功能是封装响应函数,对用户的输入实时响应并输出结果;调用函数传入客户端以及服务端参数信息,创建应用并完成图形输出效果。

7.2 用户接口组件

用户接口组件存在不同的布局模式,主要包括侧边导航布局(Sidebar Layout)、格式布局(Grid Layout)、选项卡式布局(Tabsets)、列表式布局(Navlists)以及嵌套导航布局(Navbar Pages)等,不同布局的显示风格存在一定差异。本节主要介绍侧边导航布局的基本功能,此类布局的用户接口主要包含流页面组件(fluidPage)、主题(theme)、标题(title)以及导航页面(sidebarLayout)等信息。导航页面定义导航输入组件(sidebarPanel)以及主页面输出组件(mainPanel)等参数。主页面输出组件可以定义分页信息(tabsetPanel)等参数,分页信息可以设定具体的子页面参数 tabPanel,包括图形绘制函数(plotOutput)以及文本输出(TextOutput)等,代码参见例 7-1。其中,主题参数 title 通常也可以通过函数 titlePanel()定义。

【例 7-1】

```
1. ui <- fluidPage(
2.         theme,                                                    # 主题
3.         title,                                                    # 标题
4.         sidebarLayout(                                            # 导航页面
5.             sidebarPanel(),                                       # 导航输入组件
6.             mainPanel(                                            # 主页面输出组件
7.                 tabsetPanel(                                      # 分页信息
8.                     tabPanel("输出", plotOutput("parameter")),    # 图形绘制函数
9.                     tabPanel("信息", TextOutput(""))  # 文本输出
10.                    )
```

```
11.                              )
12.                          )
13.              )
```

用户输入方式可以多样化，常见输入包括滑块输入（sliderInput）以及文本输入（textInputs）。滑块输入的定义如下：

```
sliderInput(inputId, label, min, max, value, step, ticks, …)
```

其中，参数 inputId 代表滑块 ID，通过 ID 访问用户输入的参数值；参数 label 代表滑块标签；min 代表滑块最小值，max 代表滑块最大值；value 代表默认值；step 是参数值间隔或者步幅；ticks 设定刻度显示；…是其他可选参数。

文本输入的定义如下：

```
textInput(inputId, label, value, width, placeholder)
```

其中，参数 inputId 代表文本 ID；参数 label 代表文本标签；value 代表默认值；width 设定文本框宽度；placeholder 代表用户提示信息。

7.3 服务器端组件

服务器端组件通常定义服务器的函数实现，包括 input 和 output 两个参数。函数内部定义渲染绘图 renderPlot 组件，代码参见例 7-2，渲染绘图参数 expression 代表绘图表达式或者对象，width 代表页面宽度，height 代表页面高度，alt 代表页面图像无法正常访问时的替代显示内容，输出参数 output 的参数 parameter 对应于用户接口组件主页面 plotOutput 函数设置的 parameter 参数。

【例 7-2】

```
1. server <- function(input, output) {
2.                output $ parameter <- renderPlot(
3.                               expression, width, height, alt)
4.                          }
```

用户接口组件代码和服务器端组件代码可以分别部署为不同的文件，也可以在一个文件中统一部署，启动 Shiny 应用的编码格式为调用函数 shinyApp(ui=ui, server=server)，参数部分传入用户接口组件以及服务器端组件信息。

7.4 Shinydashboard 概要

Shinydashboard 库可以用于创建仪表盘式交互页面，其布局类似于 Shiny 库中的导航式页面布局，用户接口组件通过仪表盘页面函数 dashboardPage 定义，函数参数主要包括标题（dashboardHeader）、导航栏（dashboardSidebar）以及输出主页面（dashboardBody），服务器端函数传入输入参数和输出参数信息。Shinydashboard 应用的基本定义参见例 7-3。

【例 7-3】

```
1. #用户接口组件定义
2. ui <- dashboardPage(
```

```
3.    dashboardHeader(),
4.    dashboardSidebar(),
5.    dashboardBody()
6.  )
7.  #服务器端组件定义
8.  server <- function(input, output) {}
9.  shinyApp(ui, server)
```

Shinydashboard 具有与 Shiny 库类似的用户输入组件，输出显示风格上具有自身的独特之处，例 7-4 显示了几种常见的 Shinydashboard 风格的输出组件。

【例 7-4】

```
1.  #选项卡框
2.  tabBox(id, width, selected, title, …)
3.  #值输出框
4.  valueBoxOutput(outputId, width)
5.  #信息输出框
6.  infoBoxOutput(outputId, width)
```

参数 outputId 以及 id 代表对象组件的 ID 信息，可以通过服务端输入参数 input $ id 访问；参数 width 代表对象宽度；参数 selected 代表对象是否默认选中；参数 title 代表标题；参数名未指定时，系统按照默认的定义顺序匹配。

7.5 Shiny 应用创建

本节介绍基于 RStudio 创建 Shinydashboard 风格应用的基本操作方法。

（1）在 RStudio 界面选择 File→New File→Shiny Web App 命令，创建 Shinydashboard 风格 Shiny 应用，这里选择客户端与服务端集成到同一个文件的方式，也可以根据实际需要选择分别部署，即用户接口组件代码与服务器端组件代码分开的方式，见图 7-1 和图 7-2。

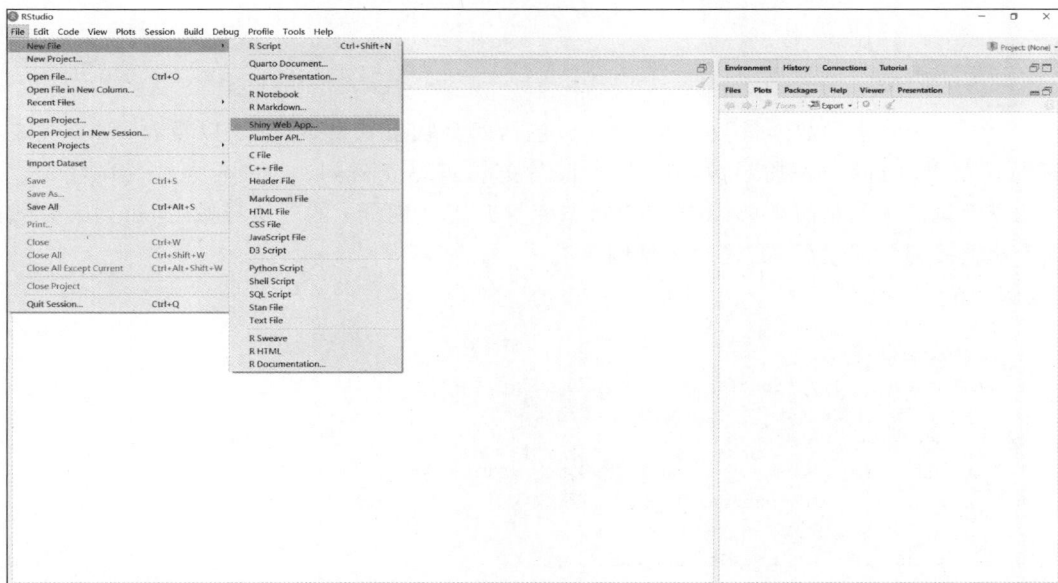

图 7-1　创建 Shiny Web App

（2）导入库文件，主要包括 shiny、shinydashboard、deSolve 以及 ggplot2。库 deSolve 用

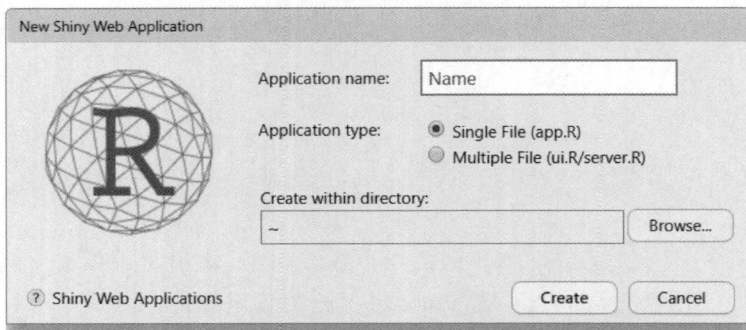

图 7-2　选择集成部署方式

于求解一阶求导常微分方程组,设置代码所在目录为工作路径,设定输出结果支持中文显示,代码参见例 7-5。

【例 7-5】

```
1.  library(shiny)
2.  library(shinydashboard)
3.  library(deSolve)
4.  library(cowplot)
5.  library(ggplot2)
6.  library(tidyverse)
7.  library(ggrepel)
8.  library(shi18ny)
9.  library(rstudioapi)
10. library(showtext)
11.
12. ♯设置工作路径
13. current_dir = dirname(getSourceEditorContext() $ path)
14. setwd(current_dir)
15.
16. ♯设置中文显示支持
17. showtext_auto()
```

(3)创建一阶求导数学常微分方程系统,包括四个状态变量 S、E、I 以及 R。dSt 代表状态变量 S 基于时间 t 的一阶导数,dEt 代表状态变量 E 基于时间 t 的一阶导数,dIt 代表状态变量 I 基于时间 t 的一阶导数,dRt 代表状态变量 R 基于时间 t 的一阶导数,通过列表方式返回四个状态变量的求解结果,代码参见例 7-6。

【例 7-6】

```
1.  ♯创建数学模型
2.  seirModel <- function(time, state, parameters) {
3.    with(as.list(c(state, parameters)), {
4.      dSt = mu * (1 - S) - beta * S * I
5.      dEt = beta * S * I - mu * E - lamda * E
6.      dIt = - (mu + gamma) * I + lamda * E
7.      dRt = gamma * I - mu * R
8.      return(list(c(dSt,dIt, dRt, dEt)))
9.    })
10. }
```

(4)定义用户接口组件代码,用户以滑块方式输入,主要包括出生率(死亡率,mu)、初始感染比率(ratioInfec)、初始易感比率(ratioSuscep)、易感者转化为感染者的速率(lamda)、疾病传播速率(beta)、感染者恢复周期(recoveryInterval)以及仿真时间(timeinterval)等,设定各输入参数的最大值、最小值以及默认值。例如,出生率(死亡率)的最小值 min=0,最大值 max=0.2,默认值 value=0.00,其他变量以此类推。设定输出结果支持中文显示,设置输出字体大小等信息,定义输出组件 valueBoxOutput 用于显示基于用户输入的模型动态求解结果以及动态响应效果,代码参见例 7-7。

【例 7-7】

```
1.  #
2.  #定义用户接口组件
3.  #
4.
5.  ui <- dashboardPage(
6.    skin = "purple",
7.    dashboardHeader(title = "传染病模型仿真"),
8.    dashboardSidebar(
9.      tags $ head(tags $ style(HTML('
10.       .main - header .logo {
11.         font - family: "Georgia", Times, "Times New Roman", serif;
12.         font - weight: bold;
13.         font - size: 20px;
14.       }
15.     '))),
16.
17.     #定义用户滑块输入各参数信息
18.     width = 300,
19.     sliderInput("mu",
20.       "出生率(死亡率):",
21.       min = 0, max = 0.2, value = 0.00
22.     ),
23.     sliderInput("ratioInfec",
24.       "初始感染比率:",
25.       min = 0, max = 0.0002, ticks = FALSE,value =   0.00002
26.     ),
27.     sliderInput("ratioSuscep",
28.             "初始易感比率:",
29.               min = 0.8, max = 1, ticks = FALSE,value = 0.9999
30.     ),
31.     sliderInput("lamda",
32.       "易感者转化为感染者的速率:",
33.       min = 0, max = 0.3, value = 0.03
34.     ),
35.     sliderInput("beta",
36.       "疾病传播速率:",
37.       min = 0, max = 20, value = 4
38.     ),
39.     sliderInput("recoveryInterval",
40.       "感染者恢复周期(天):",
41.       min = 1, max = 47, value = 10
42.     ),
43.     sliderInput("timeinterval",
44.       "仿真时间(周):",
45.       min = 1, max = 156, value = 104
46.     )
```

```
47.
48.    ),
49.
50.    dashboardBody(
51.      #绘制输出结果图形
52.      fluidRow(plotOutput("outcomePlot")),
53.      br(),
54.      br(),
55.      br(),
56.      br(),
57.      fluidRow(
58.        #动态响应用户输入并动态输出
59.        valueBoxOutput("finalInfeciton", width = 6)
60.      ),
61.
62.    )
63.  )
```

（5）定义服务器端组件代码，主要包括数学模型以及初始条件设定，基于函数 reactive() 创建响应式输出效果，定义数学模型的状态变量的初始值分别为 $S = $ input \$ ratioSuscep、$I = $ input \$ ratioInfec 以及 $R = 0$，其中，状态变量 S 和 I 由用户通过滑块输入，初始恢复人数 R 为 0，而状态变量 E 由公式 $E = 1 - $ input \$ ratioSuscep $- $ input \$ ratioInfec 确定。评估时间为 3 年，一年分为 52 周。定义参数出生率（死亡率，mu）、易感者转化为感染者的速率（lamda）、疾病传播速率（beta）以及恢复速率（gamma）与用户界面输入参数之间的数学关系式，求解传染病常微分方程，设定动态响应绘图相关参数，基于用户动态输入结果动态输出结果，代码参见例 7-8。

【例 7-8】

```
1.  #
2.  #定义服务器端组件
3.  #
4.  server <- function(input, output) {
5.    #创建响应式输出
6.    reactiveData <- reactive({
7.      init        <-
8.        c(
9.          S = input $ ratioSuscep,
10.         I = input $ ratioInfec,
11.         R = 0,
12.         E = 1 - input $ ratioSuscep - input $ ratioInfec
13.        )
14.      #仿真参数由用户界面输入
15.      parameters <-
16.        c(beta = input $ beta,
17.          gamma = 1/input $ recoveryInterval,
18.          mu = input $ mu,
19.          lamda = input $ lamda)
20.      #评估时间
21.      times  <- seq(0, input $ timeinterval, by = 1/7)
22.
23.      #求解一阶常微分方程
24.      outcome <- ode(
```

```
25.          y = init,
26.          times = times,
27.          func = seirModel,
28.          parms = parameters
29.        )
30.    # 返回结果
31.    as.data.frame(outcome)
32.  })
33.  # 渲染结果并绘制图形
34.  output $ outcomePlot <- renderPlot({
35.    outcome <-
36.        reactiveData() %>%
37.        pivot_longer(c( - time),
38.            names_to = "key", values_to = "value") %>%
39.        mutate(
40.          id = row_number(),
41.          感染状态 = recode(
42.            key,
43.            S = "易感者",
44.            I = "感染者",
45.            R = "康复者",
46.            E = "潜伏者"
47.          ),
48.          leftSide = recode(
49.            key,
50.            S = "易感者",
51.            I = "感染者",
52.            R = "",
53.            E = ""
54.          ),
55.          rightSide = recode(
56.            key,
57.            S = "",
58.            I = "",
59.            R = "康复者",
60.            E = "潜伏者"
61.          )
62.        )
63.    # 绘制图形
64.    ggplot(data = outcome,
65.            aes(
66.              x = time,
67.              y = value,
68.              group = 感染状态,
69.              col = 感染状态,
70.              label = 感染状态,
71.              data_id = id
72.            )) +
73.      ylab("人口比率") + xlab("时间(周)") + ylim(c(0,1)) +
74.      geom_line(size = 2) +
75.      geom_text_repel(
76.        data = subset(outcome, time == max(time)),
77.        aes(label = rightSide),
78.        size = 7,
79.        segment.size  = 0.3,
80.        nudge_x = 0,
```

```
81.          hjust = 0.5, vjust = 0.5) +
82.       geom_text_repel(
83.          data = subset(outcome, time == min(time)),
84.          aes(label = leftSide),
85.          size = 7,
86.          segment.size  = 0.3,
87.          nudge_x = 0,
88.          hjust = 0.2, vjust = 0.5
89.       ) +
90.       scale_colour_manual(values = c("green", "red", "purple", "orange")) +
91.       scale_y_continuous(labels = scales::percent, limits = c(0, 1)) + theme_bw()
92.
93.    })
94.    #统计最终感染人数占比
95.    output $ finalInfeciton <- renderValueBox({
96.       valueBox("观察期内最终感染人群占比:",
97.          reactiveData() %>% filter(time == max(time)) %>% select(R) %>%
98.          mutate(R = round(100 * R, 3)) %>% paste0("%"), color = "purple")
99.    })
100.
101.
102. }
```

（6）调用函数 shinyApp()，传入用户接口组件参数以及服务器端组件参数，运行应用程序，创建应用并生成动态显示结果，代码参见例 7-9。

【例 7-9】

```
1. #调用函数 shinyApp()运行应用程序
2. shinyApp(ui = ui, server = server)
```

（7）单击 RStudio 界面上的 Run App 按钮，获得运行结果，见图 7-3。

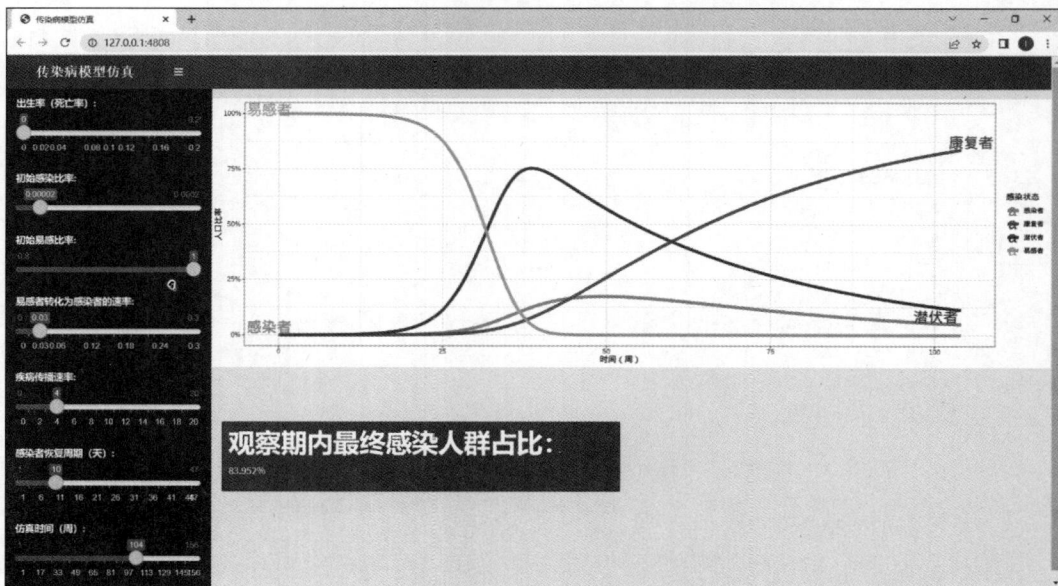

图 7-3　本地运行应用

（8）取消导航栏显示，动态调整模型输入各参数，仅显示主界面输出画面，检查实时输出结果的动态变化过程没有提示错误信息,见图 7-4。

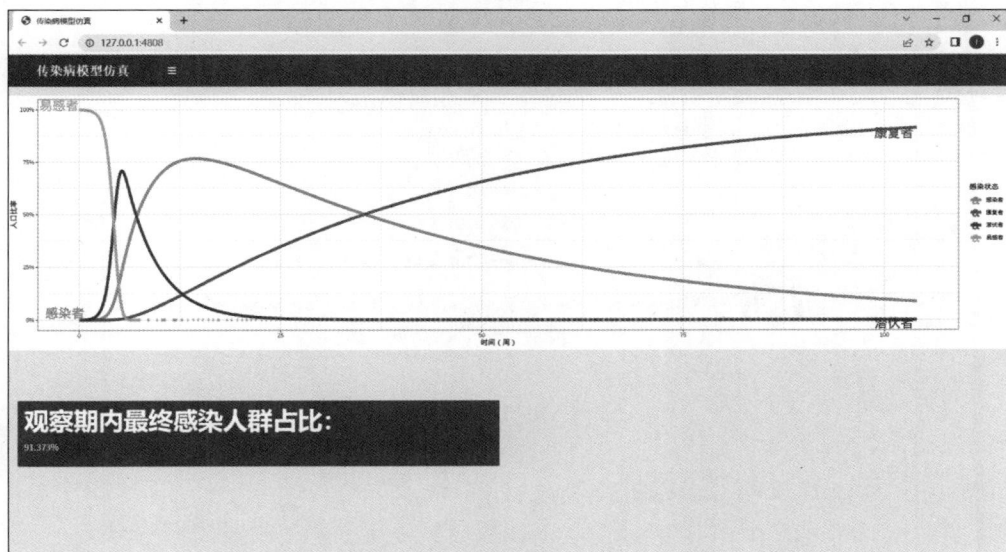

图 7-4 调整参数测试实时动态响应功能

7.6 Shiny 应用发布

本地 Shiny 应用运行正常后,可以将此程序发布到互联网上。发布前确认 app.R 应用程序存放的路径系统可以正确识别,如果路径名存在中文显示并且显示乱码,需要创建系统可正确识别的路径(如英文路径)。

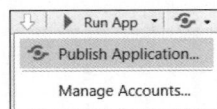

图 7-5 发布到远程服务器

(1)单击 RStudio 界面上的 Publish Application 选项,启动发布流程,见图 7-5。

(2)选择连接 ShinyApps.io,用户需要在正式发布前预先访问网站 www.shinyapps.io 注册账号并记录 Tokens 选项下面的 Secret 信息。也可以选择 RStudio Connect 发布,注意事项请参考官网说明,见图 7-6。

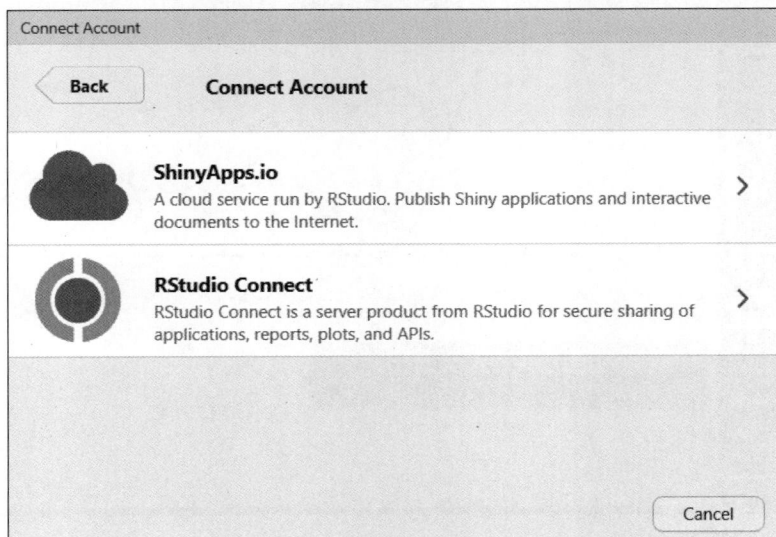

图 7-6 发布到 ShinyApps.io

（3）将步骤（2）记录的 Secret 信息复制到图 7-7 空白框处，然后单击 Connect Account 按钮连接服务器账户，从本地环境连接远程服务端的账户，见图 7-7。

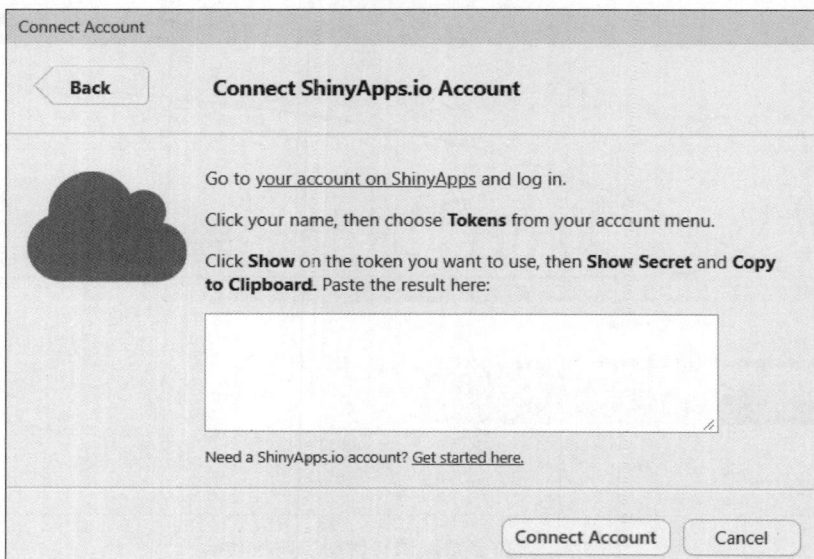

图 7-7　连接远程服务器

（4）检查 RStudio 运行环境的 Deploy 界面信息正常，没有异常日志输出。如果发布成功，系统自动提示最终的发布地址，每个不同注册账户可以获得不同的互联网发布地址信息。基于上述步骤正确运行后，本实例发布地址为 user. shinyapps. io/epidemicsimulation，其中，user 代表注册用户信息。

7.7　发布验证

（1）打开网页浏览器输入发布地址，确认本地应用可以成功发布到远程服务器，见图 7-8。

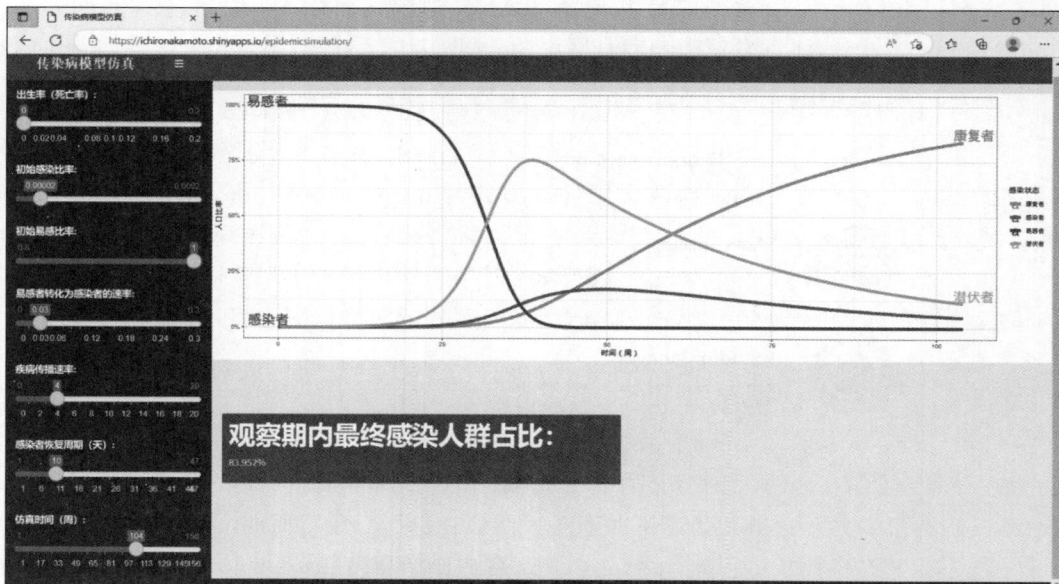

图 7-8　远程发布验证

（2）通过左侧导航栏滑块输入，调整模型各参数值，检查模型可以正常动态捕捉用户输入信息，图形实时输出根据模型输入参数动态更新，没有异常信息，见图 7-9。

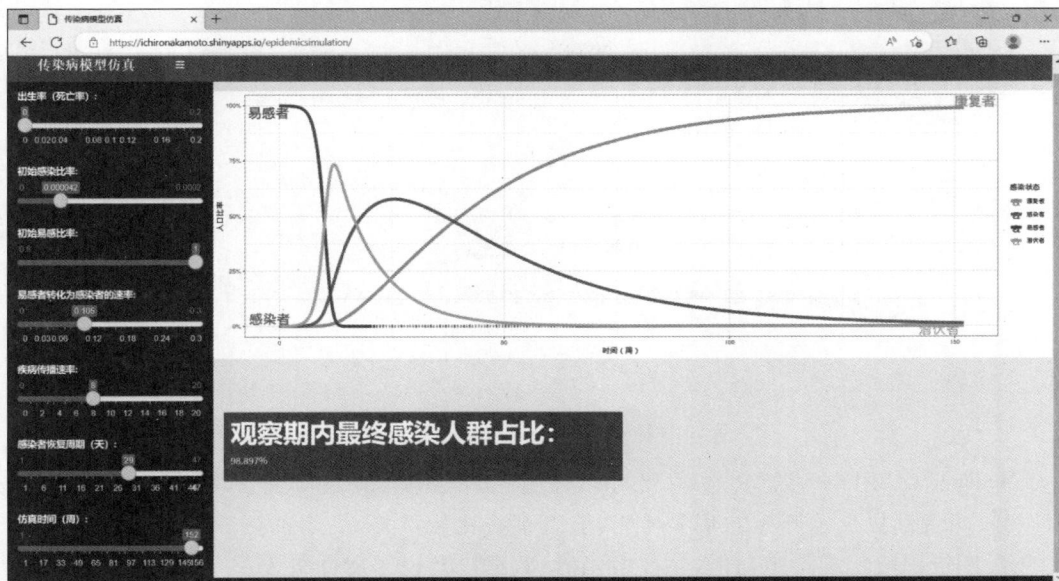

图 7-9 验证远程发布的动态响应功能

小结

本章介绍了 Shiny 应用的基本组成、用户接口组件、服务器端组件、调用函数的基本概念以及 Shinydashboard 库的基本定义，通过综合实例演示了基于 Shinydashboard 库开发实时响应风格 Shiny 应用程序的基本操作方法。

习题

1. 简述 Shiny 应用基本结构。
2. 常用的 Shiny 用户接口组件布局包括哪些模式？
3. Shiny 服务器端组件的定义函数包含哪些参数？
4. 简述 Shinydashboard 库的基本组件结构。
5. 创建基于数学模型分析的 Shiny 应用，本地运行正常后发布到远程服务器，获得互联网发布地址，验证远程图形输出可以动态响应用户的输入，结果没有异常。

第 **8** 章

R 包

R 包即 R 库,用户发布 R 包主要可以通过两种途径,第一种是官网 CRAN,第二种是 GitHub。两者都提供了开源的基本功能,前者审查比较严格,后者的用户数量呈现逐年增长的趋势。R 包一般实现特定功能,主要由函数、数据以及说明文件组成。

8.1 R 包基本结构

R 包的安装主要可以通过三种方法实现,第一种是 CRAN 或者 CRAN 镜像安装,第二种是从 GitHub 安装,第三种是用户将包的源文件下载到本地,然后从本地指定路径执行手动安装。

基本 R 包通常包含描述文件(DESCRIPTION)、名字空间(NAMESPACE)以及功能函数三部分,除此之外,还可能包含测试信息以及说明文档等。

描述文件属于文本文件,主要包括如下信息。

- Package:包名。
- Type:类型。
- Title:标题。
- Version:版本号。
- Author:作者。
- Maintainer:维护者。
- Description:包相关描述性信息。
- License:版本号。
- Encoding:编码方式。
- LazyData:逻辑值,数据说明。
- RoxygenNote:其他包的说明。
- Imports:对象包使用到的其他包相关信息。
- Suggests:其他建议,如包的版本号说明等。

名字空间可以通过包 roxygen2 生成,也可以由用户手动编辑生成。名字空间描述调用其他 R 包函数的状况,或者从其他 R 包可以调用自身函数的状况。R 包包含的其他信息主要包括文件夹 R、tests、man 以及 vignettes 等,功能简要说明如下。

- R：函数目录,后缀名为 ∗.R。
- man：帮助文档目录,通常后缀名为.Rd。
- vignettes：使用说明文件,可以基于 R Markdown 编辑。
- tests：函数的测试目录。
- data：数据文件目录。
- docs：运行结果示例目录。

8.2　开发包的准备工作

在 RStudio 开发环境下创建 R 包,需要提前准备并配置相关的工具,主要包括包 devtools、roxygen2、knitr、testthat、rstudioapi 以及 Rtools 等。devtools 包主要功能是提供 R 函数,实现 R 包开发流程的便捷化;roxygen2 包主要功能是添加注释;testthat 包主要用于测试代码;knitr 包辅助生成动态报告;rstudioapi 包可以实现获取以及设定工作路径。Rtools 可以从 cran.rstudio.com/bin/windows/Rtools/下载匹配版本。

devtools 包安装完成以后,在 RStudio 控制台输入 has_devel()命令,如果系统提示"Your system is ready to build packages!"信息,则表明用户可以开始创建包,代码参见例 8-1。

【例 8-1】

```
1. library(devtools)
2. has_devel()
3. # Your system is ready to build packages!
```

8.3　R 包创建方法

本节以一阶求导常微分方程组数学模型为研究对象,介绍 R 包创建、本地安装、远程安装以及下载验证的基本操作方法。

（1）从 RStudio 菜单中选择 File→New Project,创建一个新项目,见图 8-1。

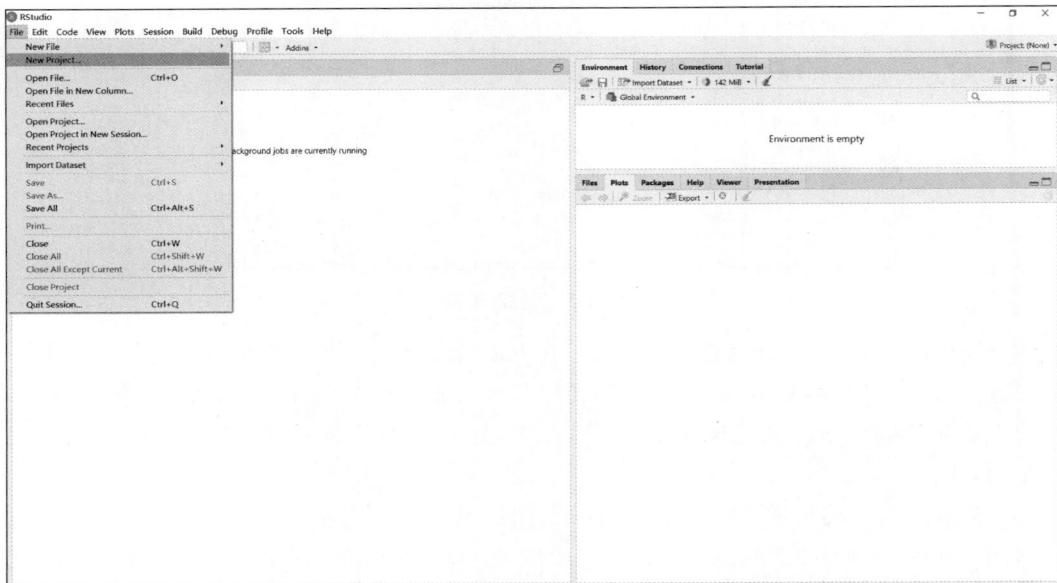

图 8-1　创建新项目

（2）创建新项目对话框中选择 New Project Wizard→New Directory，通过创建新目录的方式生成 R 包，见图 8-2。

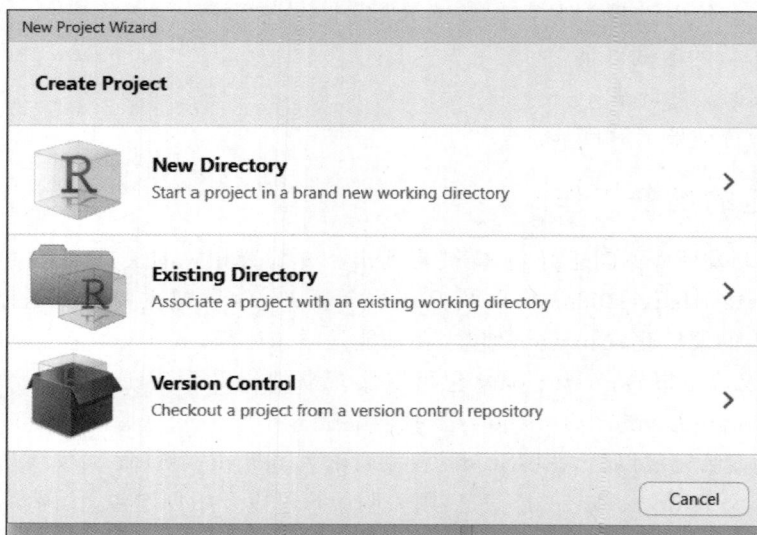

图 8-2　创建新目录

（3）选择 Project Type→R Package 创建 R 包，见图 8-3。

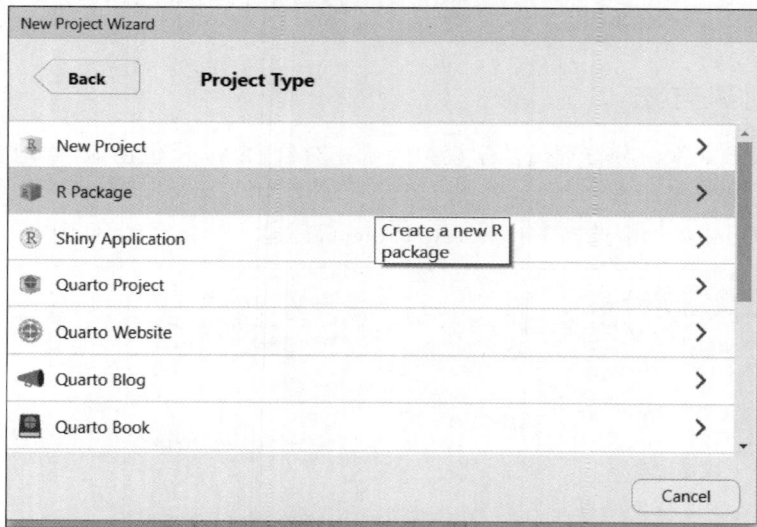

图 8-3　创建 R 包

（4）在对话框中 Type 选项选择 Package，在 Package name 处输入包名称信息"seirPackage"，单击 Add 按钮添加 R 函数源文件，此处路径过长或者附带中文路径名时，系统可能会报错，需要修改正确后重新设置。其他选项保持默认设置，路径正确无误后，单击 Create Project 按钮创建项目，见图 8-4。

（5）检查系统自动生成 seirPackage 目录，同目录下面自动生成默认目录结构，主要包含 DESCRIPTION、NAMESPACE、*.Rproj、R 以及 man 等信息，其中，R 目录内包含源文件 seir.R，此源文件包含的函数主要功能是使用数学模型创建一阶求导常微分方程组，求解常微分方程组并输出结果，见图 8-5。

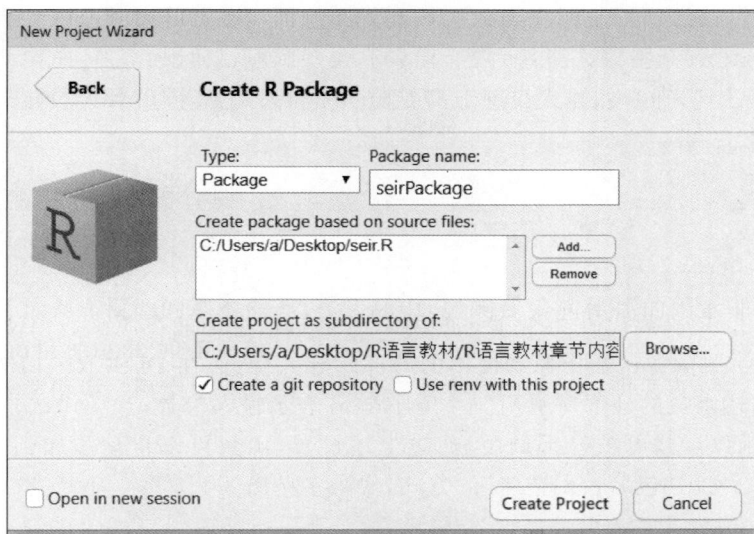

图 8-4　包名与函数设定

图 8-5　包基本目录结构

（6）检查名字空间文件 NAMESPACE 内部信息的默认内容，不修改缺失信息，代码参见例 8-2。

【例 8-2】

```
exportPattern("^[[:alpha:]]+")
```

（7）更新描述性文件 DESCRIPTION 的参数，主要包括包名（Package）、类型（Type）、标题（Title）、版本号（Version）、作者（Author）、维护者（Maintainer）、编码格式（Encoding）以及使用的外部包信息（Imports）。外部包的引用通过参数 Imports 手动设定，主要包括 deSolve、ggplot2 以及 svglite 三个包。deSolve 包主要用于求解常微分方程，ggplot2 包主要用于绘制图形，而 svglite 包主要用于输出矢量图形，代码参见例 8-3。

【例 8-3】

```
1. Package: seirPackage
2. Type: Package
3. Title: Epidemics SEIR Simulation Model
4. Version: 0.1.0
5. Author: Author
6. Maintainer: Author <test@test.com>
```

```
 7. Description: Simulation of SEIR model of an epidemics.
 8. License: 1.0.0
 9. Encoding: UTF-8
10. LazyData: true
11. RoxygenNote: 7.2.2
12. Imports:
13.    deSolve,
14.    ggplot2,
15.     svglite
```

（8）编辑 seir.R 函数代码文件，R 包中导入外部包信息不能在源函数中使用 library()或者 require()导入，删除源函数中原有使用的外部库导入信息，在 DESCRIPTION 文件的关键字 Imports 中描述函数的外部库引用。♯'@param 表示输入参数，♯'@examples 表示范例，♯'@export 表示该函数可被外部调用，通过上述设置，函数可以自动添加到 NAMESPACE 中，调用函数可以使用"包名::函数名"的方式，代码参见例 8-4。

【例 8-4】

```
 1. #' ODE solution
 2. #'
 3. #' This function solves an ODE system based on the given parameter list.
 4. #' @param user created parameters
 5. #' @return solution of an ODE function system
 6. #' @export
 7. model <- function(t, y, param) {
 8.   #设定参数
 9.     S <- y[1]
10.     E <- y[2]
11.     I <- y[3]
12.     R <- y[4]
13.     N <- param["N"]
14.   #设定参数
15.     beta <- param["beta"]
16.     mu <- param["mu"]
17.     gamma <- param["gamma"]
18.     lamda <- param["lamda"]
19.   #传染病数学模型
20.     dSt <- mu * (N - S) - beta * S * I/N
21.     dEt <- beta * S * I/N - mu * E - lamda * E
22.     dIt <-     - (mu + gamma) * I + lamda * E
23.     dRt <- gamma * I - mu * R
24.   #求解结果整合成向量表达
25.     outcome <- c(dSt, dEt, dIt, dRt)
26.   #返回常微分方程系统求解结果
27.     list(outcome)
28. }
29.
30.
31.   #设置评估参数的初始值
32. times <- seq(0, 156, by = 1/7)
33. param <- c(mu = 0.000, lamda = 0.03, beta = 4, gamma = 0.1, N = 1)
34. init <- c(S = 0.9999, E = 0.00008, I = 0.00002, R = 0)
35.
36.   #调用常微分方程求解函数,传入初始条件,评估时间,模型以及参数信息
37. result <-    deSolve::ode(y = init, times = times, func = model, parms = param)
```

```
38. result <- as.data.frame(result)
39.
40. tail(round(result, 3.6),10)
41.
42. #结果画图
43. #' @export
44. seirplot <- ggplot2::ggplot(data = result) +
45.    ggplot2::geom_line(ggplot2::aes(x = time, y = S,col = "S"), lwd = 2) +
46.    ggplot2::geom_line(ggplot2::aes(x = time, y = I,col = "I"), lwd = 2) +
47.    ggplot2::geom_line(ggplot2::aes(x = time, y = R,col = "R"), lwd = 2) +
48.    ggplot2::geom_line(ggplot2::aes(x = time, y = E,col = "E"), lwd = 2) +
49.    ggplot2::labs(x = "Time",y = "Ratio") +
50.    ggplot2::scale_color_manual(name = "SEIR",
51.       values = c("S" = "orange", "E" = "purple", "I" = "red", "R" = "green"))
52. #绘制仿真结果并保存为矢量文件
53. seirplot
54. ggplot2::ggsave(seirplot, file = "seir.pdf", width = 7, height = 6)
55. ggplot2::ggsave(seirplot, file = "seir.svg", width = 7, height = 6)
```

（9）在 RStudio 控制台运行命令“getwd()”，检查当前工作目录信息，本实例为“C:/Users/user/Desktop/8/seirPackage”，在 RStudio 控制台执行命令 devtools::document()生成包说明文档，检查命令运行过程没有错误信息，代码参见例 8-5。

【例 8-5】

```
1. getwd()
2. #[1] "C:/Users/user/Desktop/8/seirPackage"
3. devtools::document()
4. #i Updating seirPackage documentation
5. #i Loading seirPackage
```

（10）文档生成命令执行成功后，在 man 目录下检查系统自动生成文件 R 文档 model.Rd，在 RStudio 中打开文档并检查文件内容与前述创建的模型主要信息一致，代码参见例 8-6。

【例 8-6】

```
1. % Generated by roxygen2: do not edit by hand
2. % Please edit documentation in R/seir.R
3. \name{model}
4. \alias{model}
5. \title{ODE solution}
6. \usage{
7. model(t, y, param)
8. }
9. \arguments{
10. \item{user}{created parameters}
11. }
12. \value{
13. solution of an ODE function system
14. }
15. \description{
16. This function solves an ODE system based on the given parameter list.
17. }
```

（11）检查在 seirPackage 包下面自动生成 seir.pdf 与 seir.svg 文件，这两个文件是运行代码后的输出结果。用户可以重复删除 seir.pdf、seir.svg 以及 model.Rd 文件，重新执行命令 devtools::document()，观察上述三个文件重新自动生成是否没有问题。

8.4 测试包

在正式发布包之前，需要对生成的包执行检查，如果发生错误需要修改错误后，再执行发布操作。

（1）单击 RStudio 运行环境中 Build→Check 选项，对包运行自动检查，确认日志输出窗口没有错误信息，见图 8-6。

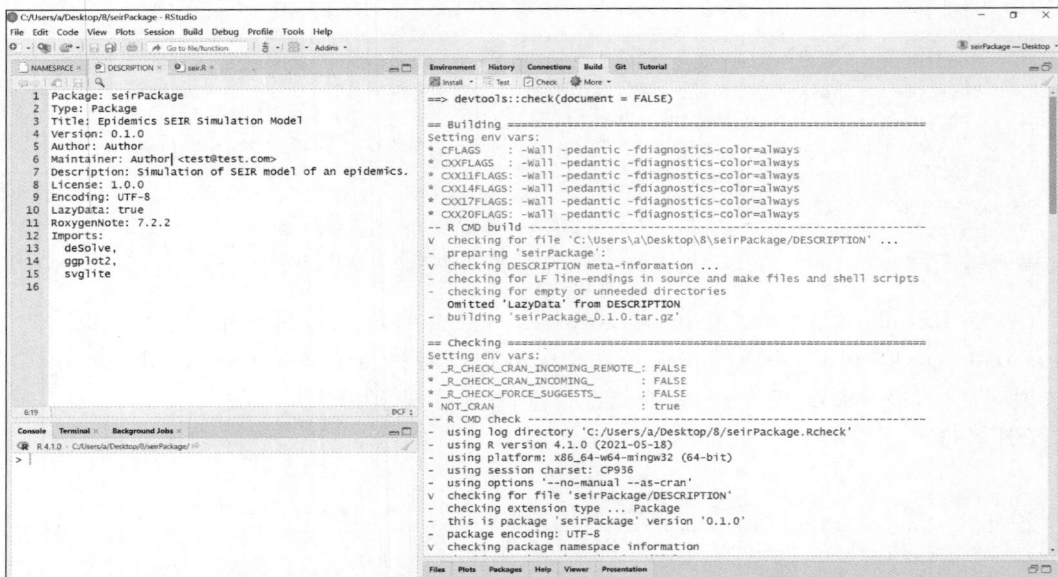

图 8-6 包检查

（2）单击 Test 标签运行自动测试，之后在 RStudio 控制台输入 usethis::use_testthat() 命令，检查 DESCRIPTION 文件自动添加下面的 Suggests 信息，见图 8-7。

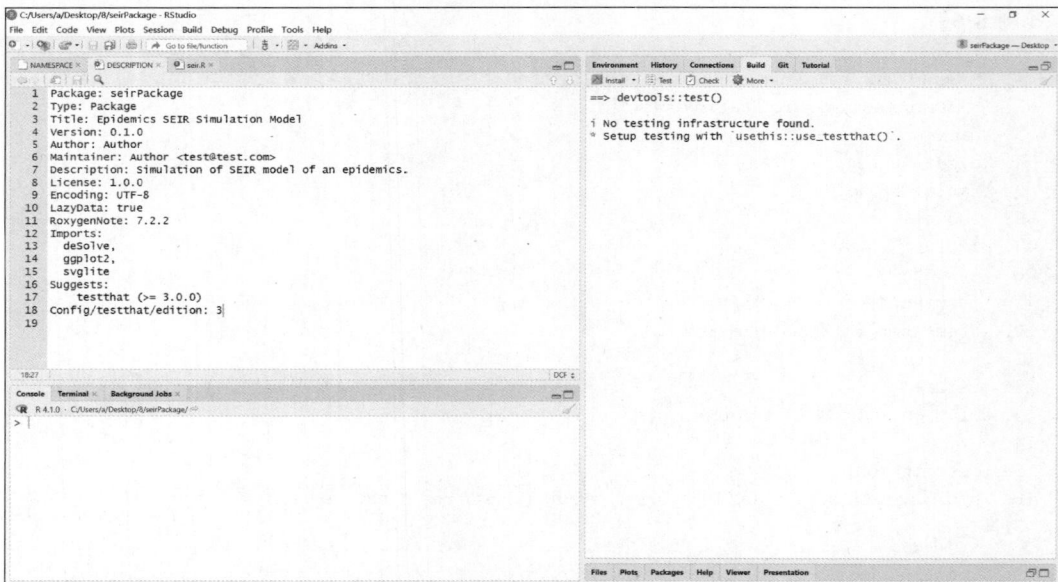

图 8-7 测试包

8.5　下载包与功能验证

（1）在 RStudio 右侧窗口选择 install→clean and install，执行环境清理以及本地安装操作，检查无错误日志输出，安装正常。

（2）本地安装完成后在包目录下自动生成包文件 *.tar.gz，见图 8-8。

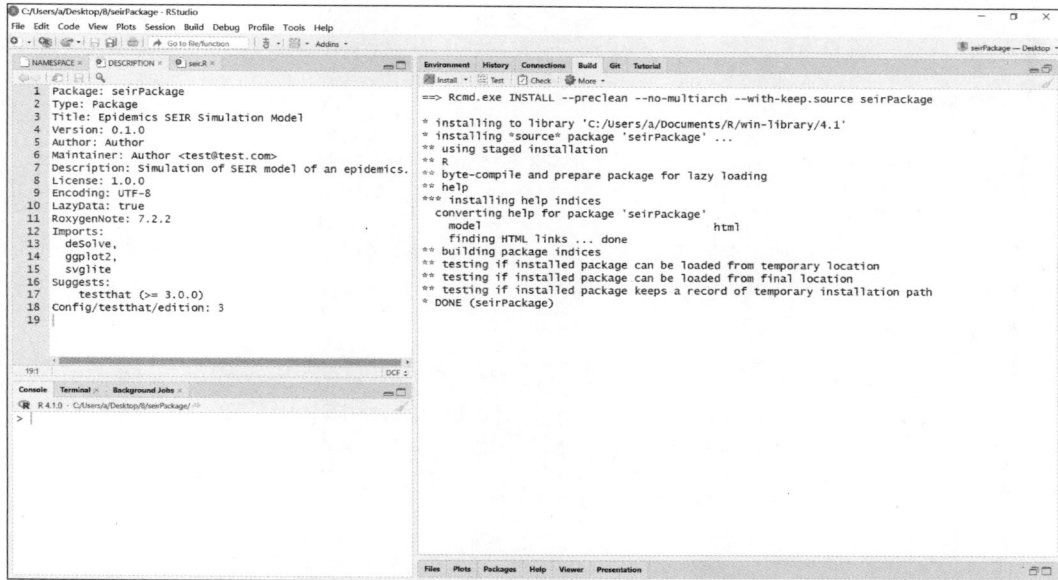

图 8-8　本地安装包

（3）安装完成后关闭并重新启动 RStudio，在控制台输入命令 library(seirPackage)，检查本地安装包 seirPackage 可以正常导入运行环境，执行命令 seirplot，检查数学模型的求解结果可以正常输出，图形显示无异常，见图 8-9。

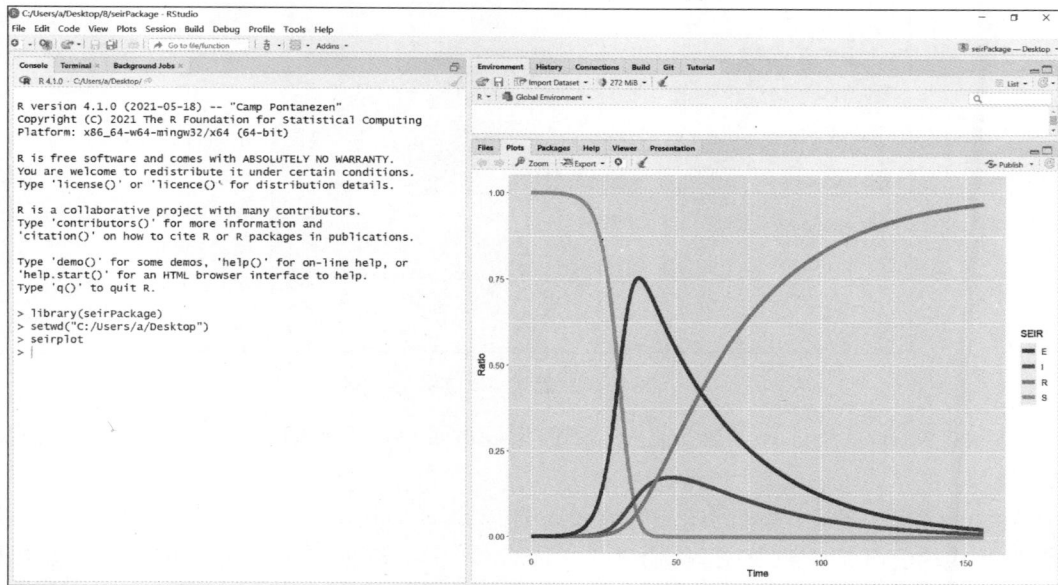

图 8-9　本地包导入环境

(4) 运行文件保存函数 ggplot2::ggsave(),确认 *.pdf 文件以及 *.svg 文件可以正常生成,修改文件名字以及画面宽度和高度参数,检查文件可以按照新参数重新生成,没有错误输出,代码参见例 8-7。

【例 8-7】

```
1. ggplot2::ggsave(seirplot, file = "*.pdf", width, height)
2. ggplot2::ggsave(seirplot, file = "*.svg", width, height)
```

8.6 发布包

完成包本地测试以后,可以发布到远程服务器(如 GitHub),下面介绍基本操作过程。

(1) 将 R 包发布到远程服务器(如 GitHub),用户需要预先在本地安装 Git 工具,Git 安装可以参考 gitforwindows.org 等网址获取详细参考信息,完成以后选择 RStudio 界面 Tools→Global Options,打开全局参数设置界面,选择 Git/SVN 选项,在 Git executable 选项中设定 Git 可执行文件的安装目录,见图 8-10。

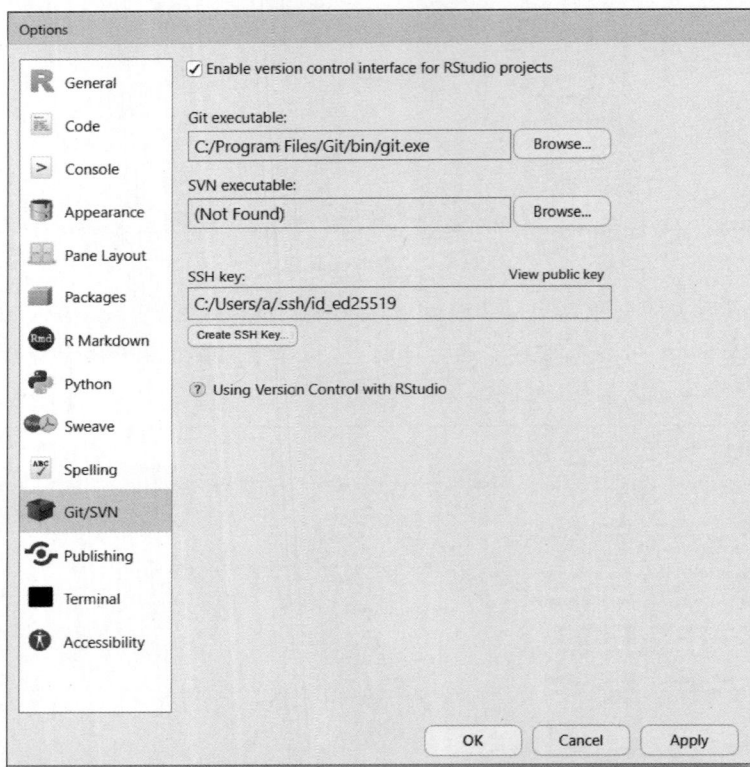

图 8-10　配置 Git 选项

(2) 单击 Create SSH Key 按钮,生成 SSH 键以后再单击 View Public Key,复制生成的公开键信息。

(3) 登录到 GitHub,切换到账户 Settings,选择 SSH and GPG keys→New SSH keys,将步骤(2)生成的公开键信息复制到 GitHub。从 GitHub 上新创建一个项目 Repository,名称与上述生成的包名称相同,项目属性为公开,项目创建完成后从 GitHub 界面选择 Code 选项,复制生成的 Repository 的 HTTPS 地址信息。

（4）在 RStudio 界面选择 File→New Project→Version Control→Git，在界面 Repository URL 地址中输入步骤（3）记录的远程 HTTPS 地址。Project directory name 中输入本地保存的目录，单击 Browse 按钮设置本地保存路径地址。完成后确认 GitHub 目录内容可以自动同步到本地路径，见图 8-11。

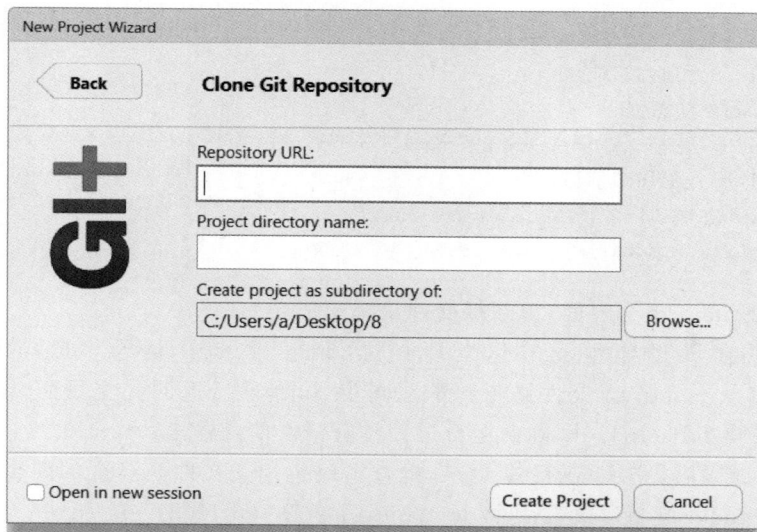

图 8-11　同步远程服务器与本地目录

（5）在 RStudio 界面选择 Git→Commit，打开提交页面，在 Commit message 界面中输入提交相关的备注信息，然后单击 Commit 按钮，确认提交请求发送成功，再单击 Push 按钮执行本地代码同步到远端服务器操作，见图 8-12。此步骤如果发生错误，系统会提示无法连接等错误信息，则需要确认服务器是否没有正常连接，可以到 Git 界面执行连接检查，执行步骤（6）。

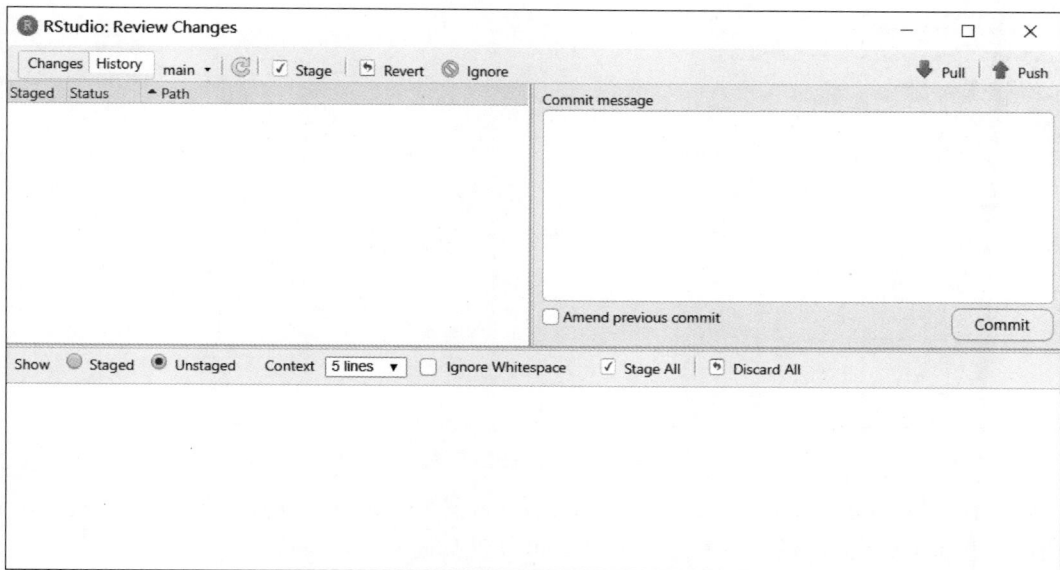

图 8-12　提交本地包到远程服务器

（6）启动 Git 工具（Git Bash），在命令行窗口执行命令"git config --global user.email "email""配置注册邮箱信息，再执行命令"git config --global user.name "username""配置注册用户信息，其中，用户名（username）和邮箱地址（email）是用户在 GitHub 上注册的账户信息，代码参见例 8-8。

【例 8-8】

```
1. #设置 GitHub 注册邮箱信息
2. #user@userMINGW64 ~
3. $ git config -- global user.email "email"
4. #设置 GitHub 注册用户信息
5. #user@userMINGW64 ~
6. $ git config -- global user.name "username"
```

（7）返回 RStudio 提交界面，重新提交确认提交成功。

（8）将前述步骤创建生成的包文件，包括 man 目录、R 目录、DESCRIPTION 文件、NAMESPACE 以及 *.tar.gz 文件复制到本地同步目录，然后返回提交页面，单击 Push 按钮将本地文件结果同步到 GitHub，确认运行过程没有错误信息输出。

（9）提交完成以后，登录 GitHub 目录，检查本地包相关文件已经全部同步到服务器指定目录，然后在 RStudio 控制台执行命令 devtools::install_GitHub("username/package")从远程地址 GitHub 目录上安装包文件到本地，其中，username 是用户的 GitHub 用户名，package 是用户在 GitHub 上创建的 Repository 信息，确认安装成功，见图 8-13。

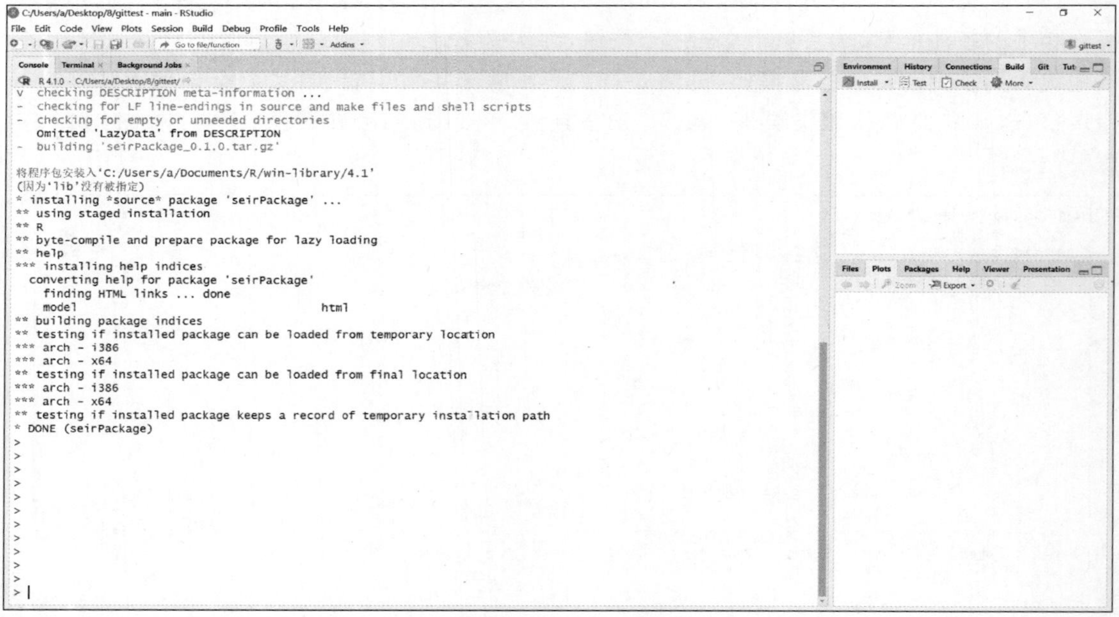

图 8-13 远程包安装

（10）在控制台运行函数 library(seirPackage)导入安装完成的库 seirPackage，执行 seirplot 命令调用函数，确认在绘图窗口仿真模型的结果可以正常输出图形，见图 8-14。

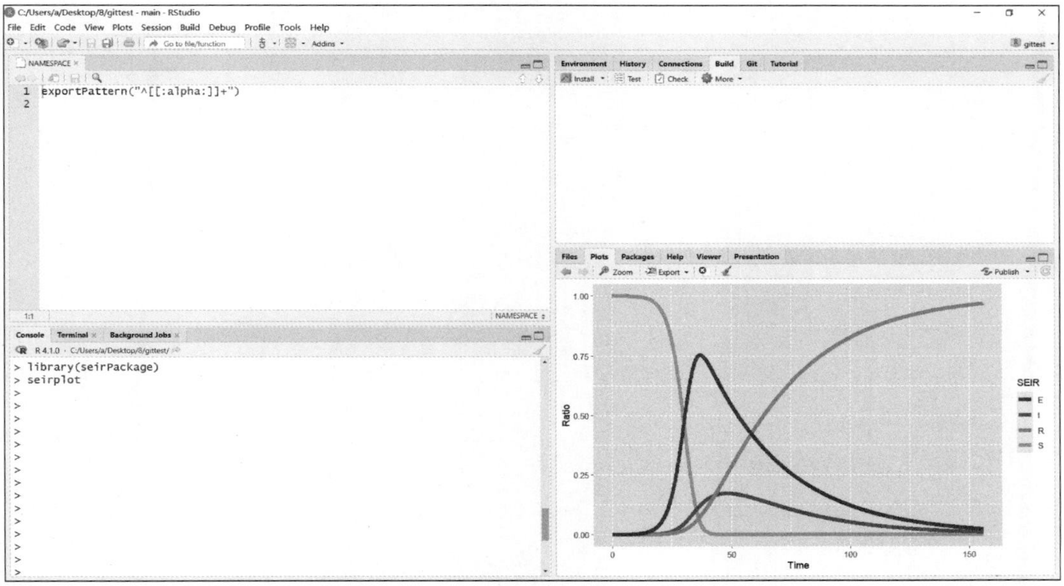

图 8-14　远程包导入本地环境

小结

本章主要介绍 R 包基本结构、创建 R 包的基本步骤、R 包测试方法、R 包本地安装、R 包远程发布步骤以及从远程服务器安装 R 包到本地的主要操作方法，并基于一阶求导常微分方程组实例说明 R 包创建、发布以及验证的基本实现方法。

习题

1. 用户创建 R 包以后，可以通过哪些途径实现远程发布包？
2. 基本 R 包通常包含哪些文件？
3. 开发包之前，通常需要预先完成哪些准备工作？
4. 请下载并安装 Rtools 包，检查 Rtools 包与其他包安装方法的差异。
5. 自定义编写函数，在本地创建包并执行本地安装，本地安装完成后验证函数功能本地运行正常。将本地包发布到 GitHub 远程服务器，再从 GitHub 安装到本地运行环境，验证函数功能运行没有异常。

第Ⅲ篇
数学建模与仿真及回归分析

第 **9** 章

数学建模与仿真

数学建模（Mathematical Modeling）和仿真（Simulation）技术已经在诸多领域，包括商务、航空航天、人工智能、经济金融以及生物医学等得到了广泛应用，建模仿真的重要性日益凸显。数学建模和仿真概念范畴存在一定差异。数学建模属于理论范畴，立足于现实问题并建立简化的数学表达，然后从现象中提炼出具体对象的抽象特征是数学建模的鲜明特点。数学建模主要包括分析问题、模型假设、模型创建、模型求解以及分析验证等步骤；仿真则侧重通过对系统理论进行测试，研究真实系统的行为模式和性能表现，通过不同测试条件揭示复杂系统的近似运作机理，多用于理解系统在不同场景下的性能差异。常用的仿真算法包括蒙特卡罗算法、数据拟合法、参数估计法、插值法、规划算法、图论算法、神经网络算法以及遗传算法等，仿真分析及其误差诊断有时可作为判断实际问题解决方案可行性的重要依据。本章重点介绍基于微分方程系统的数学建模、数值仿真以及蒙特卡罗方法。

9.1 数学建模与仿真概述

9.1.1 微分方程概述

常微分方程（Ordinary Differential Equations，ODE）、偏微分方程（Partial Differential Equations，PDE）、微分代数方程（Differential Algebraic Equations，DAE）和延迟微分方程（Delay Differential Equations，DDE）常用于现实问题的数学建模。常微分方程（ODE）中，未知数一般由单个变量的函数组成，涉及对象函数的导数；而偏微分方程（PDE）的未知变量则通常包含两个或者两个以上；微分代数方程组（DAE）是包含微分方程和代数方程的方程组或者等价方程组，而延迟微分方程（DDE）的未知函数在特定时间的导数依赖于函数的先前时间值，延迟微分方程也称为时间延迟系统。

9.1.2 求解微分方程

在 R 语言中，deSolve 库是常微分方程、偏微分方程、微分代数方程和延迟微分方程的初值问题的通用求解库，前面章节已经略有介绍。该库的用法以及相关函数信息可以从 http://desolve.r-forge.r-project.org/获得详细内容。

deSolve 库中涉及求解微分方程系统的主要函数包含以下几种。

（1）ode()：大部分常微分方程的通用求解函数。

(2) ode. band()：求解非零元素分布于对角线附近的雅可比方程。

(3) ode. 1D(),ode. 2D(),ode. 3D()：面向 1-D、2-D 以及 3-D 模型。

(4) dede()：求解延迟微分方程。

(5) lsoda(),lsode(),lsodes(),lsodar(),vode()：Livermore 系列常微分方程。

(6) rk(),rkMethod(),rk4(),euler()：Runge-Kutta 方程求解函数。

其中,ode()函数的定义如下：

```
ode(y, times, func, parms, method = c("lsoda", "lsode", "lsodes", "lsodar", "vode",
"daspk","euler", "rk4", "ode23", "ode45", "radau", "bdf", "bdf_d", "adams",
"impAdams", "impAdams_d", "iteration"), …)
```

rk()函数的定义如下：

```
rk(y, times, func, parms, rtol, atol, …)
```

lsoda()函数的定义如下：

```
lsoda(y, times, func, parms, rtol, atol, …)
```

在上述各函数中,括号内的参数 y 是微分系统的初始状态值向量；times 是时间序列,第一个值代表初始时间；函数 func 计算微分系统(模型定义)在时间 t 的函数导数或者给出动态加载的共享库中编译函数名称的字符串,如果 func 是 R 函数,则定义格式为 func <-function (t,x,parms,…),t 是积分的当前时间点,x 是常微分方程系统中变量的当前估计值,func 的返回值是一个列表,其第一个元素是一个包含 x 对时间导数的向量,其下一个元素是每个时间点所需的全局值,导数与状态变量 x 顺序相同；parms 是一个向量或参数列表；…为可选参数,是传递给函数的任何其他参数；method 是积分器,可以是积分函数,或是 rkMethod 类的列表,也可以是字符串如"ode45"等；rtol 代表相对误差精度,atol 代表绝对误差精度。

9.2 简单传染病传播数学建模和仿真

9.2.1 传染病传播机制

下面以传染病传播为研究对象,基于简单传染病模型 SEIR(Susceptible-Exposed-Infected-Removed)说明数学模型的创建方法以及编写代码执行仿真运算获得结果的主要步骤。SEIR 模型中的 S 全称为 Susceptible,代表易感者；E 全称为 Exposed,代表潜伏者；I 全称为 Infected,代表感染者；R 全称为 Removed,代表康复者。其中,易感者代表人群尚未感染过传染病,潜伏者则代表已经感染且处于潜伏期的人群,感染者代表已经确诊的群体,康复者代表已康复的感染群体,各个状态之间相互独立不存在交集。

SEIR 模型框架见图 9-1,模型主要参数的含义说明见表 9-1。

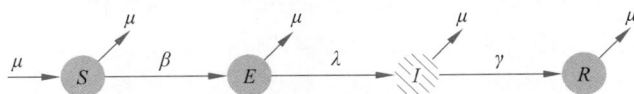

图 9-1 SEIR 模型状态迁移图

表 9-1 SEIR 传染病模型主要参数的含义说明

序　　号	参 数 名 称	含 义 说 明
1	μ	人口出生率,死亡率
2	β	易感者与感染者接触后被传染的速率

续表

序　号	参 数 名 称	含 义 说 明
3	λ	潜伏者转化为感染者的速率
4	γ	感染者的康复速率
5	N	人口总数

9.2.2　传染病传播数学建模

假设该传染病模型的状态是时间函数，$\dfrac{\mathrm{d}S}{\mathrm{d}t}$ 表示从其他状态迁移入状态 S，以及从状态 S 迁移出的人群总变化速率，其他各状态的迁移变化情况可以参照 S 进行类似分析，则传染病常微分数学模型可以表达为式(9-1)～式(9-4)。

$$\frac{\mathrm{d}S}{\mathrm{d}t} = \mu N - \beta S \frac{I}{N} - \mu S \tag{9-1}$$

$$\frac{\mathrm{d}E}{\mathrm{d}t} = \beta S \frac{I}{N} - \lambda E - \mu E \tag{9-2}$$

$$\frac{\mathrm{d}I}{\mathrm{d}t} = \lambda E - \gamma I - \mu I \tag{9-3}$$

$$\frac{\mathrm{d}R}{\mathrm{d}t} = \gamma I - \mu R \tag{9-4}$$

9.2.3　仿真代码实现

下面介绍仿真代码实现的主要步骤。

（1）导入相关库文件，输出结果图中包含中文，因此需要提前使用 install.packages() 命令安装 showtext 库，完成安装后设置需要支持的中文库字体，本实例为楷体，其他需要使用的库包括 ggplot2 和 deSolve，deSolve 库主要用于求解传染病数学模型的常微分方程组，代码参见例 9-1。

【例 9-1】

```
1. #导入实例的库文件
2. library(deSolve)
3. library(ggplot2)
4. library(showtext)
5.
6. #设置中文显示支持
7. font_add("kaiti","STKAITI.TTF")
8. showtext_auto()
```

（2）定义常微分方程 func <-function(t,y,parms,…)，本实例需要定义传染病的四种状态，即 S、E、I 以及 R，定义传染率、康复率、潜伏期阳性转化率、人口数、出生率、死亡率等模型参数信息，dSt 代表状态变量 S 基于时间 t 的一阶导数，dEt 代表状态变量 E 基于时间 t 的一阶导数，dIt 代表状态变量 I 基于时间 t 的一阶导数，dRt 代表状态变量 R 基于时间 t 的一阶导数，代码参见例 9-2。

【例 9-2】

```
1. model = function(t, y, param) {
2.    #从参数列表中获得传染病四种状态 SEIR
```

```
3.    S = y[1]
4.    E = y[2]
5.    I = y[3]
6.    R = y[4]
7.    N = param["N"]
8.
9.    ♯从参数列表中提取模型参数
10.   beta = param["beta"]
11.   mu = param["mu"]
12.   gamma = param["gamma"]
13.   lamda = param["lamda"]
14.
15.   ♯基于模型参数和状态信息创建传染病传播数学模型
16.   dSt = mu * (N - S) - beta * S * I/N
17.   dEt = beta * S * I/N - mu * E - lamda * E
18.   dIt = - (mu + gamma) * I + lamda * E
19.   dRt = gamma * I - mu * R
20.
21.   ♯汇总模型求解结果
22.   outcome = c(dSt, dEt,dIt, dRt)
23.
24.   ♯返回传染病四种状态求解结果列表
25.   list(outcome)
26.  }
```

（3）设置数学模型的仿真参数以及观察时间范围，本实例以三年为研究周期，数据模拟精确到天，假定人口出生率和死亡率为0，人口总数设定为1，初始情况下，99.99％人口处于易感状态，潜伏期人口百分比为0.008％，而感染者人口所占百分比为0.002％，不存在康复者，满足 $S+E+I+R=1$ 的初始条件，代码参见例9-3。

【例9-3】

```
1. ♯设置仿真参数
2. times = seq(0, 156, by = 1/7)
3. param = c(mu = 0.000, lamda = 0.03, beta = 4, gamma = 0.1,N = 1)
4. init = c(S = 0.9999, E = 0.00008,I = 0.00002, R = 0)
```

（4）调用微分方程组求解函数 ode()，参数中设置常微分数学模型、状态变量初始值、观测时间范围以及其他参数，处理结束后转换为数据框，代码参见例9-4。

【例9-4】

```
1. result = ode(y = init, times = times, func = model, parms = param)
2. result = as.data.frame(result)
```

（5）执行命令 tail()查看随时间变化情况下各个状态的尾部数据变化情况，与此命令对应的函数是 head()，可以查看数据对象的开始部分数据，查看数据数可以通过括号中的参数指定。基于此数学模型的仿真结果表明，在观察期结束时，康复人群所占百分比为96.77％，感染人群占百分比约为0.97％，潜伏期群体大致占整体2.26％，而易感人群则降至0，代码参见例9-5。

【例9-5】

```
1. tail(round(result, 3.6),10)
2.
3. ♯     time S    E     I     R
4. ♯1084 154.7143 0 0.0235 0.0101 0.9664
```

```
 5. ♯1085 154.8571 0 0.0234 0.0100 0.9666
 6. ♯1086 155.0000 0 0.0233 0.0100 0.9667
 7. ♯1087 155.1429 0 0.0232 0.0099 0.9669
 8. ♯1088 155.2857 0 0.0231 0.0099 0.9670
 9. ♯1089 155.4286 0 0.0230 0.0099 0.9671
10. ♯1090 155.5714 0 0.0229 0.0098 0.9673
11. ♯1091 155.7143 0 0.0228 0.0098 0.9674
12. ♯1092 155.8571 0 0.0227 0.0097 0.9676
13. ♯1093 156.0000 0 0.0226 0.0097 0.9677
```

（6）通过 ggplot()绘制各状态随时间变化的演变趋势图,见图 9-2。其中,函数 geom_line（mapping,data,…)绘制各状态曲线,参数 mapping 设定画图坐标系如 x 和 y,通过 mapping ＝aes(x,y)指定;而参数 data 代表数据源,如果未做指定,则一般代表函数 ggplot()中设定的数据源。scale_color_manual()函数设定不同曲线的颜色,图像最终可以保存为矢量图 ∗.pdf 或者 ∗.svg,也可以保存为 ∗.png 等其他格式图像,代码参见例 9-6。

【例 9-6】

```
 1. seirplot <- ggplot(data = result) +
 2.   geom_line(aes(x = time, y = S,col = "S"), lwd = 2) +
 3.   geom_line(aes(x = time, y = I,col = "I"), lwd = 2) +
 4.   geom_line(aes(x = time, y = R,col = "R"), lwd = 2) +
 5.   geom_line(aes(x = time, y = E,col = "E"), lwd = 2) +
 6.   labs(x = "时间",y = "比率") +
 7.   scale_color_manual(name = "传染病模型仿真", values = c("S" = "orange",
 8.     "E" = "purple", "I" = "red", "R" = "green"))
 9. ♯运行图形对象绘制图形结果
10. seirplot
11. ♯保存为矢量图
12. ggsave(seirplot, file = "file.pdf", width = 7, height = 6)
13. ggsave(seirplot, file = "file.svg", width = 7, height = 6)
```

9.2.4　结果分析

从图 9-2 可以看出,易感人群随时间减少而康复人群随时间逐渐递增,易感人群下降的变化速率相对较快,表明病毒传播比较迅速。假设一年时间长度为 52 周,接近三年观察期后这

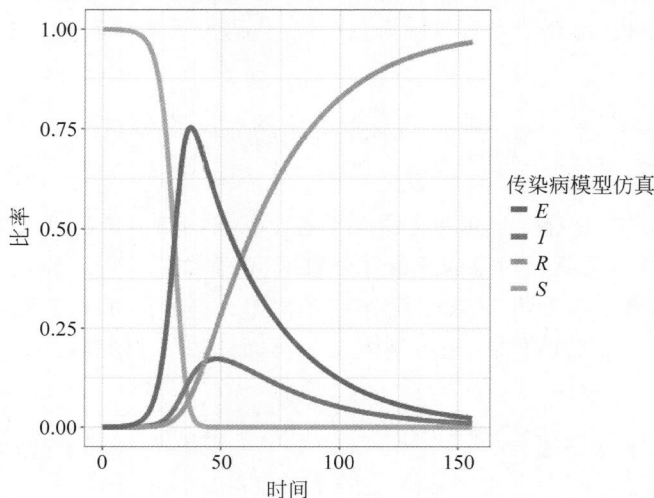

图 9-2　SEIR 数学模型仿真效果

两种状态的人群分别达到饱和状态。而感染人群因为人群流动、人群接触以及病毒传播特性变化等影响逐渐增加,在50周前后达到感染高峰值,之后感染人数逐渐减少。潜伏状态人群变化趋势与感染群体大致相同,潜伏人群的峰值要高于感染人群的峰值,但二者达到峰值的时间存在差异。

9.3 疫苗接种传染病传播数学建模与仿真

9.3.1 疫苗接种传染病传播机制简介

前面介绍了传染病模型的基本框架,在实际中,影响传染病传播的因素非常复杂,如人群的接触情况、疫苗接种速率、疫苗有效性、病毒变异、气候因素等,下面介绍另外一种考虑疫苗接种的传染病数学模型。模型框架见图9-3,各主要参数的含义说明见表9-2。

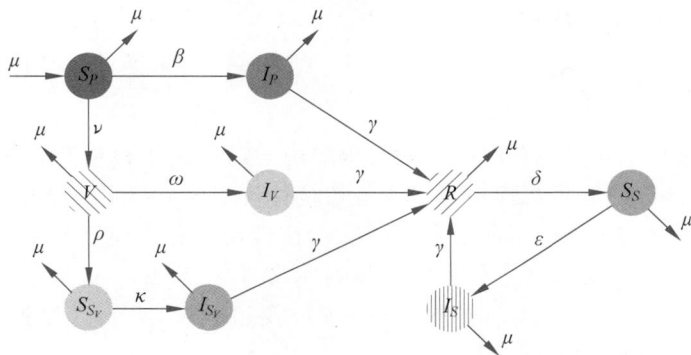

图 9-3 疫苗接种传染病数学模型框架

表 9-2 疫苗接种传染病数学模型主要参数的含义说明

序 号	参数名称	含 义 说 明
1	μ	人口出生率,死亡率
2	β	易感者与各类型感染者接触后被传染的速率
3	ω	接种疫苗后的感染速率
4	γ	各类感染者的康复速率
5	ρ	接种疫苗后免疫保护的下降速率
6	κ	疫苗免疫保护下降以后的感染速率
7	δ	感染恢复后免疫保护下降速率
8	ε	二次感染速率
9	ν	疫苗接种速率
10	α,θ,η	其他类型感染相对首次感染的传染系数

9.3.2 疫苗接种传染病传播的数学建模

基于上述传播机制的分析与参数说明,得出疫苗接种的数学模型常微分方程系统表达如式(9-5)~式(9-13)所示。

$$\frac{dS_P}{dt}=\mu-\beta S_P(I_P+\alpha I_S+\theta I_V+\eta I_{S_V})-\mu S_P-\text{vac}\cdot\nu\cdot S_P \tag{9-5}$$

$$\frac{dI_P}{dt}=\beta S_P(I_P+\alpha I_S+\theta I_V+\eta I_{S_V})-(\gamma+\mu)I_P \tag{9-6}$$

$$\frac{dR}{dt}=\gamma(I_P+I_S+I_V+I_{S_V})-(\delta+\mu)R \tag{9-7}$$

$$\frac{\mathrm{d}S_S}{\mathrm{d}t} = \delta R - \varepsilon\beta S_S(I_P + \alpha I_S + \theta I_V + \eta I_{S_V}) - \mu S_S - \mathrm{vac}\cdot\nu\cdot S_S \tag{9-8}$$

$$\frac{\mathrm{d}I_S}{\mathrm{d}t} = \varepsilon\beta S_S(I_P + \alpha I_S + \theta I_V + \eta I_{S_V}) - (\gamma + \mu)I_S \tag{9-9}$$

$$\frac{\mathrm{d}V}{\mathrm{d}t} = \mathrm{vac}\cdot\nu(S_P + S_S) - \lambda\beta V(I_P + \alpha I_S + \theta I_V + \eta I_{S_V}) - (\omega + \rho + \mu)V \tag{9-10}$$

$$\frac{\mathrm{d}S_{S_V}}{\mathrm{d}t} = \rho V - \kappa\beta S_{S_V}(I_P + \alpha I_S + \theta I_V + \eta I_{S_V}) - \mu S_{S_V} \tag{9-11}$$

$$\frac{\mathrm{d}I_{S_V}}{\mathrm{d}t} = \kappa\beta S_{S_V}(I_P + \alpha I_S + \theta I_V + \eta I_{S_V}) - (\gamma + \mu)I_{S_V} \tag{9-12}$$

$$\frac{\mathrm{d}I_V}{\mathrm{d}t} = \omega V + \lambda\beta V(I_P + \alpha I_S + \theta I_V + \eta I_{S_V}) - (\gamma + \mu)I_V \tag{9-13}$$

9.3.3　仿真代码实现

考虑疫苗接种的传染病数学模型的代码实现与前述基本模型存在相同点，但也有自身的特点，本节比较病毒的变异风险差异以及疫苗接种效率存在不同的情况。

（1）首先使用 library()函数或者 require()函数命令导入使用的库文件，在导入库文件之前确认这些库已经安装完成。本实例涉及的库文件包括 deSolve、ggplot2、reshape2、plotly、dplyr、tikzDevice、pracma、cowplot、patchwork 以及 showtext 等，并设置打开文件所在的目录为当前工作路径，代码参见例 9-7。

【例 9-7】

```
1. library(deSolve)
2. library(ggplot2)
3. library(reshape2)
4. library(plotly)
5. library(dplyr)
6. library(tikzDevice)
7. library(pracma)
8. library(cowplot)
9. library(patchwork)
10. library(showtext)
11. library(rstudioapi)
12. # 设置中文显示支持
13. font_add("kaiti","STKAITI.TTF")
14. showtext_auto()
15.
16. # 设置工作路径
17. current_dir = dirname(getSourceEditorContext() $ path)
18. setwd(current_dir)
```

（2）定义常微分方程数学模型表达式以及参数信息，本模型假设随着时间流逝，人群在保持安全社交距离等方面有所调整，导致病毒传播发生变化，代码参见例 9-8。

【例 9-8】

```
1. vaccination.model <- function (t, y, parameters) {
2.
3.    # 从参数列表中获取各状态信息
```

```
4.    SP = y[1]
5.    IP = y[2]
6.    R = y[3]
7.    SS = y[4]
8.    IS = y[5]
9.    V1 = y[6]
10.   IV = y[7]
11.   SSV = y[8]
12.   ISV = y[9]
13.
14.   # 从参数列表中获取参数信息并重新命名
15.   mu = parameters[["mu"]]
16.   delta = parameters[["delta"]]
17.   gamma = parameters[["gamma"]]
18.   R0.rep = parameters[["R0.rep"]]
19.   alpha = parameters[["alpha"]]
20.   theta = parameters[["theta"]]
21.   eta = parameters[["eta"]]
22.   epsilon = parameters[["epsilon"]]
23.   lambda = parameters[["lambda"]]
24.   kappa = parameters[["kappa"]]
25.   beta = R0.rep[t] * gamma
26.
27.   # 定义随时间变化,病毒传播发生改变的阈值
28.   R0.fix = parameters[["R0.fix"]]
29.   R0.fix.inc = parameters[["R0.fix.inc"]]
30.   socialdistancing1 = parameters[["socialdistancing1"]]
31.   socialdistancing2 = parameters[["socialdistancing2"]]
32.   socialdistancing3 = parameters[["socialdistancing3"]]
33.
34.   # 定义疫苗接种相关参数
35.   nu = parameters[["nu"]]
36.   omega = parameters[["omega"]]
37.   rho = parameters[["rho"]]
38.   tvac = parameters[["tvac"]]
39.
40.   # 随着病毒传播,人群保持社交距离的努力程度发生变化,病毒传播发生改变
41.   if((t > socialdistancing1) & (t < socialdistancing2)){
42.     beta = beta * R0.fix
43.   }
44.
45.   else if((t >= socialdistancing2) & (t < socialdistancing3)){
46.     beta = beta * R0.fix * R0.fix.inc
47.   }
48.
49.   # 确定疫苗接种的启动时间
50.   vac = 0
51.   if(t >= tvac){
52.     vac = 1
53.   }
54. }
```

（3）定义疫苗接种传染病动力学数学模型,根据上述讨论的传染病各种状态的迁移状况,得到常微分数学模型的 R 语言代码表达,代码参见例 9-9。

【例 9-9】

```
1. dSP = mu - (beta * SP * (IP + alpha * IS + theta * IV + eta * ISV)) - mu * SP - vac * nu * SP
2. dIP = (beta * SP * (IP + alpha * IS + theta * IV + eta * ISV)) - (gamma + mu) * IP
3. dR = gamma * (IP + IS + IV + ISV) - (delta + mu) * R
4. dSS = delta * R - epsilon * (beta * SS * (IP + alpha * IS + theta * IV + eta * ISV)) - mu * SS - vac *
   nu * SS
5. dIS = epsilon * (beta * SS * (IP + alpha * IS + theta * IV + eta * ISV)) - (gamma + mu) * IS
6. dV = vac * nu * SP + vac * nu * SS - lambda * beta * V * (IP + alpha * IS + theta * IV + eta * ISV) -
   (omega + rho + mu) * V
7. dIV = omega * V + (lambda * beta * V) * (IP + alpha * IS + theta * IV + eta * ISV) - (gamma + mu) * IV
8. dSSV = rho * V - kappa * beta * SSV * (IP + alpha * IS + theta * IV + eta * ISV) - mu * SSV
9. dISV = kappa * beta * SSV * (IP + alpha * IS + theta * IV + eta * ISV) - (gamma + mu) * ISV
```

（4）定义疫苗接种仿真函数，参数列表与数学模型的参数信息对应。函数内部定义部分参数的初始值，人口总数设置为 1，人口出生率设置为 $1/(4 \times 52)$，评估时间为 4 年，假设一年包含 52 周，初始条件下约 $1e-10$ 比例人口发生感染，康复人口比例为 0，代码参见例 9-10。

【例 9-10】

```
1. vacSimulation <- function(alpha, socialdistancing1, socialdistancing2,
2.          socialdistancing3, delta, tvac, nu, epsilon, lambda, kappa, rho, omega,
3.            valueIS, valueIS1, secondaryIS, secondaryISV, valuetIS, valuetISV){
4.    #设定各参数初始值,参数依赖关系
5.    N <- 1
6.    mu <- 1/(4 * 52)
7.    gamma <- 6/5
8.    R0.fix <- 0.60
9.    theta <- alpha
10.   eta <- alpha
11.   start.value <- 0
12.
13.
14.   #确定对象时间范围,4年时间,观察精确到天
15.   times <- seq(from = 1, to = 4 * 52, by = 1)
16.
17.   #读入外部数据源,设定基本再生数
18.   R0.original <- read.table("data.csv", header = T, sep = ",")
19.   R0.transform <- 2.35 * R0.original $ name/(mean(R0.original $ name))
20.   R0.rep <- rep(R0.transform, length = length(times))
21.   I0 <- 1e - 10
22.
23.      #设定模型的状态变量的初始值,假定初始阶段占比1e-10的人群发生感染,其他状态变量均为零
24.   xstart <- c(SP = 1 - I0, IP = I0, R = 0, SS = 0, IS = 0, V1 = 0, IV = 0, SSV = 0, ISV = 0)
25. }
```

（5）设定传入常微分数学仿真模型的参数列表信息，代码参见例 9-11。

【例 9-11】

```
1. parameters <- list(N = N, mu = mu, gamma = gamma, alpha = alpha, epsilon = epsilon, delta = delta,
2.              R0.rep = R0.rep, R0.fix = R0.fix, R0.fix.inc = 1.25, socialdistancing1 =
3.     socialdistancing1, socialdistancing2 = socialdistancing2, socialdistancing3 =
4.     socialdistancing3, tvac = tvac, nu = nu, rho = rho, lambda = lambda, kappa = kappa,
5.     theta = theta, eta = eta, omega = omega)
```

（6）调用常微分方程求解器，并传入初始条件、观察对象时间范围和参数信息，并设置病

毒发生变异的风险系数,代码参见例 9-12。

【例 9-12】

```
1. parameters <- list(N = N, mu = mu, gamma = gamma, alpha = alpha, epsilon = epsilon, delta = delta,
2.         R0.rep = R0.rep, R0.fix = R0.fix, R0.fix.inc = 1.25,
3.         socialdistancing1 = socialdistancing1, socialdistancing2 = socialdistancing2,
4.         socialdistancing3 = socialdistancing3, tvac = tvac, nu = nu, rho = rho, lambda = lambda,
5.         kappa = kappa, theta = theta, eta = eta, omega = omega)
6.
7. outcome <- as.data.frame(rk(func = vaccination.model,
8.                         y = xstart, times = times, parms = parameters))
9. #评估对象时间
10. timeRangeIS <- outcome $ IS[start.value:(4 * 52)]
11. timeRangeISV <- outcome $ ISV[start.value:(4 * 52)]
12.
13. #设置风险系数
14. weightIS <- data.frame(xx = times[start.value:(4 * 52)],
15.                 yy = (valueIS * timeRangeIS + valueISV * timeRangeISV))
16. weightISSec <- data.frame(xx = times[start.value:(4 * 52)],
17.                 yy = (secondaryIS * timeRangeIS + secondaryISV * timeRangeISV))
18. weightISTHIRD <- data.frame(xx = times[start.value:(4 * 52)],
19.                 yy = (thirdIS * timeRangeIS + thirdISV * timeRangeISV))
```

(7) 基于病毒变异风险,分成不同情况讨论,分别是病毒变异风险低、病毒变异风险中以及病毒变异风险高三种场景,代码参见例 9-13。

【例 9-13】

```
1. scenarioList <- list("场景Ⅰ:风险低" = weightIS,
2.                     "场景Ⅱ:风险中" = weightISSec,
3.                     "场景Ⅲ:风险高" = weightISTHIRD)
4.
5. timeCourse <- bind_rows(scenarioList, .id = c("epidemic"))
6. #设置三种不同风险
7. timeCourse $ epidemic <- factor(timeCourse $ epidemic,
8.                     levels = c("场景Ⅰ:风险低", "场景Ⅱ:风险中", "场景Ⅲ:风险高"))
```

(8) 根据数学模型求解结果,输出仿真结果图形,代码参见例 9-14。

【例 9-14】

```
1. plot.outcome <- ggplot(timeCourse, aes(x = xx/52, y = yy, colour = epidemic)) +
2.     geom_line(linewidth = 1.2) +
3.     scale_y_continuous(name = "", limits = c(0, 0.02)) +
4.     scale_x_continuous(name = "年数", expand = c(0, 0)) +
5.     scale_color_manual(name = "", values = c("场景Ⅰ:风险低" = "green",
6.                                             "场景Ⅱ:风险中" = "orange",
7.                                             "场景Ⅲ:风险高" = "blue")) +
8.     scale_linetype_manual(values = c(1, 3, 6)) +
9.     theme(axis.title.y = element_blank()) +
10.    theme(axis.title.y = element_blank()) +
11.    theme(legend.key.width = unit(1.2, "cm")) +
12.     geom_hline(yintercept = 0.0125, color = "2", linetype = 3) +
13.    theme_bw()
```

（9）设定病毒变异的不同风险系数，代码参见例 9-15。

【例 9-15】

```
1. valueIS <- 0.04
2. valueISV <- 0.4
3. secondaryIS <- 0.06
4. secondaryISV <- 0.8
5. thirdIS <- 0.9
6. thirdISV <- 1
```

（10）根据参数定义以及初始值，调用疫苗接种仿真函数，获得数学模型求解结果，按照 1 行 2 列排版格式输出图形，代码参见例 9-16。

【例 9-16】

```
1.  plot.vaccination <- function(alpha, socialdistancing1, socialdistancing2,
2.  socialdistancing3, delta, tvac, nu0, epsilon, lambda, kappa, rho, start.value,
3.  valueIS, valueISV, secondaryIS, secondaryISV, thirdIS = thirdIS, thirdISV = thirdISV){
4.
5.    # 设定第一种场景：疫苗接种速率快
6.    nu <- nu0 * (8)^( -(1/52))
7.    start.value <- 0
8.
9.    case.1 = vacSimulation(alpha, socialdistancing1, socialdistancing2,
10.            socialdistancing3, delta, tvac, nu, epsilon, lambda, kappa, rho, 1/40,
11.            valueIS, valueISV, secondaryIS, secondaryISV, thirdIS = thirdIS, thirdISV = thirdISV)
12.
13.
14.    # 设定第二种场景：疫苗接种速率慢
15.    start.value <- 0
16.    nu <- nu0 * (8)^( -(1/4))
17.    case.2 = vacSimulation(alpha, socialdistancing1, socialdistancing2,
18.            socialdistancing3, delta, tvac, nu, epsilon, lambda, kappa, rho, 1/40,
19.            valueIS, valueISV, secondaryIS, secondaryISV, thirdIS = thirdIS, thirdISV = thirdISV)
20.
21.    # 分别设定两种疫苗接种速率条件下的显示效果
22.    case.1 <- case.1 + ggtitle(label = "疫苗接种速率快") +
                    theme(plot.title = element_text(hjust = 0.5, vjust = 0.5))
23.    case.2 <- case.2 + ggtitle(label = "疫苗接种速率慢") +
24.                    theme(plot.title = element_text(hjust = 0.5, vjust = 0.5))
25.
26.
27.    # 调整显示输出格式
28.    output <- (case.1|case.2|plot_layout(height = c(1)))
29.    return(output)
30. }
```

（11）定制仿真数学模型参数并调用函数，获得仿真结果，最后输出图形并保存为矢量文件，代码参见例 9-17。

【例 9-17】

```
1.  # 传入仿真参数，调用仿真函数
2. outcome <- plot.vaccination(1,21,28,42,1/(52),40,0.05,0.8,0.7,0.7,1/(52),1/(52),
3.                    valueIS = valueIS, valueISV = valueISV, secondaryIS = secondaryIS,
```

```
 4.                          secondaryISV = secondaryISV, thirdIS = thirdIS, thirdISV = thirdISV)
 5.
 6.  # 设置主题
 7.  outcome <- outcome + theme(plot.tag = element_text(size = 50, face = "bold"))
 8.
 9.
10.  # 绘制仿真结果
11.  plotSimulation <- ((outcome) + plot_layout(widths = c(1)))
12.  plotSimulation
13.
14.
15.  # 保持绘图结果到文件
16.  ggsave(plotSimulation, file = "图 9 - 4.pdf", width = 10, height = 6)
17.  ggsave(plotSimulation, file = "9 - 4.svg", width = 10, height = 6)
```

9.3.4　结果分析

模型仿真的结果见图 9-4,可见,在疫苗接种效率得到改善提升的情况下,感染人数峰值比率可以实现一定程度下降,接种疫苗可以一定程度上遏制病毒的传播。基于模型前提假设,在病毒变异风险上升的情况下,接种疫苗在减少感染峰值方面可以取得一定效果。

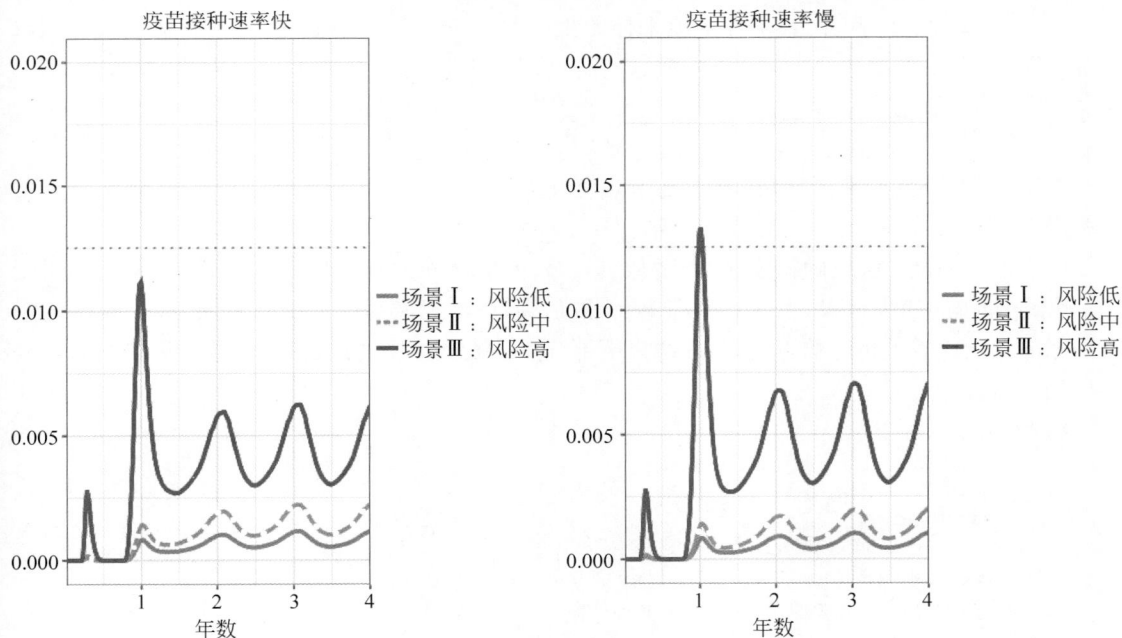

图 9-4　疫苗接种传染病数学模型仿真结果

9.4　蒙特卡罗仿真

9.4.1　蒙特卡罗仿真概述

蒙特卡罗方法基于统计学概率模型,通过设计多次实验的方法,计算事件出现概率或者随机变量的期望值,基于求解获得的事件发生频率或者随机数的平均值,获得问题的近似解。蒙特卡罗仿真主要包含三个步骤:首先构造概率过程,其次实现从已知概率分布抽样,最后得出估计量。

事物的真实密度分布函数 $f_X(x)$ 有时很难采样，此时可以选取近似采样法，假设存在一种替代密度分布函数 $f_Y(y)$ 满足如下条件。

（1）随机变量 Y 符合采样条件。

（2）对于所有正值密度函数 $f_X(x)$，存在常数 C 满足 $f_X(x) \leqslant C f_Y(y)$，即密度函数 $f_Y(y)$ 适当缩放处理后，密度函数 $f_X(x)$ 位于其下方位置。

（3）$f_X(x)$ 和 $f_Y(y)$ 支集（supports）兼容。

9.4.2　接受-拒绝采样法

随机数可以通过接受-拒绝采样法（Acceptance-Rejection Method）获得。在 R 语言中，可以通过库 AR 的 Sim()函数实现蒙特卡罗接受-拒绝采样仿真，其具体定义为

```
1. AR.Sim(n, f_X, Y.dist, Y.dist.par, xlim = c(0, 1), S_X = xlim, Rej.Num = TRUE,
2.     Rej.Rate = TRUE, Acc.Rate = TRUE)
3.
```

其中，参数 n 代表数据长度；f_X 代表目标密度函数 $f_X(x)$；Y.dist 是随机变量 Y 的分布，如正态分布时可以记述为 Y.dist＝"norm"；Y.dist.par 是随机变量 Y 的分布参数信息；S_X 是随机变量 X 的支集，默认值为 xlim；Rej.Num 设置为 TRUE 代表统计拒绝采样的拒绝数；Rej.Rate 设置为 TRUE 代表统计拒绝采样的拒绝率；Acc.Rate 设置为 TRUE 代表统计拒绝采样的接受率。

9.4.3　蒙特卡罗仿真实战

本书应用接受-拒绝采样法，分别基于拒绝率高、无拒绝率以及拒绝率低三种情况分析仿真结果的图形分布特征。

（1）拒绝率高：假设随机变量 X 服从贝塔分布，在随机抽样 500 次的条件下，基于随机变量 Y 均匀分布的前提假设，可见最佳常数 C 取值为 3.1，拒绝率为 0.701，接受率为 0.299，虚线以上部分点代表被拒绝的点集，而虚线以下部分点代表被接受的点集，仿真结果见图 9-5，代码参见例 9-18。

【例 9-18】

```
1. library(AR)
2. library(stats)
3. f_X = function(x) dbeta(x,5,9)
4. acceptance_rejection_1 <- AR.Sim(n = 500, f_X, Y.dist = "unif",
5.     Y.dist.par = c(0,1),Rej.Num = TRUE,Rej.Rate = TRUE, Acc.Rate = TRUE)
6.
7. #拒绝率、接受率以及最佳常数的仿真值
8. #Optimal c = 3.1
9. #The numbers of Rejections = 1170
10. #Ratio of Rejections = 0.701
11. #Ratio of Acceptance = 0.299
```

（2）拒绝率为零：假设随机变量 X 服从贝塔分布，在随机抽样 1600 次条件下，基于随机变量 Y 为贝塔分布的前提假设，可见最佳常数 C 取值为 1，拒绝率为 0，而接受率为 1，抽样的点全部被接受，没有被拒绝的抽样点，仿真结果见图 9-6，代码参见例 9-19。

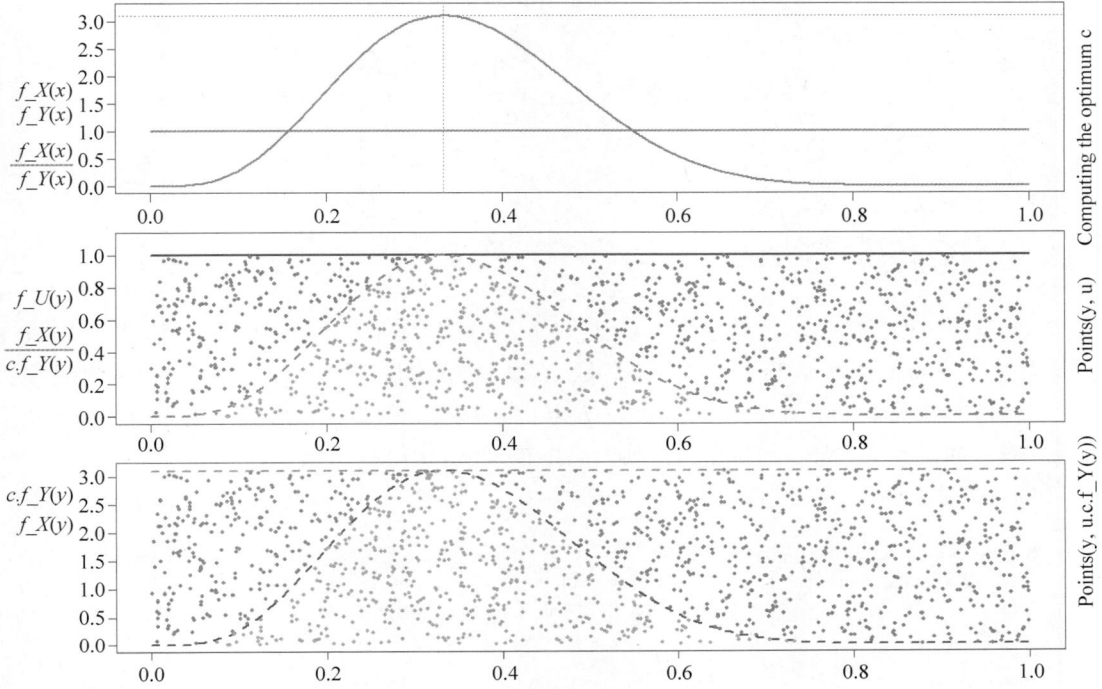

图 9-5 随机变量 Y 服从均匀分布

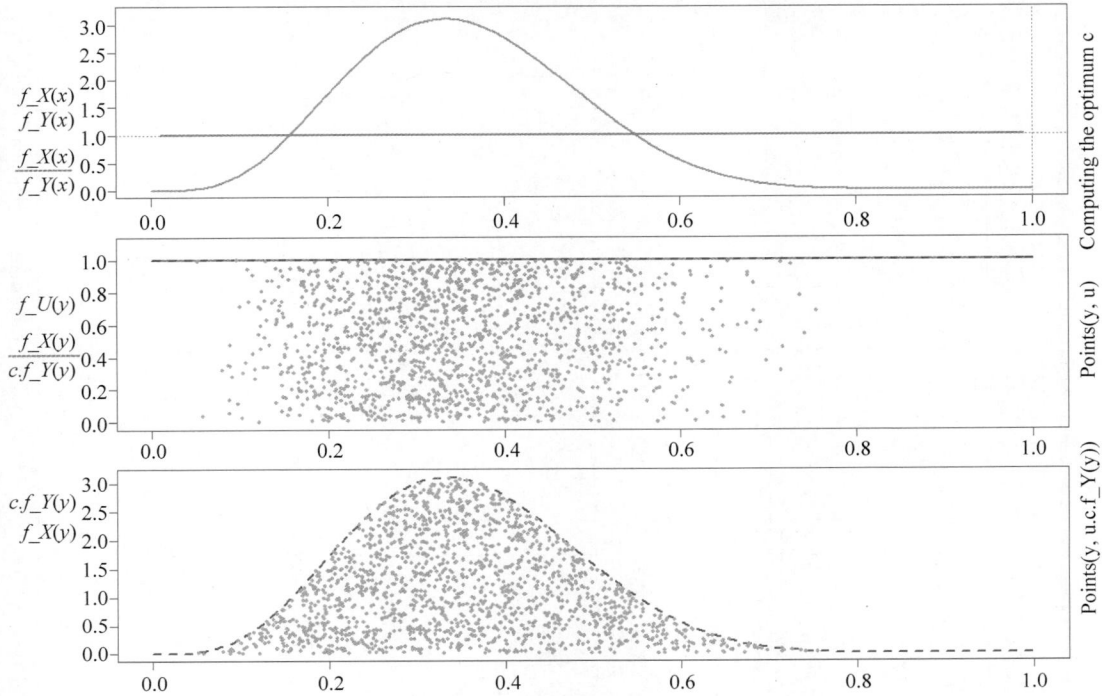

图 9-6 随机变量 Y 服从贝塔分布

【例 9-19】

```
1. f_X = function(x) dbeta(x,5,9)
2. acceptance_rejection_2 <- AR.Sim(n = 1600, f_X, Y.dist = "beta",
3.    Y.dist.par = c(5,9),Rej.Num = TRUE,Rej.Rate = TRUE, Acc.Rate = TRUE)
4.
5. #拒绝率、接受率以及最佳常数的仿真值
6. # Optimal c = 1
7. # The numbers of Rejections = 0
8. # Ratio of Rejections = 0
9. # Ratio of Acceptance = 1
```

（3）拒绝率低：假设随机变量 X 服从贝塔分布，在随机抽样 1500 次条件下，基于随机变量 Y 为均匀分布的前提假设，可见最佳常数 C 取值为 1.117，拒绝率为 0.109，而接受率为 0.891，仿真结果见图 9-7，中间图的虚线下方点部被接受，虚线上方点被拒绝，而底部图介于两条虚线之间的点属于被拒绝的点集，其余点则被接受，代码参见例 9-20。

【例 9-20】

```
1. f_X = function(x) dbeta(x,5,9)
2. acceptance_rejection_3 <- AR.Sim(n = 1500, f_X, Y.dist = "beta",
3.    Y.dist.par = c(4.3,8.2),Rej.Num = TRUE,Rej.Rate = TRUE, Acc.Rate = TRUE )
4.
5. #拒绝率、接受率以及最佳常数的仿真值
6. # Optimal c = 1.117
7. # The numbers of Rejections = 183
8. # Ratio of Rejections = 0.109
9. # Ratio of Acceptance = 0.891
```

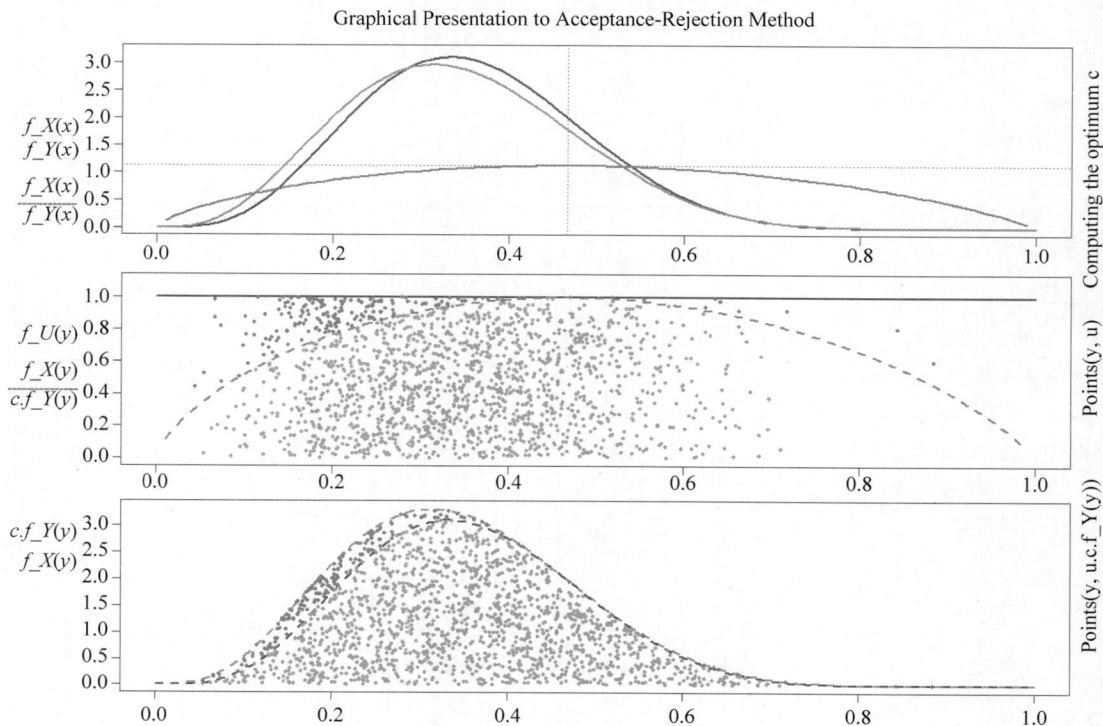

图 9-7　随机变量 Y 服从贝塔分布

小结

本章介绍了数学建模的基本方法和数学仿真的基本概念,说明了接受-拒绝法的含义,并列举实例描述了实现传染病数学建模以及蒙特卡罗仿真的具体方法和操作步骤。

在数学建模和仿真结果显示中,经常涉及数学公式和数学符号的表达,有时需要借助第三方工具达到更好的表达效果,LaTeX 提供了这样一种可能性。LaTeX 是用于文档准备的软件系统,使用者不需要借助 Microsoft Word 等文字处理器的格式化文本可以生成美观的数学符号表达,可以通过标记定义文档结构,对整个文档文本进行样式编辑,并添加引用和交叉引用。TeX 分发(如 TeX Live 或 MiKTeX)用于生成高质量输出文件(如 PDF)。关于 MiKTeX 可以从网址 https://miktex.org/download 获得面向不同系统 Windows、Mac、Linux 以及 Docker 的下载版本。

习题

1. 简述数学建模和仿真的差异。
2. 常用的仿真算法包括哪些?
3. 微分方程包括哪几种?
4. 简述常微分方程、偏微分方程、微分代数方程以及延迟微分方程的主要特征。
5. 在 R 语言中,哪个库是常微分方程、偏微分方程、微分代数方程和延迟微分方程的初值问题的通用求解库?
6. 描述 ode()函数、rk()函数以及 lsoda()函数的定义,各参数代表的含义。
7. 基于给定的传染病传播模型,创建一种新的数学模型,编写仿真代码运行获得图形输出结果,分析仿真结果的含义。
8. 基于接受-拒绝采样法,实现蒙特卡罗仿真,分析仿真结果的含义。

第**10**章

回归分析

回归分析是研究变量之间定量关系的一种统计方法,通过预测模型研究因变量和自变量之间的潜在关系。基于不同的研究视角,存在不同的划分方法。按照自变量的数量多少,可以分为一元回归和多元回归,单个自变量的情况属于一元回归,而自变量在两个或以上的情况属于多元回归。按照因变量和自变量之间的关系类型,又可分为线性回归和非线性回归,前者因变量和自变量属于简单线性关系,而后者关系更加复杂,根据评估对象不同,模型数学表达可能差异较大。

10.1 线性回归数学模型

10.1.1 线性回归数学模型概述

因变量为连续性观测变量时,且因变量和自变量属于线性关系时,通常可以使用线性回归模型。线性回归模型研究因变量 y、自变量系数 β 以及自变量 x 之间存在的线性关系,其数学模型参见式(10-1)。

$$y = \beta x = \beta_0 + \beta_1 x_1 + \beta_2 x_2 + \cdots + \beta_n x_n \tag{10-1}$$

当自变量 x_n 个数 $n=1$ 时,属于一元线性回归,当自变量个数 $n \geqslant 2$ 时,属于多元线性回归。线性回归通常假设数据的误差为正态分布,误差均值为零,方差为正值数。

线性回归可以通过 R 语言函数 lm()实现。

线性回归函数 lm()的定义如下:

```
lm(formula, data, subset, na.action, …)
```

其中,参数 formula 代表数学公式,如果公式表述为 $y \sim x$,则代表线性模型 $y = \beta x = \beta_0 + \beta_1 x_1 + \beta_2 x_2 + \cdots + \beta_n x_n$,如果公式表述为 $y \sim x - 1$,则代表线性回归的结果忽略截距项 β_0;参数 data 代表数据源,一般为数据框;参数 subset 是可选项,代表用于拟合的数据子集;参数 na.action 代表数据中包含缺失值数据时的处理方法。

10.1.2 模型评估

1. 方差膨胀系数

多元线性回归模型中,通常假设自变量之间不存在显著线性关系,即自变量 $x_i (i=1, 2, \cdots,$

n)不是其他自变量的线性组合,如果假设不成立,则存在多重共线性问题,而多重共线性可能影响回归结果的准确性。可以通过多种方法检测多重共线性问题。方差膨胀系数(Variance Inflation Factor,VIF)是比较常用的一种,数学表达参见式(10-2),其中,R^2代表自变量的相关系数。通常情况下,自变量相关系数越大,方差膨胀系数值越大,多重共线性越严重。通常的应用方法是通过设定方差膨胀系数的阈值(如10)判断是否存在严重共线性问题。方差膨胀系数的倒数称为容差值,也可以用于多重共线性问题的判断。

$$VIF = \frac{1}{1-R^2} \tag{10-2}$$

2. 卡帕系数

卡帕系数也常用于判断多重共线性问题,R语言中可以通过函数kappa()计算获得卡帕系数值。通常情况下,卡帕系数较小时,说明共线性程度较小;如果卡帕系数较大,则存在严重的多重共线性。此外,自变量相关分析也可以作为判断的辅助手段,通常情况下不作为判断多重共线性的直接依据。

3. 赤池信息准则与贝叶斯信息准则

赤池信息准则(Akaike Information Criterion,AIC)是衡量统计模型拟合性(Goodness of fit)的一种标准,由日本统计学家赤池弘次提出。另外,贝叶斯信息准则(Bayesian Information Criterions,BIC)也是一种比较常见的评估标准,其基本原理是基于最大似然函数模型。赤池信息准则以及贝叶斯信息准则的数学表达参见式(10-3)和式(10-4)。

$$AIC = 2k - 2\log_e(L) \tag{10-3}$$
$$BIC = k\log_e(n) - 2\log_e(L) \tag{10-4}$$

其中,参数k代表模型参数数量;n代表样本数量;L代表模型似然函数。通常情况下,当模型参数和样本越小,而似然函数越大时,AIC和BIC的值较小,通常模型也越好。

4. 逐步回归法

标准逐步回归法通过增加或删除各步骤的预测变量,实现筛选最终模型的目的,可以分为两种。向前选择法从模型中最显著的预测开始,然后为每一步添加变量;而向后剔除法从模型的所有预测变量开始,然后在每一步消除显著性最低的变量。逐步回归方法中,自变量筛选通过观察统计指标(如AIC)识别显著变量与非显著变量。

5. 评估方法

衡量预测模型的性能,可以根据不同问题采取不同的方法。回归问题,可以使用均方误差(Mean Squared Error,MSE)、平均绝对误差(Mean Absolute Error,MAE)和均方误差平方根(Root Mean Square Error,RMSE)等作为性能评价指标。其数学表达可参见式(10-5)～式(10-7)。

$$MSE = \frac{1}{n}\sum_{i=1}^{n}(x_i - \hat{x}_i)^2 \tag{10-5}$$

$$RMSE = \sqrt{MSE} = \sqrt{\frac{1}{n}\sum_{i=1}^{n}(x_i - \hat{x}_i)^2} \tag{10-6}$$

$$MAE = \frac{1}{n}\sum_{i=1}^{n}|x_i - \hat{x}_i| \tag{10-7}$$

其中,n代表观测样本;x_i代表i样本的观测值;$\hat{x}_i$代表i样本的预测值。

10.1.3　线性回归数学模型实现

基于 Kaggle 网站下载的研究生入学统计数据，分析线性回归的基本实现方法以及模型评估分析的基本操作。源数据集包含 9 个观测变量，总共 400 行数据。

（1）导入相关库文件，主要包括 ggplot2、ROCR、pROC、caTools 以及 car 等库，其中，car库包含方差膨胀系数函数 vif()。设置代码所在目录为当前工作路径，设定输出结果支持中文显示，代码参见例 10-1。

【例 10-1】

```
1.  library(ggplot2)
2.  library(showtext)
3.  library(ggcorrplot)
4.  library(data.table)
5.  library(e1071)
6.  library(corrplot)
7.  library(GGally)
8.  library(readxl)
9.  library(Metrics)
10. library(ROCR)
11. library(pROC)
12. library(rstudioapi)
13. library(magrittr)
14. library(tidyverse)
15. library(patchwork)
16. library(dplyr)
17. library(ggpubr)
18. library(gridExtra)
19. library(rpart.plot)
20. library(mice)
21. library(caTools)
22. library(caret)
23. library(car)
24. #设置工作路径
25. current_dir = dirname(getSourceEditorContext()$path)
26. setwd(current_dir)
27. #设置中文显示支持
28. font_add("kaiti","STKAITI.TTF")
29. showtext_auto()
```

（2）检查数据统计信息，源数据集包含 9 个观测变量，总共 400 行数据，第一个观测变量属于用户识别信息，属于噪声变量，剔除以后剩余 8 个观测变量，重新命名英文变量名为中文变量名，分别命名为：研究生入学考试分、托福分、大学排名、自荐信、推荐信、平时成绩、研究经历以及录取概率。其中，录取概率属于因变量，其他变量属于自变量，代码参见例 10-2。

【例 10-2】

```
1.  studentdata <- read.table("AdmissionPredict.csv",header = TRUE,sep = ",")
2.  studentdata <- studentdata[,-1]
3.  #查看数据统计信息
4.  str(studentdata)
5.  head(studentdata)
6.  #重新命名英文名为中文变量名
```

```
 7.  studentdata <-    studentdata %>% rename(c(研究生入学考试分 = GRE.Score,托福分 = TOEFL.Score,
 8.                         大学排名 = University.Rating,自荐信 = SOP,推荐信 = LOR,
 9.                         平时成绩 = CGPA,研究经历 = Research,录取概率 = Chance.of.Admit))
10.  # 检查重命名后数据统计
11.  str(studentdata)
12.  # 'data.frame'            : 400 obs. of  8 variables:
13.  # $ 研究生入学考试分  : int  337 324 …
14.  # $ 托福分            : int  118 107 …
15.  # $ 大学排名          : int  4 4 …
16.  # $ 自荐信            : num  4.5 4 3 …
17.  # $ 推荐信            : num  4.5 4.5 …
18.  # $ 平时成绩          : num  9.65 8.87 …
19.  # $ 研究经历          : int  1 1 …
20.  # $ 录取概率          : num  0.92 0.76 …
```

（3）绘制变量自荐信与变量推荐信的密度图，二者密度分布存在一定差异，自荐信变量密度分布的偏度值为 -0.27，而推荐信变量密度分布的偏度值为 -0.11，前者偏度绝对值比后者偏度绝对值大，代码参见例 10-3，运行结果见图 10-1。

【例 10-3】

```
 1.  # 设置输出排版格式
 2.  par(mfrow = c(1, 2))
 3.  margin(c(0.5,0.5,0.5,0.5))
 4.  # 自荐信密度图
 5.  plot(density(studentdata $ 自荐信), main = "自荐信密度图",
 6.        ylab = "", sub = paste("偏度:", round(skewness(studentdata $ 自荐信), 2)))
 7.  polygon(density(studentdata $ 自荐信), col = "green")
 8.  # 推荐信密度图
 9.  plot(density(studentdata $ 推荐信), main = "推荐信密度图",
10.        ylab = "", sub = paste("偏度:", round(skewness(studentdata $ 推荐信), 2)))
11.  polygon(density(studentdata $ 推荐信), col = "blue")
12.
```

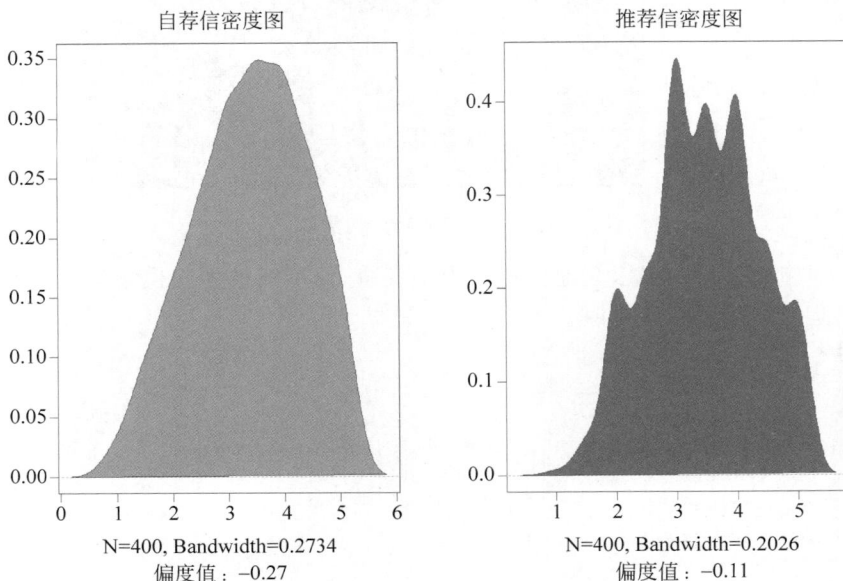

图 10-1　自荐信密度和推荐信密度分布比较

（4）基于热图计算变量之间的相关性，因变量录取概率与研究生入学考试分的相关系数为0.8，与平时成绩的相关系数为0.87，与托福分数的相关系数为0.79，而与其他变量的相关系数基本小于0.75。代码参见例10-4，运行结果见图10-2。

【例10-4】

```
1. #变量相关系数
2. correlation_matrix <- cor(studentdata)
3. correlation_matrix
4. #相关性结果保存为文件
5. pdf(file = "corplot.pdf",width = 10,height = 10)
6. correlation_output <- corrplot(correlation_matrix, method = "color", diag = TRUE,
7.                    addCoef.col = "black", col = COL2("RdYlBu"),
8.                    number.cex = 1.2, tl.cex = 1.2,mar = c(0.01,0.01,0.01,0.01))
9. dev.off()
```

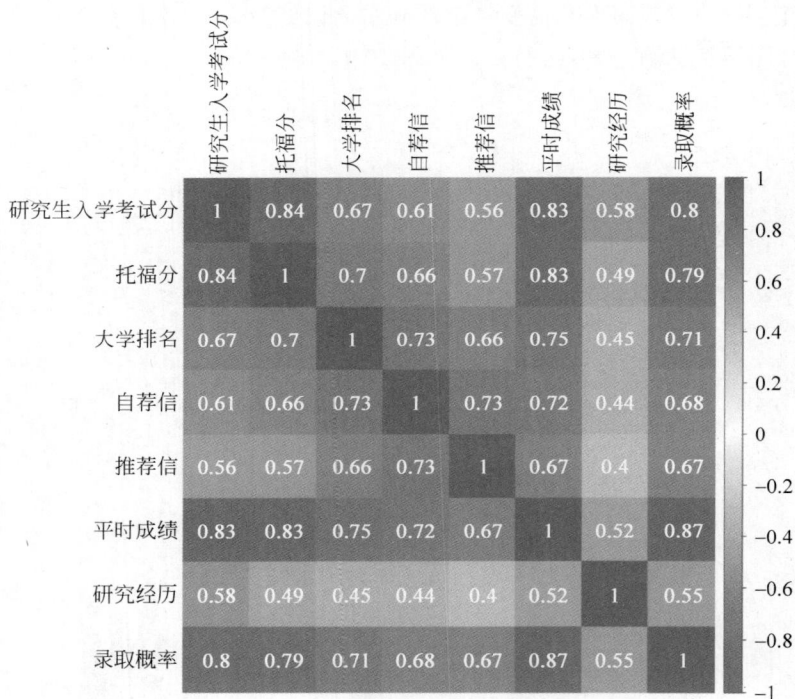

图10-2　变量相关性热图

（5）以录取概率为因变量，其他变量作为自变量，使用线性回归模型运行回归分析，代码参见例10-5，运行结果参见例10-6。

【例10-5】

```
1. #多元线性回归模型
2. linearModel <- lm(录取概率 ~ ., data = studentdata)
3. print(linearModel)
4. summary(linearModel)
5. #查看回归结果
6.
7. lmSummary <- summary(linearModel)
8. lmSummary
```

```
 9. lmCoeff <- lmSummary $ coefficients
10. lmCoeff
```

【例 10-6】

```
 1. #Call:
 2. #lm(formula = 录取概率 ~ ., data = studentdata)
 3. #残差分布
 4. #Residuals:
 5. #       Min       1Q    Median       3Q      Max
 6. # - 0.26259 - 0.02103  0.01005  0.03628  0.15928
 7.
 8. #Coefficients:
 9. #                  Estimate Std. Error t value Pr(>|t|)
10. #(Intercept)     - 1.2594325  0.1247307 - 10.097   < 2e - 16 ***
11. #研究生入学考试分  0.0017374  0.0005979    2.906  0.00387 **
12. #托福分           0.0029196  0.0010895    2.680  0.00768 **
13. #大学排名         0.0057167  0.0047704    1.198  0.23150
14. #自荐信         - 0.0033052  0.0055616  - 0.594  0.55267
15. #推荐信          0.0223531  0.0055415    4.034  6.6e - 05 ***
16. #平时成绩        0.1189395  0.0122194    9.734  < 2e - 16 ***
17. #研究经历        0.0245251  0.0079598    3.081  0.00221 **
18. #回归结果显著水平
19. #Signif. codes: 0 '***' 0.001 '**' 0.01 '*' 0.05 '.' 0.1 ' ' 1
20. #残差分析
21. #Residual standard error: 0.06378 on 392 degrees of freedom
22. #Multiple R - squared:  0.8035, Adjusted R - squared:   0.8
23. #F - statistic: 228.9 on 7 and 392 DF,  p - value: < 2.2e - 16
```

研究生入学考试分、托福分、推荐信、平时成绩以及研究经历对录取概率影响显著,而大学排名以及自荐信对录取概率的影响不显著。其中,推荐信与平时成绩的影响显著水平低于0.001,Pr($>|t|$)值分别为 6.6e−05 以及<2e−16,在 0.05 水平显著。

(6)剔除不显著的变量项后重新线性回归,可见所有自变量均为显著关系,代码参见例 10-7 以及例 10-8,误差分析结果见图 10-3。图 10-3(a)是残差图,横轴代表因变量的拟合值(Fitted value),纵轴代表残差(Residuals),如果残差随着因变量值增大而发生变化,或者残差分布非直线关系,则因变量和自变量之间可能存在非线性关系。图 10-3(b)是 Q-Q 图,主要用途是检验误差的正态分布,正态分布的情况下数据点基本沿着对角线分布。本实例残差图表明,大部分残差值不随因变量变化而变化,或者波动幅度比较小,Q-Q 图结果表明大部分点沿着对角线分布,误差基本符合正态分布假设。

【例 10-7】

```
 1. #剔除不显著的干扰项后重新线性回归
 2. #输出线性回归统计结果
 3. linearModel2 <- lm(录取概率 ~ 研究生入学考试分 + 托福分 + 推荐信 +
 4.              平时成绩 + 研究经历, data = studentdata)
 5. print(linearModel2)
 6. summary(linearModel2)
 7.
 8. #绘制残差 - 拟合图,Q- Q 图
 9. par(mfrow = c(1, 2))
10. plot(linearModel2, col = "purple")
11.
```

【例 10-8】

```
1.  # summary(linearModel2)
2.  # 剔除不显著变量后重新运行线性回归
3.  # Call:
4.  # lm(formula = 录取概率 ～ 研究生入学考试分 + 托福分 + 推荐信 +
5.  #     平时成绩 + 研究经历, data = studentdata)
6.  # 获得残差分布
7.  # Residuals:
8.  #        Min        1Q      Median        3Q        Max
9.  # - 0.263542 - 0.023297  0.009879  0.038078  0.159897
10. # 检查线性回归系数
11. # Coefficients:
12. #                     Estimate Std. Error t value Pr(>|t|)
13. # (Intercept)      - 1.2984636  0.1172905 - 11.070  < 2e - 16 ***
14. # 研究生入学考试分    0.0017820  0.0005955   2.992  0.00294 **
15. # 托福分            0.0030320  0.0010651   2.847  0.00465 **
16. # 推荐信            0.0227762  0.0048039   4.741  2.97e - 06 ***
17. # 平时成绩          0.1210042  0.0117349  10.312  < 2e - 16 ***
18. # 研究经历          0.0245769  0.0079203   3.103  0.00205 **
19. # 显著水平
20. # Signif. codes:  0 '***' 0.001 '**' 0.01 '*' 0.05 '.' 0.1 ' ' 1
21. # 残差与自由度
22. # Residual standard error: 0.06374 on 394 degrees of freedom
23. # Multiple R - squared:  0.8027, Adjusted R - squared:  0.8002
24. # F - statistic: 320.6 on 5 and 394 DF,  p - value: < 2.2e - 16
```

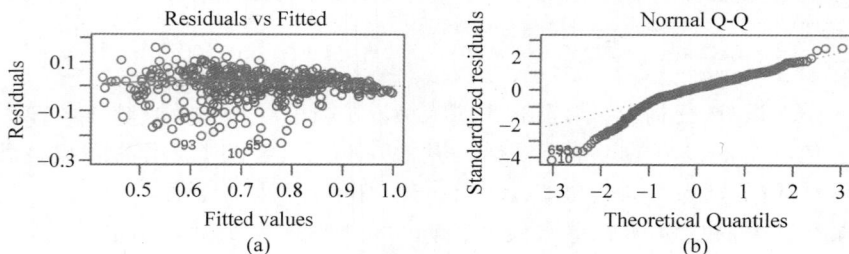

图 10-3　残差与 Q-Q 图

剔除不显著变量后,研究生入学考试分、托福分、推荐信、平时成绩以及研究经历均对录取概率产生显著影响,所有自变量的回归系数值比没有剔除噪声变量前略高一些。例如,研究生入学考试分变量系数值从 0.001 737 4 提升到了 0.001 782 0,平时成绩系数值从 0.118 939 5 增大到 0.121 004 2,研究经历系数值从 0.024 525 1 增大到 0.024 576 9,剔除噪声变量后,平时成绩每提升数值 1,可以提升录取概率约 12.1%,有研究经历的申请者比没有研究经历的申请者的录取概率高约 2.46%,未剔除噪声变量前,线性模型略微低估了关键变量的影响。

(7) 数据切分为训练数据集和测试数据集,训练数据集占比 80%,测试数据集占比 20%,代入训练数据集重新运行线性回归,变量的显著性没有发生变化,赤池信息准则值以及贝叶斯信息准则值较小,分别为 −874.853 6 以及 −840.938 7,各变量的方差膨胀系数值不超过 10,因此线性模型不存在显著的多重共线性问题,代码参见例 10-9。

【例 10-9】

```
1.  # 数据切分为训练集和测试集,训练集 80 %
2.  set.seed(60)
3.
```

```
 4. nrow <- sample(nrow(studentdata),ceiling(nrow(studentdata) * 0.8))
 5. trainData <- studentdata[nrow,]
 6. testData <- studentdata[-nrow,]
 7. #代入训练数据集运行线性回归
 8. lm_regress <- lm(录取概率~.,data = trainData)
 9. summary(lm_regress)
10. #查看线性回归统计
11. #Call:
12. #lm(formula = 录取概率 ~ ., data = trainData)
13. #残差信息
14. #Residuals:
15. #        Min        1Q     Median        3Q       Max
16. #  - 0.266730 - 0.024122  0.006641  0.035312  0.157419
17. #回归系数
18. #Coefficients:
19. #                  Estimate Std. Error t value Pr(>|t|)
20. #(Intercept)      - 1.2991236  0.1312958  - 9.895  < 2e - 16 ***
21. #研究生入学考试分  0.0020541  0.0006502    3.159  0.00174 **
22. #托福分            0.0030038  0.0011651    2.578  0.01039 *
23. #大学排名          0.0026227  0.0050528    0.519  0.60408
24. #自荐信            0.0012277  0.0058624    0.209  0.83426
25. #推荐信            0.0233172  0.0058053    4.017  7.41e - 05 ***
26. #平时成绩          0.1099815  0.0130272    8.442  1.19e - 15 ***
27. #研究经历          0.0253653  0.0083143    3.051  0.00248 **
28. #显著水平
29. Signif. codes:  0 '***' 0.001 '**' 0.01 '*' 0.05 '.' 0.1 ' ' 1
30. #判断模型的多重共线性问题
31. AIC(lm_regress)
32. #[1] - 874.8536
33. BIC(lm_regress)
34. #[1] - 840.9387
35. vif(lm_regress)
36. #研究生入学考试分          托福分          大学排名          自荐信          推荐信
37. #    4.997896          4.571776        3.012899        3.147622        2.406990
38. #        平时成绩          研究经历
39. #        5.393089          1.491167
```

（8）基于训练数据获得的线性回归模型，代入测试数据预测结果，然后评估模型性能，均方误差平方根值约为 0.075，代码参见例 10-10。

【例 10-10】

```
1. #线性模型结果检验
2. lm_predict <- predict(lm_regress,testData)
3. #均方误差平方根
4. sprintf("线性回归模型均方误差平方根: %.3f",rmse(testData$录取概率,lm_predict))
5. #[1] "线性回归模型均方误差平方根: 0.075"
```

（9）基于训练数据集获得的线性回归模型，运行逐步回归，观察赤池信息准则系数的变化过程。模型初始赤池信息准则系数为 −1784.97，之后降低到 −1786.93，接着进一步降低到 −1788.55，变化逐渐趋于稳定。模型最终自变量包括研究生入学考试分、托福分、推荐信、平时成绩以及研究经历，而自荐信以及大学排名由于不产生显著影响从模型中剔除，代码参见例 10-11。

【例 10-11】

```
 1.  # 线性模型逐步回归
 2.  lmStep <- step(lm_regress,direction = "both")
 3.  # Start:   AIC = -1784.97
 4.  # 录取概率 ~ 研究生入学考试分 + 托福分 + 大学排名 + 自荐信 + 推荐信 + 平时成绩 + 研究经历
 5.  # 逐步回归第一步
 6.  #                    Df  Sum of Sq    RSS       AIC
 7.  # - 自荐信            1   0.000162   1.1507   -1786.9
 8.  # - 大学排名          1   0.000994   1.1516   -1786.7
 9.  # < none >                          1.1506   -1785.0
10.  # - 托福分            1   0.024512   1.1751   -1780.2
11.  # - 研究经历          1   0.034324   1.1849   -1777.6
12.  # - 研究生入学考试分  1   0.036811   1.1874   -1776.9
13.  # - 推荐信            1   0.059494   1.2101   -1770.8
14.  # - 平时成绩          1   0.262847   1.4134   -1721.1
15.  # 逐步回归第二步
16.  Step:   AIC = -1786.93
17.  # 录取概率 ~ 研究生入学考试分 + 托福分 + 大学排名 + 推荐信 + 平时成绩 + 研究经历
18.  #                    Df  Sum of Sq    RSS       AIC
19.  # - 大学排名          1   0.001372   1.1521   -1788.5
20.  # < none >                          1.1507   -1786.9
21.  # + 自荐信            1   0.000162   1.1506   -1785.0
22.  # - 托福分            1   0.025545   1.1763   -1781.9
23.  # - 研究经历          1   0.035573   1.1863   -1779.2
24.  # - 研究生入学考试分  1   0.036652   1.1874   -1778.9
25.  # - 推荐信            1   0.074023   1.2248   -1769.0
26.  # - 平时成绩          1   0.268408   1.4192   -1721.8
27.  # 逐步回归第三步
28.  # Step:   AIC = -1788.55
29.  # 录取概率 ~ 研究生入学考试分 + 托福分 + 推荐信 + 平时成绩 + 研究经历
30.  #                    Df  Sum of Sq    RSS       AIC
31.  # < none >                          1.1521   -1788.5
32.  # + 大学排名          1   0.001372   1.1507   -1786.9
33.  # + 自荐信            1   0.000540   1.1516   -1786.7
34.  # - 托福分            1   0.029139   1.1813   -1782.6
35.  # - 研究生入学考试分  1   0.036753   1.1889   -1780.5
36.  # - 研究经历          1   0.037124   1.1892   -1780.4
37.  # - 推荐信            1   0.086497   1.2386   -1767.4
38.  # - 平时成绩          1   0.295882   1.4480   -1717.4
39.  summary(lmStep)
40.  # 查看线性模型逐步回归统计信息
41.  # Call:
42.  # lm(formula = 录取概率 ~ 研究生入学考试分 + 托福分 + 推荐信 + 平时成绩 +
43.  #    研究经历, data = trainData)
44.  #
45.  # Residuals:
46.  #       Min         1Q      Median        3Q        Max
47.  # -0.265878  -0.024584   0.007215   0.035798   0.156422
48.  # 逐步回归系数
49.  # Coefficients:
50.  #                        Estimate Std. Error t value Pr(>|t|)
```

```
51. #(Intercept)        -1.3280060  0.1229643  -10.800  < 2e-16 ***
52. #研究生入学考试分    0.0020467  0.0006467    3.165  0.00170 **
53. #托福分             0.0031783  0.0011278    2.818  0.00514 **
54. #推荐信            0.0247116  0.0050896    4.855  1.9e-06 ***
55. #平时成绩          0.1122555  0.0125007    8.980  < 2e-16 ***
56. #研究经历          0.0260437  0.0081876    3.181  0.00162 **
57. #显著水平
58. Signif. codes:  0 '***' 0.001 '**' 0.01 '*' 0.05 '.' 0.1 ' ' 1
59.
```

（10）对逐步回归结果进行检验和评估,赤池信息准则系数以及贝叶斯信息准则系数分别为 -878.4273 和 -852.0491,研究生入学考试分、托福分、推荐信、平时成绩以及研究经历的方差膨胀系数值都小于 10,因此线性模型不存在多重共线性问题,均方误差平方根值为 0.075,代码参见例 10-12。

【例 10-12】

```
 1. #线性模型结果检验
 2. #判断模型的多重共线性问题
 3. AIC(lmStep)
 4. #[1] -878.4273
 5. BIC(lmStep)
 6. #[1] -852.0491
 7. vif(lmStep)
 8. #研究生入学考试分        托福分        推荐信      平时成绩      研究经历
 9. #     4.969908         4.305602     1.859487     4.991109     1.453406
10. #模型评估
11. step_predict <- predict(lmStep,testData)
12. #均方误差平方根
13. sprintf("逐步回归模型均方误差平方根: %.3f",rmse(testData$录取概率,step_predict))
14. #[1] "逐步回归模型均方误差平方根: 0.075"
```

10.2 非线性回归数学模型

10.2.1 非线性回归数学模型概述

除了线性关系以外,因变量和自变量系数以及自变量之间还可能存在另外一种关系,即非线性关系。在这种情况下,模型的数学表达可能比较复杂,需要根据研究的对象具体问题具体分析。非线性模型的通用数学表达式,参见式(10-8)。

$$Y = f(X, \theta) \tag{10-8}$$

其中,因变量向量 $Y = (y_1, y_2, \cdots, y_m)$,自变量向量 $X = (x_1, x_2, \cdots, x_n)$,参数向量 $\theta = (\theta_1, \theta_2, \cdots, \theta_k)$,因变量向量无法表达为自变量参数向量的简单线性关系。例如,常见的指数函数即为非线性函数,在满足特定条件下指数函数通过对数变换可以变成线性模型。

常见的非线性模型运算包括 drc 库,可用于非线性数据拟合,库 drc 中用于求解非线性关系的主要函数包括函数 drm()。

函数 drm() 的定义如下:

```
1. drm(formula, data, fct,
2. type = c("continuous", "binomial", "Poisson", "quantal", "event"), …)
```

其中，参数 formula 代表数学表达式；参数 data 设定数据源；参数 type 设定评估类型；参数 fct 包含元素列表，设定参数名称以及导数等信息，目前可用的功能包括二参数 MM.2、三参数 MM.3、四参数 LL.4、五参数 LL.5 以及 Weibull 模型等。

10.2.2　非线性回归数学模型实现

本节介绍基于非线性回归数学模型的数据拟合方法，假设非线性模型满足式(10-9)。

$$y = \frac{cx + e}{x + d} \tag{10-9}$$

（1）导入库文件，主要包括 drc 库以及 ggplot2 库，创建数据框型仿真数据，代码参见例 10-13。

【例 10-13】

```
1. library(drc)
2. library(ggplot2)
3. #创建数据
4. data <- structure(list(y = c(48, 48, 46, 45,
5.                              45, 44, 43,
6.                              43, 41, 41, 41,
7.                              39, 37, 30, 25,
8.                              18, 12, 10, 0),
9.                  x = c(44, 42,
10.                         35, 33,
11.                         31, 30,
12.                         29, 26,
13.                         23, 20,
14.                         17, 15,
15.                         13, 10,
16.                         7, 5,
17.                         3, 1, 0)),
18.              .Names = c("y", "x"),
19.              class = "data.frame")
```

（2）基于函数 drm() 设定非线性函数关系以及参数信息，绘制拟合结果图形，代码参见例 10-14，运行结果见图 10-4。

【例 10-14】

```
1. nonlinear <- drm(y~x, data = data, fct = MM.3(fixed = c(NA, NA, NA),
2. names = c("c", "d", "e")))
3. newdata <- data.frame(x = seq(0, max(data $ x), length.out = 500))
4. newdata $ y <- predict(nonlinear, newdata = newdata)
5. ggplot(data, aes(x = x, y = y)) +
6.    xlab("x") + ylab("y") +
7.    geom_point(alpha = 0.8, size = 8, color = "orange") +
8.    geom_line(data = newdata, aes(x = x, y = y), color = "purple", size = 2, lty = 2) +
9.    theme_bw()
10.   #保存结果
11.   ggsave("10_3.pdf", height = 8, width = 8)
```

（3）获得非线性回归模型系数以及显著性评估结果，系数 d 和 e 正向影响显著，预测值分别为 58.172 39 和 9.109 01，而系数 c 影响不显著，系数值为 0.614 89，代码参见例 10-15。

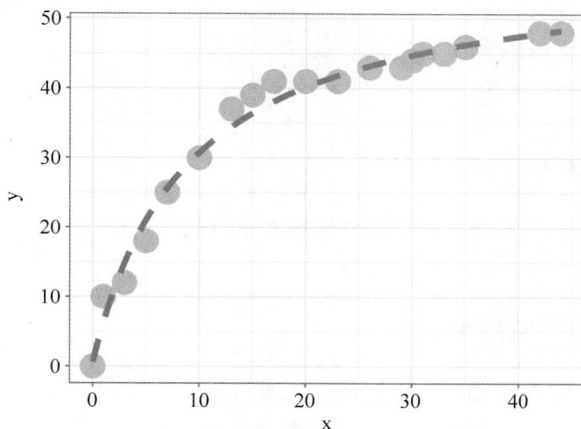

图 10-4　非线性回归

【例 10-15】

```
 1. summary(nonlinear)
 2. #非线性回归统计信息
 3. #Model fitted: Shifted Michaelis – Menten (3 parms)
 4. #参数估计结果
 5. #Parameter estimates:
 6.
 7. #               Estimate Std. Error t – value   p – value
 8. #c:(Intercept)  0.61489   1.50186   0.4094     0.6877
 9. #d:(Intercept) 58.17239   1.94373  29.9282 1.779e – 15 ***
10. #e:(Intercept)  9.10901   1.23303   7.3875 1.534e – 06 ***
11. #显著水平
12. Signif. codes:  0 '***' 0.001 '**' 0.01 '*' 0.05 '.' 0.1 ' ' 1
13. #残差值
14. Residual standard error:
15.   1.913665 (16 degrees of freedom)
```

（4）使用函数 nls( )执行非线性回归，参数中设定数学模型公式以及各参数的初始值，获得模型系数回归结果，系数 d 和 c 影响显著，预测值分别为 58.203 和 9.143，与上述步骤获得的系数值大致在相同水平，而系数 e 不显著，代码参见例 10-16。

【例 10-16】

```
 1. nls <- nls(y~((c * x + e)/(x + d)), data = data,
 2.              start = list(e = max(data $ y), c = max(data $ y), d = max(data $ y)))
 3. summary(nls)
 4. #非线性数学模型
 5. Formula: y ~ ((c * x + e)/(x + d))
 6. #参数回归结果
 7. #Parameters:
 8.   #Estimate Std. Error t value Pr(>|t|)
 9. #e   6.207    14.599   0.425    0.676
10. #c  58.203     2.025  28.736 3.37e – 15 ***
11. #d   9.143     1.299   7.037 2.81e – 06 ***
12. #显著水平
13. #Signif. codes:  0 '***' 0.001 '**' 0.01 '*' 0.05 '.' 0.1 ' ' 1
14.
15. #Residual standard error: 1.914 on 16 degrees of freedom
```

```
16.
17.  # Number of iterations to convergence: 8
18.  # Achieved convergence tolerance: 7.759e-07
```

10.3 逻辑回归数学模型

当因变量的类型属于二元变量时,需要使用逻辑回归方法。二元变量代表因变量的两种分类方法。

10.3.1 逻辑回归数学模型概述

逻辑回归主要用于分类问题,假定因变量 y 发生时记述为 1,未发生时记述为 0,则事件发生的概率为 $p(y=1)$,假定二者之间的对数比是自变量 $x=(x_0, x_1, \cdots, x_n)$ 的线性函数,参见式(10-10)。

$$\log_e\left(\frac{p}{1-p}\right) = \beta x = \beta_0 + \beta_1 x_1 + \cdots + \beta_n x_n \tag{10-10}$$

则可以推导得出事件发生的概率 $p = \dfrac{e^{\beta x}}{1+e^{\beta x}}$,概率取值范围为 $[0,1]$。

10.3.2 AUC 曲线与 ROC 曲线

分类问题,可以使用误分类率、接收者操作特征曲线(Receiver Operating Characteristic Curve,ROC)和曲线下面积(Area Under The Curve,AUC)作为性能评价指标。ROC 曲线的横坐标通常是假阳性率(False Positive Rate,FPR),即真实值为阴性,但错误判定为阳性的概率;纵坐标通常是真阳性率(True Positive Rate,TPR),即真实值为阳性,且正确判定为阳性的概率,横轴与纵轴的取值范围通常为 $[0,1]$。对于二分类问题,还存在真阴性率(True Negative Rate,TNR)和假阴性率(False Negative Rate,FNR)的概念,其含义可以基于假阳性率与真阳性率类推获得。AUC 通常定义为 ROC 曲线下与坐标轴围成的面积,面积的大小通常表示事件发生的概率,因此面积越大,模型的性能通常也越好。

10.3.3 逻辑回归数学模型实现

本节介绍基于逻辑回归的数学模型基本分析方法,使用 Kaggle 网站下载的糖尿病检测数据集,源数据包括 9 个观测变量,总共 768 行数据。实例使用的库文件可以参考上述线性模型回归部分。

(1) 读入数据集,重新命名英文变量名为中文变量名,分别是：孕期、葡萄糖、血压、皮肤厚度、胰岛素、BMI、糖尿病预测函数、年龄以及糖尿病诊断结果,获得 9 个整数型或者数值型变量,总共 768 行数据记录,代码参见例 10-17。

【例 10-17】

```
1.  patientdata <- read.table("diabetes.csv", header = TRUE, sep = ",")
2.  # 将英文变量名重新命名为中文变量名
3.  patientdata <-   patientdata %>% rename(c(孕期 = Pregnancies, 葡萄糖 = Glucose,
4.  血压 = BloodPressure, 皮肤厚度 = SkinThickness, 胰岛素 = Insulin, BMI = BMI,
5.  糖尿病预测函数 = DiabetesPedigreeFunction, 年龄 = Age, 糖尿病诊断结果 = Outcome))
6.  # 查看重命名后的统计信息
7.  str(studentdata)
```

```
 8. # 'data.frame':768 obs. of  9 variables:
 9. # $ 孕期           : int  6 …
10. # $ 葡萄糖         : int  148 …
11. # $ 血压           : int  72 …
12. # $ 皮肤厚度       : int  35 …
13. # $ 胰岛素         : int  0 …
14. # $ BMI           : num  33.6 …
15. # $ 糖尿病预测函数 : num  0.627 …
16. # $ 年龄           : int  50 …
17. # $ 糖尿病诊断结果 : int  1 0 …
```

（2）划分训练数据集和测试数据集，训练数据集占比 80%，测试数据集占比 20%，使用函数 glm()进行逻辑回归，逻辑回归设定参数 family="binomial"，获得回归系数，对因变量糖尿病诊断结果产生显著影响的自变量包括孕期、葡萄糖、血压、BMI 以及糖尿病预测函数，而其他变量的影响不显著。代码参见例 10-18。

【例 10-18】

```
 1. nrow <- sample(nrow(patientdata),ceiling(nrow(patientdata) * 0.8))
 2. trainData <- studentdata[nrow, ]
 3. testData <- studentdata[- nrow, ]
 4.
 5. #设定逻辑回归模型
 6. logisticModel <- glm(糖尿病诊断结果~.,data = trainData,family = "binomial")
 7. summary(logisticModel)
 8. #查看逻辑回归统计结果
 9. Call:
10. glm(formula = 糖尿病诊断结果 ~ ., family = "binomial", data = trainData)
11.
12. Deviance Residuals:
13.      Min        1Q     Median        3Q        Max
14. - 2.7745   - 0.7273   - 0.3930   0.6725   2.9520
15. #逻辑回归系数
16. # Coefficients:
17. #                  Estimate Std. Error z value Pr(>|z|)
18. # (Intercept)    - 8.6464726  0.8189314 - 10.558  < 2e - 16 ***
19. # 孕期            0.1696481  0.0373406   4.543  5.54e - 06 ***
20. # 葡萄糖          0.0359677  0.0042591   8.445  < 2e - 16 ***
21. # 血压           - 0.0124036  0.0058027  -2.138  0.032552 *
22. # 皮肤厚度        0.0008664  0.0076240   0.114  0.909518
23. # 胰岛素         - 0.0015191  0.0010304  -1.474  0.140398
24. # BMI            0.0960379  0.0172702   5.561  2.68e - 08 ***
25. # 糖尿病预测函数  1.3469840  0.3484303   3.866  0.000111 ***
26. # 年龄            0.0004057  0.0107030   0.038  0.969763
27. # 显著水平
28. Signif. codes:  0 '***' 0.001 '**' 0.01 '*' 0.05 '.' 0.1 ' ' 1
29.
30. # (Dispersion parameter for binomial family taken to be 1)
31. #     Null deviance: 797.28  on 614  degrees of freedom
32. # Residual deviance: 566.71  on 606  degrees of freedom
33. # AIC: 584.71
34. # Number of Fisher Scoring iterations: 5
```

（3）对逻辑回归执行逐步回归，赤池信息准则系数初始值为 584.71，逐步回归剔除年龄变量之后降低至 582.71，再剔除皮肤厚度变量后减少到 580.72，模型逐渐趋于稳定，代码参见例 10-19。

【例 10-19】

```
1.  # 逻辑回归模型进行逐步回归
2.  logisticStep <- step(logisticModel,direction = "both")
3.  #Start:   AIC = 584.71
4.  #糖尿病诊断结果 ～ 孕期 + 葡萄糖 + 血压 + 皮肤厚度 + 胰岛素 + BMI +
5.  #     糖尿病预测函数 + 年龄
6.
7.  #                    Df Deviance    AIC
8.  # - 年龄             1    566.71  582.71
9.  # - 皮肤厚度         1    566.72  582.72
10. # < none >               566.71  584.71
11. # - 胰岛素           1    568.89  584.89
12. # - 血压             1    571.32  587.32
13. # - 糖尿病预测函数   1    582.67  598.67
14. # - 孕期             1    588.67  604.67
15. # - BMI              1    602.91  618.91
16. # - 葡萄糖           1    658.71  674.71
17. #逐步回归第二步
18. Step:   AIC = 582.71
19. #糖尿病诊断结果 ～ 孕期 + 葡萄糖 + 血压 + 皮肤厚度 + 胰岛素 + BMI +
20. #     糖尿病预测函数
21.
22. #                    Df Deviance    AIC
23. # - 皮肤厚度         1    566.72  580.72
24. # < none >               566.71  582.71
25. # - 胰岛素           1    568.91  582.91
26. # + 年龄             1    566.71  584.71
27. # - 血压             1    571.41  585.41
28. # - 糖尿病预测函数   1    582.76  596.76
29. # - 孕期             1    596.25  610.25
30. # - BMI              1    602.95  616.95
31. # - 葡萄糖           1    664.52  678.52
32. #逐步逻辑回归第三步
33. #Step:   AIC = 580.72
34. #糖尿病诊断结果 ～ 孕期 + 葡萄糖 + 血压 + 胰岛素 + BMI + 糖尿病预测函数
35.
36. #                    Df Deviance    AIC
37. # < none >               566.72  580.72
38. # - 胰岛素           1    569.24  581.24
39. # + 皮肤厚度         1    566.71  582.71
40. # + 年龄             1    566.72  582.72
41. # - 血压             1    571.45  583.45
42. # - 糖尿病预测函数   1    583.01  595.01
43. # - 孕期             1    596.29  608.29
44. # - BMI              1    607.36  619.36
45. # - 葡萄糖           1    667.36  679.36
46. summary(logisticStep)
47. #逐步逻辑回归统计信息
48. #Call:
49. #glm(formula = 糖尿病诊断结果 ～ 孕期 + 葡萄糖 + 血压 + 胰岛素 +
50. #     BMI + 糖尿病预测函数, family = "binomial", data = trainData)
51.
52. #Deviance Residuals:
53. #     Min        1Q    Median       3Q      Max
54. # - 2.7829  - 0.7274  - 0.3942   0.6732   2.9531
```

```
55.  # 逐步逻辑回归系数
56.  # Coefficients:
57.  #              Estimate Std. Error z value Pr(>|z|)
58.  # (Intercept)   -8.643000  0.806002  -10.723  < 2e-16 ***
59.  # 孕期            0.170102  0.032235    5.277  1.31e-07 ***
60.  # 葡萄糖          0.035920  0.004070    8.825  < 2e-16 ***
61.  # 血压           -0.012276  0.005673   -2.164  0.0305 *
62.  # 胰岛素         -0.001473  0.000929   -1.586  0.1128
63.  # BMI             0.096569  0.016505    5.851  4.89e-09 ***
64.  # 糖尿病预测函数   1.352053  0.345770    3.910  9.22e-05 ***
65.  # 显著水平
66.  # Signif. codes:  0 '***' 0.001 '**' 0.01 '*' 0.05 '.' 0.1 ' ' 1
67.  # (Dispersion parameter for binomial family taken to be 1)
68.  #      Null deviance: 797.28   on 614   degrees of freedom
69.  # Residual deviance: 566.72   on 608   degrees of freedom
70.  # AIC: 580.72
71.  # Number of Fisher Scoring iterations: 5
```

（4）将逐步回归过程中赤池信息准则系数的变化趋势输出为可视化图形，代码参见例 10-20，运行结果见图 10-5。

【例 10-20】

```
1.  # 可视化在剔除变量过程中赤池信息准则系数的变化
2.  logisticAnov <- logisticStep $ anova
3.  summary(logisticAnov)
4.  # 创建因子变量
5.  logisticAnov $ Step <- as.factor(logisticAnov $ Step)
6.
7.  # 输出结果
8.  ggplot(logisticAnov,aes(x = reorder(Step, -AIC),y = AIC)) +
9.    theme_bw(base_size = 12) +
10.   geom_point(colour = "red",size = 20) +
11.   geom_text(aes(y = AIC-1,label = round(AIC,2))) +
12.   theme(axis.text.x = element_text(angle = 0,size = 12)) +
13.   labs(x = "删除的特征")
```

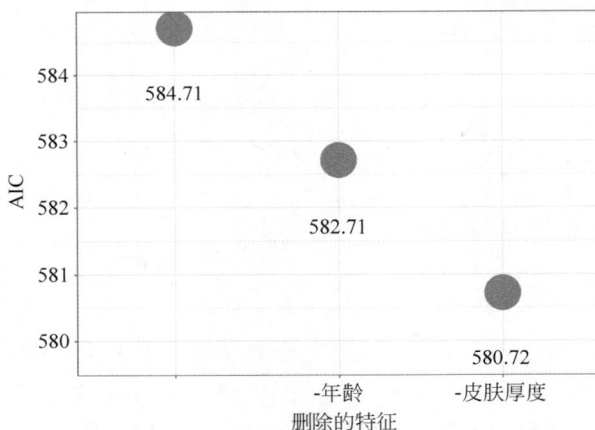

图 10-5   赤池信息准则系数变化过程

（5）对比逻辑回归模型与逐步逻辑回归模型的预测精度，二者都为 0.7320，基于对象数据集的情况下，两种模型的预测精度大致保持相同水平，代码参见例 10-21。

【例 10-21】

```
1. #逻辑回归测试集评估
2. #对比两个模型逐步回归前后的在测试集上预测的精度
3. logistic_predict <- predict(logisticModel,testData,type = "response")
4. logistic_predict
5. #设定逻辑回归阈值条件
6. logistic_predictF <- as.factor(ifelse(logistic_predict >= 0.5,1,0))
7. #设定逐步逻辑回归阈值条件
8. step_predict <- predict(logisticStep,testData,type = "response")
9. step_predictF <- as.factor(ifelse(step_predict >= 0.5,1,0))
10. #比较两种模型精度差异
11. sprintf("逻辑回归模型的精度为:%.4f",accuracy(testData$糖尿病诊断结果,logistic_predictF))
12. sprintf("逐步逻辑回归模型的精度为:%.4f",accuracy(testData$糖尿病诊断结果,step_predictF))
13. #[1] "逻辑回归模型的精度为:0.7320"
14. #[1] "逐步逻辑回归模型的精度为:0.7320"
```

（6）绘制出 ROC 曲线，对比逻辑回归与逐步逻辑回归两种模型的性能差异，从曲线的变化趋势变化判断，两个模型的性能大体上相差不大，ROC 曲线基本重合，代码参见例 10-22，运行结果见图 10-6。

【例 10-22】

```
1. #绘制出 ROC 曲线对比两种模型的效果
2. #计算逻辑回归模型的 ROC 信息
3. logistic_predict <- prediction(logistic_predict, testData$糖尿病诊断结果)
4. logistic_perform <- performance(logistic_predict, measure = "tpr", x.measure = "fpr")
5. logistic_roc <- data.frame(x = logistic_perform@x.values[[1]],
6. logitic = logistic_perform@y.values[[1]])
7.
8. #计算逐步逻辑回归模型的 ROC 信息
9. step_predict <- prediction(step_predict, testData$糖尿病诊断结果)
10. step_perform <- performance(step_predict, measure = "tpr", x.measure = "fpr")
11. #逐步逻辑回归数据更新
12. logistic_roc$logiticstep <- step_perform@y.values[[1]]
13. #宽型数据转换为长型数据
14. step_roc <- pivot_longer(logistic_roc,names_to = "pivotLogistic",values_to = "y",2:3)
15. #图形输出结果
16. #ggplot(step_roc,aes(x = x,y = y,color = pivotLogistic,linetype = pivotLogistic)) +
17.   #theme_bw() + geom_line(linewidth = 1.5) +
18.   #labs(x = "假阳性率",y = "真阳性率") +
19.   #annotate("segment", x = 0, xend = 1, y = 0, yend = 1,linewidth = 1,
20.   #linetype = 4,color = "purple")
21. #保存绘图结果
22. ggsave("10_2.pdf",height = 8,width = 8)
```

（7）使用函数 createDataPartition()重新划分训练数据集和测试数据集，训练数据集占比 80%，测试数据集占比 20%，train()函数中设定逻辑回归模型，对数据进行中心化和标准化处理，基于混淆矩阵判断模型预测准确率，预测准确的数量为 121，预测错误的数量为 32，准确率为 79.08%，AUC 曲线面积计算结果为 0.8349，逻辑回归模型的评估效果良好，代码参见例 10-23，运行结果见图 10-7。

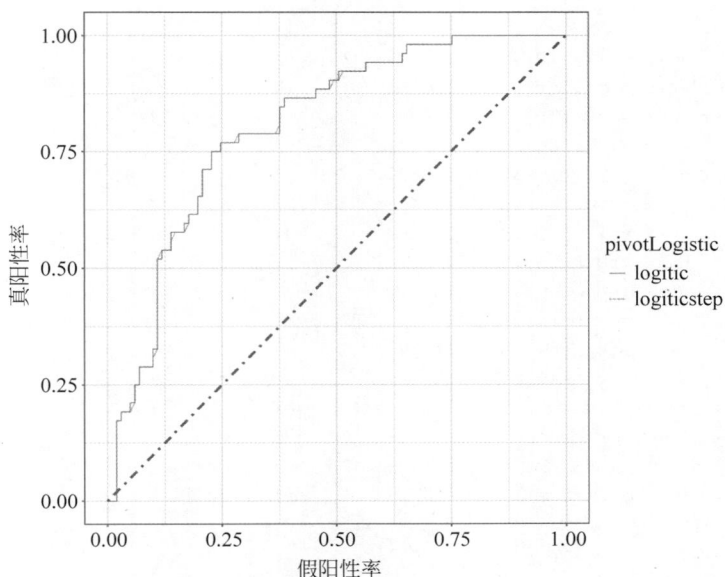

图 10-6　ROC 曲线与 AUC 曲线

【例 10-23】

```
1.  #划分训练数据集和测试数据集,训练数据集占比 80%,测试数据集占比 20%
2.  patientdata $ 糖尿病诊断结果 <- factor(make.names(patientdata $ 糖尿病诊断结果))
3.  indicator <- createDataPartition(patientdata $ 糖尿病诊断结果, p = 0.8, list = FALSE)
4.  train_data <- patientdata[indicator,]
5.  test_data <- patientdata[-indicator,]
6.  #设定参数
7.  fitControl <- trainControl(method = "boot",
8.                             number = 25,
9.                             classProbs = TRUE,
10.                            summaryFunction = twoClassSummary)
11. #基于训练数据集运行逻辑回归计算 ROC
12. logistic <- train(糖尿病诊断结果~.,
13.                   train_data,
14.                   method = "glm",
15.                   metric = "ROC",
16.                   tuneLength = 25,
17.                   preProcess = c('center', 'scale'),
18.                   trControl = fitControl)
19. #基于训练模型,代入测试数据集预测结果
20. predictoutcome <- predict(logistic, test_data)
21. #计算混淆矩阵
22. confusiondata <- confusionMatrix(predictoutcome,
23. test_data $ 糖尿病诊断结果, positive = "X1")
24. confusiondata
25. # Confusion Matrix and Statistics
26.
27. #          Reference
28. # Prediction X0 X1
29. #        X0 91 23
30. #        X1  9 30
31. #准确率统计信息
```

```
32. #                Accuracy : 0.7908
33. #                  95 % CI : (0.7178, 0.8523)
34. #     No Information Rate : 0.6536
35. #     P - Value [Acc > NIR]: 0.0001499
36. #                   Kappa : 0.5075
37. #  Mcnemar's Test P - Value : 0.0215563
38. #             Sensitivity : 0.5660
39. #             Specificity : 0.9100
40. #          Pos Pred Value : 0.7692
41. #          Neg Pred Value : 0.7982
42. #              Prevalence : 0.3464
43. #          Detection Rate : 0.1961
44. #    Detection Prevalence : 0.2549
45. #        Balanced Accuracy : 0.7380
46. #          'Positive' Class : X1
47. prediction <- predict(logistic, test_data, type = "prob")
48. roccurve <- roc(test_data $ 糖尿病诊断结果, prediction $ X1)
49. # Setting levels: control = X0, case = X1
50. # Setting direction: controls < cases
51. plot <- colAUC(prediction $ X1, test_data $ 糖尿病诊断结果, plotROC = TRUE)
52. Plot
53. aucarea <- auc(roccurve)
54. aucarea
55. # Area under the curve: 0.8349
```

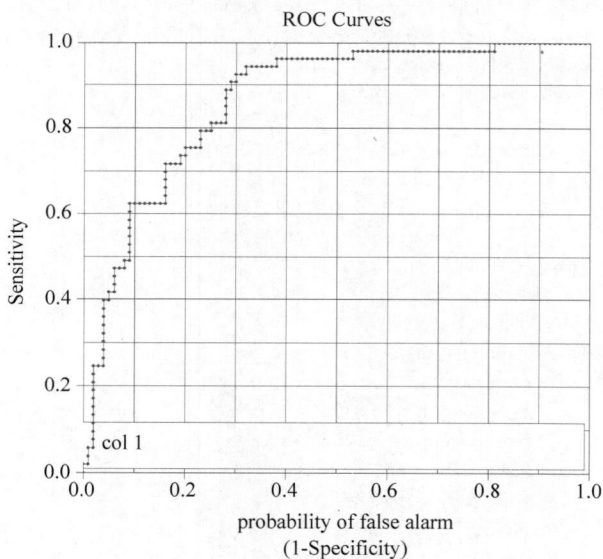

图 10-7　ROC 曲线

小结

　　本章主要介绍线性回归基本概念、非线性回归基本概念、逻辑回归基本概念、回归模型的数学表达、AUC、ROC 曲线、模型评估指标以及逐步回归的基本原理，重点分析常用模型的回归方法以及逐步回归方法的性能差异，通过实例分别阐述了三种模型的应用方法以及模型性能评估的基本步骤。

习题

1. 简述线性回归模型的数学表达式,分析一元回归和多元回归的联系和区别。

2. 简述非线性回归模型的数学表达式。

3. 简述逻辑回归模型的数学表达式。

4. 使用不同数据集,运行线性回归模型,基于逐步回归方法比较回归性能优劣。

5. 使用不同数据集,运行逻辑回归模型,基于逐步回归方法比较回归性能优劣,计算预测准确率以及 AUC 面积。

6. 使用不同数据集,运行非线性回归模型图形化输出预测结果。

第IV篇
深度学习

第 **11** 章

K近邻算法

K 近邻算法(K Nearest Neighbor,KNN)是一种监督型机器学习算法,基本原理是根据对象数据的相邻点集的主要特征确定目标分类。K 代表相邻点集的数量,K 值的选择对目标数据对象的分析结果可能产生影响。K 值筛选、距离度量和决策规则是 K 近邻算法的三个基本要素。

11.1　K 近邻算法实战

K 近邻算法的应用场景主要包括分类处理和回归分析,本章主要研究分类处理。

11.1.1　算法概要

K 近邻算法在分类处理中,常见的应用场景主要包括以下几个基本步骤。

(1) 数据标准化处理。

(2) 划分训练数据集和测试数据集。

(3) 使用训练数据集训练模型,获得关键特征。

(4) 基于模型训练结果以及测试数据集,预测分类结果。

(5) 创建循环,遍历查找最优近邻值或最差近邻值。

(6) 评估结果。

11.1.2　距离度量

K 近邻算法的近邻点选择主要根据距离度量,距离度量有不同的算法,本章主要介绍余弦相似度算法和欧氏距离两种方法。

假定几何空间 $\boldsymbol{R}$ 上的数据点向量表达为 $\boldsymbol{x}=(x_1,x_2,\cdots,x_n)$ 和 $\boldsymbol{y}=(y_1,y_2,\cdots,y_n)$,则二者之间的余弦相似度可以通过式(11-1)表示。

$$\cos(\theta)=\frac{\boldsymbol{x}\cdot\boldsymbol{y}}{\|\boldsymbol{x}\|\cdot\|\boldsymbol{y}\|}=\frac{\sum\limits_{i=1}^{n}(x_i\cdot y_i)}{\sqrt{\sum\limits_{i=1}^{n}x_i^2}\sqrt{\sum\limits_{i=1}^{n}y_i^2}} \tag{11-1}$$

式(11-1)中,$\|\cdot\|$ 表示数据点向量的欧氏范数(Norm)。有时为了降低复杂性,可以对多维度

数据进行降维处理,映射到二维或者三维空间分析。

第二种距离度量方法称为欧几里得距离(Euclidean Distance),在二维空间上,其数学表达参见式(11-2)。

$$D(x,y) = \sqrt{\sum_{i=1}^{n}(x_i - y_i)^2} \tag{11-2}$$

处理前通常对数据进行中心化或者标准化处理,减少数据变量量纲不同产生的潜在影响。

11.1.3 R语言实现

实际应用中,通常设置 K 初始值为训练集样本数的平方根,另外一种方法是创建循环条件遍历 K 值,由系统自动查找最优 K 值或者最差 K 值。R语言可以实现 K 近邻算法的库包括 class 库以及 kknn 库等,可以使用 class 库函数 knn()或者 kknn 库函数 kknn()。

函数 knn()的定义如下:

```
knn(train, test, cl, k, l, prob, use.all, …)
```

其中,参数 train 和参数 test 分别代表训练数据集与测试数据集,二者均为矩阵或者数据框类型;参数 cl 代表训练数据集的分类因子;参数 k 代表近邻数量;参数 l 代表最小决策数;参数 prob 为逻辑值,代表样本归类概率;参数 use.all 为逻辑值,代表是否使用所有近邻点。

函数 kknn()的定义如下:

```
kknn(formula, train, test, k, distance, kernel, …)
```

其中,参数 formula 代表对象公式;参数 train 和参数 test 分别代表训练数据集与测试数据集,二者均为矩阵或者数据框类型;参数 k 代表近邻数量;参数 distance 代表距离;参数 kernel 代表核函数。

11.2 *K* 近邻算法主要特征

K 近邻算法的特征主要包括:

(1) 属于监督学习算法,使用附带标记的输入数据来预测输出。

(2) 基于特征相似性判断,检查数据点与相邻点的相似程度。

(3) 属于非参数模型。

(4) 属于惰性算法,即训练集不学习判断函数。

11.3 *K* 近邻算法实战

本节介绍基于 K 近邻算法的数据分析以及数据挖掘的基本实现方法,源数据癌症诊断样本从 Kaggle 下载,包括 32 个观测变量,569 行数据记录。

(1) 导入相应库文件,主要包括库 class、tidyverse 以及 magrittr 等,class 库主要用于近邻分析,设置输出支持中文显示,代码参见例 11-1。

【例 11-1】

```
1. library(tidyverse)
2. library(gmodels)
3. library(janitor)
```

```
 4. library(class)
 5. library(corrplot)
 6. library(caret)
 7. library(showtext)
 8. library(magrittr)
 9. library(tidyverse)
10. library(dplyr)
11. library(ggpubr)
12. library(rstudioapi)
13. font_add("kaiti","STKAITI.TTF")
14. showtext_auto()
15. warnings('off')
```

（2）读取源数据，查看数据集统计数据，总共包括33个变量，569行数据记录，其中，第一行变量id属于编号信息，数据读入环境以后最后一行系统自动增加一个逻辑型变量X，这两个变量属于噪声数据，可以从源数据剔除，代码参见例11-2。

【例11-2】

```
1. cancer_data <- read.csv("data.csv")
2. str(cancer_data)
3. # 'data.frame'   : 569 obs. of  33 variables:
4.  # $ id          : int   84358402 …
5.  # $ diagnosis   : chr   "M" …
6.  # ….<部分内容省略>
7.  # $ X           : logi NA …
```

（3）执行数据清洗，删除变量id以及变量X，更新源数据集产生31列变量，总共569行数据，代码参见例11-3。

【例11-3】

```
1. cancer_data <- cancer_data[,-33]
2. cancer_data <- cancer_data[,-1]
3. str(cancer_data)
4. # 'data.frame'   : 569 obs. of  31 variables:
5.  # $ diagnosis  : chr   "M" …
6.  # …<部分内容省略>
```

（4）源数据变量diagnosis代表癌症诊断结果，"M"代表罹患癌症，"B"代表未罹患癌症，对其重新编码（"M"=1，"B"=0）生成新变量Outcome，数值0代表未罹患癌症，而数值1代表罹患癌症，变量Outcome数据类型为数值型，新数据包括32个变量，代码参见例11-4。

【例11-4】

```
1. cancer_data <- cancer_data %>%
2.   mutate(Outcome = ifelse(diagnosis == "M",1,0))
3. str(cancer_data)
4. # 'data.frame'   : 569 obs. of  32 variables:
5.  # $ diagnosis  : chr   "M" …
6.  # …<部分内容省略>
7.  # $ Outcome    : num  1 …
```

（5）排除源数据集字符串变量diagnosis，筛选出包含新变量Outcome在内的其余31个数值型变量，新数据集命名为cancer_data，覆盖原有的数据集，代码参见例11-5。

【例 11-5】

```
1. cancer_data <- cancer_data[,-1]
2. str(cancer_data)
3. head(cancer_data,8)
4. # 'data.frame'        : 569 obs. of 31 variables:
5. # …<部分内容省略>
6. # $ Outcome          : num 1 1 …
```

（6）计算新数据集各变量之间的相关性，重新命名英文变量为中文名称，其中，Outcome
重新命名为"罹患癌症"，源数据变量数量较多，主要包括平均值、标准差和最差值三个维度，基
于显示方便考虑选择部分平均值指标作为观测对象，利用相关函数生成相关性热图并输出结
果。变量罹患癌症与平均半径的相关系数为 0.73，与平均周长的相关系数为 0.74，与平均面
积的相关系数为 0.71，而与其他观测变量的相关系数小于 0.7。代码参见例 11-6，运行结果见
图 11-1。

【例 11-6】

```
 1. cancer_data_correlation <- cor(cancer_data)
 2. #变量列名称
 3. colnames(cancer_data_correlation) <- c("平均半径","平均纹理","平均周长","平均面积",
 4.   "平均平滑度","平均紧凑度","平均凹性","平均凹点","平均对称度","平均分形系数",
 5.   "半径标准差","纹理标准差","周长标准差","面积标准差","平滑度标准差",
 6.   "紧凑度标准差","凹性标准差","凹点标准差","对称度标准差","分形维数标准差",
 7.   "最差半径","最差纹理","最差周长","最差面积","最差平滑度",
 8.   "最差紧凑度","最差凹性","最差凹点","最差对称度","最差分形系数","罹患癌症")
 9. #变量行名称
10. rownames(cancer_data_correlation) <- c("平均半径","平均纹理","平均周长","平均面积",
11.   "平均平滑度","平均紧凑度","平均凹性","平均凹点","平均对称度","平均分形维数",
12.   "半径标准差","纹理标准差","周长标准差","面积标准差","平滑度标准差",
13.   "紧凑度标准差","凹性标准差","凹点标准差","对称度标准差","分形维数标准差",
14.   "最差半径","最差纹理","最差周长","最差面积","最差平滑度",
15.   "最差紧凑度","最差凹性","最差凹点","最差对称度","最差分形系数","罹患癌症")
16. #输出相关性矩阵
17. corrplot(cancer_data_correlation[c(1,2,3,4,5,6,31),c(1,2,3,4,5,6,31)],
18.     method = "color",  diag = TRUE,addCoef.col = "black", col = COL2("RdYlBu"),
19.     number.cex = 1.2, tl.cex = 1.2)
```

（7）将变量罹患癌症（Outcome）转换为因子变量，取名"诊断结果"，因子水平分别为 1 和
0，与两个水平对应的标签名称分别为"恶性肿瘤"与"良性肿瘤"，新数据集包括 32 个变量，新
增变量诊断结果，代码参见例 11-7。

【例 11-7】

```
1. cancer_data $ 诊断结果 <- factor(cancer_data $ Outcome,levels = c(1,0),
2. labels = c("恶性肿瘤","良性肿瘤"))
3. str(cancer_data)
4. # 'data.frame'        : 569 obs. of  32 variables:
5. # …<部分内容省略>
6. # $ Outcome          : num  1 …
7. # $ 诊断结果          : Factor w/ 2 levels "恶性肿瘤","良性肿瘤": 1 …
```

（8）创建因子变量对称性阈值，基于单样本对称性平均值设定阈值 0.2，小于阈值的样本
定义为非对称组，大于阈值的样本定义为对称组，源数据根据变量诊断结果分组，然后计算对

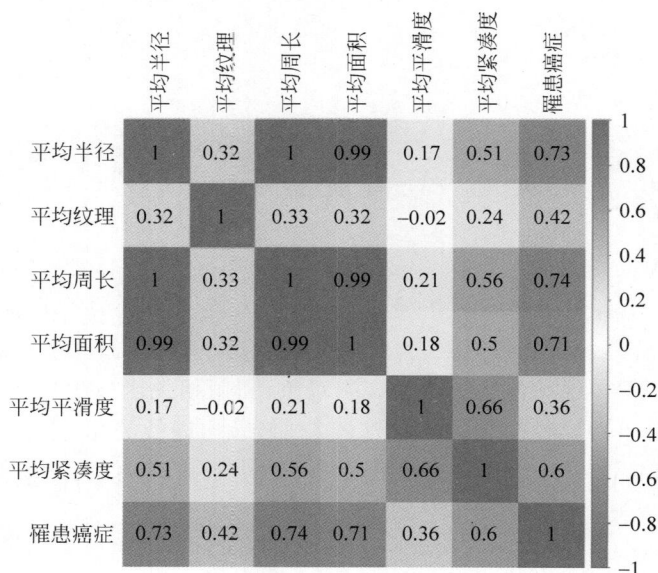

图 11-1　部分指标相关性热图

称性标准差以及对称性均值，新生成的数据集总共包括三个变量，即诊断结果、对称性标准差以及对称性均值，恶性肿瘤组的对称性标准差为 0.0276，对称性均值为 0.193；而良性肿瘤组的对称性标准差为 0.0248，对称性均值为 0.174，代码参见例 11-8。

【例 11-8】

```
 1. 对称性阈值 <- factor(ifelse(cancer_data $ symmetry_mean < 0.2, "非对称", "对称"))
 2. #根据因子变量诊断结果执行分组,再计算标准差和平均值
 3. data <- cancer_data %>%
 4.   group_by(诊断结果) %>%
 5.   summarize(
 6.     对称性标准差 = sd(symmetry_mean, na.rm = TRUE),
 7.     对称性均值 = mean(symmetry_mean, na.rm = TRUE)
 8.   )
 9. #查看包含诊断结果、对称性标准差以及对称性均值的新数据集 data 的统计信息
10. str(data)
11. #tibble [2 x 3] (S3: tbl_df/tbl/data.frame)
12. # $ 诊断结果      : Factor w/ 2 levels "恶性肿瘤","良性肿瘤": 1 2
13. # $ 对称性标准差  : num [1:2] 0.0276 0.0248
14. # $ 对称性均值    : num [1:2] 0.193 0.174
```

（9）绘制诊断结果的对称性均值标准差图，正负偏移各一个标准差，对称性均值的图形显示与步骤（8）数值结果一致，样本恶性肿瘤组的对称性均值约比良性肿瘤组的对称性均值大 0.019，代码参见例 11-9，运行结果见图 11-2。

【例 11-9】

```
1. ggplot(data, aes(诊断结果, 对称性均值)) +
2.   geom_bar(aes(fill = 诊断结果),stat = "identity",
3.             position = position_dodge(0.6), width = 0.6,alpha = 0.8) +
4.   geom_errorbar(
5.     aes(ymin = 对称性均值 - 对称性标准差, ymax = 对称性均值 + 对称性标准差, group = 诊断结果),
6.     width = 0.2, position = position_dodge(0.6),color = "black",lty = 1,lwd = 1) +
7.   scale_fill_manual(values = c("gray5", "gray60")) +
```

```
8.    ylab("对称性均值") +
9.    theme_bw() +
10.   geom_signif(comparisons = list(c("恶性肿瘤","良性肿瘤")),
11.             test = wilcox.test,
12.             y_position = 0.25,
13.             map_signif_level = T,
14.             size = 0.1,vjust = 0.1) + coord_cartesian(ylim = c(0,0.3))
15. # 保存绘图结果
16. ggsave ("exp_11.pdf",height = 4,width = 6)
```

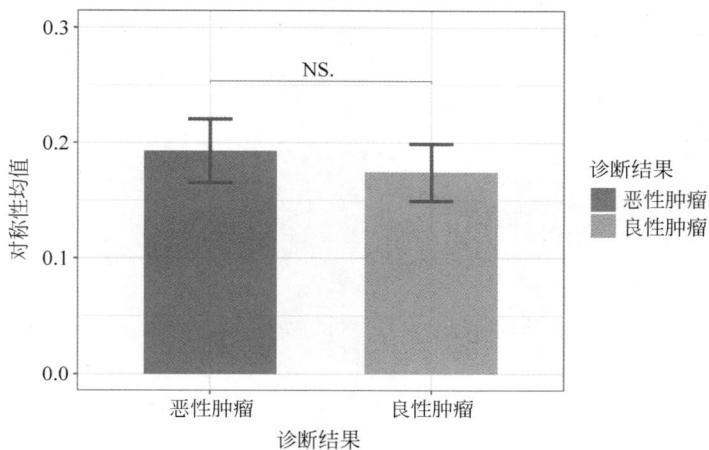

图 11-2 诊断结果的对称性均值标准差图

（10）绘制平均对称度直方图,恶性肿瘤组的大部分样本平均对称度介于 0.15～0.23,而良性肿瘤组的大部分样本平均对称度介于 0.14～0.22,从频率视角分析,恶性肿瘤组的对称性比良性肿瘤组的对称性低,代码参见例 11-10,运行结果见图 11-3。

【例 11-10】

```
1. ggplot(data = cancer_data, aes(x = symmetry_mean)) +
2. geom_histogram(bins = 30, color = "white", fill = "purple",alpha = 0.8) +
3. facet_wrap(~诊断结果) +   ylab("频数") + xlab("平均对称度") +
4. theme_bw()
5. ggsave ("exp_12.pdf",height = 4,width = 6)
```

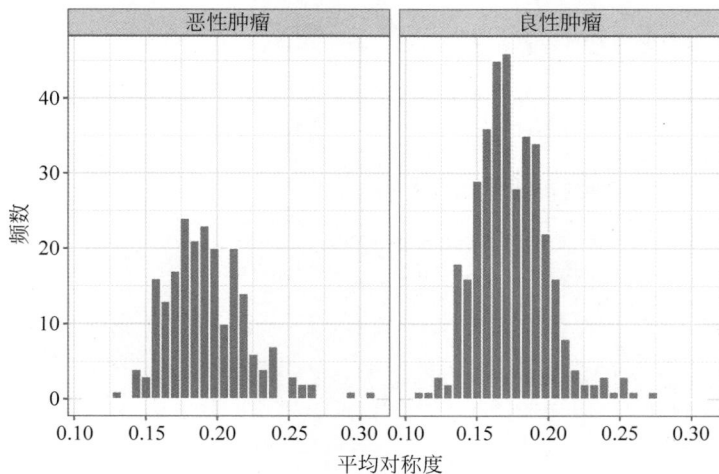

图 11-3 平均对称度统计

(11) 除样本因变量以外,其他变量执行 0-1 标准化处理,转换后各变量量纲介于 0~1,标准化处理后的数据集取名 cancer_data_normalize,包含 30 个变量,569 行数据记录,代码参见例 11-11。

【例 11-11】

```
1.  # 设置种子数,使结果可复现
2.  set.seed(360)
3.  normalize <- function(x){
4.    (x - min(x))/(max(x) - min(x))
5.  }
6.  tail(cancer_data[],5)
7.  cancer_data_normalize <- as.data.frame(lapply(cancer_data[1:30],normalize))
8.  str(cancer_data_normalize)
9.  # 0-1 标准化处理后,查看数据统计信息
10. # 'data.frame'        : 569 obs. of  30 variables:
11. #  $ radius_mean    : num  0.521 …
12. #  $ texture_mean   : num  0.0227 …
13. #  $ perimeter_mean : num  0.546 …
14.   …<部分内容省略>
```

(12) 按照 8:2 比例划分训练数据集和测试数据集,得到 455 行训练数据,代码参见例 11-12。

【例 11-12】

```
1.  set.seed(360)
2.  nsample <- sample(1:nrow(cancer_data_normalize),
3.  size = nrow(cancer_data_normalize) * 0.8, replace = FALSE)
4.  train.data <- cancer_data_normalize[nsample,]
5.  test.data <- cancer_data_normalize[-nsample,]
6.  str(nsample)
7.  str(cancer_data_normalize)
8.  # 检查训练数据集样本类别数量
9.  nrow(train.data)
10. # 455
```

(13) 定义遍历条件、最优近邻数以及最差近邻数,通过循环遍历变量查找最优近邻数量以及最差近邻数量,匹配后输出结果,代码参见例 11-13,运行结果参见例 11-14。

【例 11-13】

```
1.  # 定义最优近邻以及最差近邻参数
2.  KList = 1
3.  optimal = 0
4.  worst = 1
5.  accuracy = 1
6.  # 创建循环遍历,查找最优值和最差值
7.  for (i in 1:50){
8.    knn <- knn(train = train.data, test = test.data, cl = train.data.outcome, k = i)
9.    accuracy[i] <- sum(test.data.outcome == knn)/NROW(test.data.outcome)
10.   KList[i] <- i
11.   cat('近邻 K 值:',KList[i], ',', ' 准确率:',round(accuracy[i],3), '\n')
12.   # 最优近邻条件
13.   if (accuracy[i] > optimal){
14.     optimal <- accuracy[i]
15.     optimal.knn <- i
16.
```

```
17.      }
18.      #最差近邻条件
19.      if (accuracy[i] < worst){
20.          worst <- accuracy[i]
21.          worst.knn <- i
22.      }
23. }
```

近邻 K 值为 1 时，准确率为 0.93，之后随着 K 值增大，准确率增大，近邻 K 值为 4 时，准确率达到最大值 0.965，K 值为 5 时，准确率降低为 0.947，之后经过多轮波动，结束 50 轮循环遍历时，准确率变为 0.93。

【例 11-14】

```
 1. 近邻 K 值：1 ,    准确率：0.93
 2. 近邻 K 值：2 ,    准确率：0.93
 3. 近邻 K 值：3 ,    准确率：0.956
 4. 近邻 K 值：4 ,    准确率：0.965
 5. 近邻 K 值：5 ,    准确率：0.947
 6. 近邻 K 值：6 ,    准确率：0.956
 7. 近邻 K 值：7 ,    准确率：0.939
 8. 近邻 K 值：8 ,    准确率：0.956
 9. 近邻 K 值：9 ,    准确率：0.947
10. 近邻 K 值：10 ,   准确率：0.965
11. 近邻 K 值：11 ,   准确率：0.947
12. 近邻 K 值：12 ,   准确率：0.956
13. 近邻 K 值：13 ,   准确率：0.939
14. 近邻 K 值：14 ,   准确率：0.93
15. 近邻 K 值：15 ,   准确率：0.947
16. 近邻 K 值：16 ,   准确率：0.939
17. 近邻 K 值：17 ,   准确率：0.947
18. 近邻 K 值：18 ,   准确率：0.947
19. 近邻 K 值：19 ,   准确率：0.947
20. 近邻 K 值：20 ,   准确率：0.956
21. 近邻 K 值：21 ,   准确率：0.939
22. 近邻 K 值：22 ,   准确率：0.939
23. 近邻 K 值：23 ,   准确率：0.939
24. 近邻 K 值：24 ,   准确率：0.939
25. 近邻 K 值：25 ,   准确率：0.939
26. 近邻 K 值：26 ,   准确率：0.93
27. … <部分内容省略>
28. 近邻 K 值：50 ,   准确率：0.93
```

（14）基于自动匹配规则，最优近邻数以及最差近邻数分别为 4 和 1，对应的分类准确率分别约为 0.9649 和 0.9298，准确率相同的情况下，取近邻数最小值为极值结果输出，代码参见例 11-15。

【例 11-15】

```
1. cat('最优近邻 K 值：',optimal.knn, ',', '最高准确率：',optimal, '\n')
2. cat('最差近邻 K 值：',worst.knn, ',', '最低准确率：',worst, '\n')
3. 最优近邻 K 值：4 , 最高准确率：0.9649123
4. 最差近邻 K 值：1 , 最低准确率：0.9298246
```

（15）评估最优近邻数 $K = 4$ 时的模型性能，代码参见例 11-16，运行结果参见例 11-17。

【例 11-16】

```
1. optimal_evaluate <- knn(train = train.data, test = test.data, cl = train.data.outcome,
2. k = optimal.knn)
3. acc.optimal.knn <- 100 * sum(test.data.outcome == optimal.knn)/nrow(test.data.outcome)
4. tail(table(optimal_evaluate,test.data.outcome))
5. confusionMatrix(table(optimal_evaluate ,test.data.outcome))
```

模型在最优近邻数条件下，基于混淆矩阵结果可知，预测准确数量为 110，预测错误数量为 4，预测准确率为 0.9649，95％置信区间为 $[0.9126,0.9904]$。

【例 11-17】

```
1. # test.data.outcome
2. # optimal_evaluate  0  1
3. #                   0 66  3
4. #                   1  1 44
5. # Confusion Matrix and Statistics
6. #
7. #                      test.data.outcome
8. # optimal_evaluate  0  1
9. #                   0 66  3
10. #                   1  1 44
11.
12. #                 Accuracy : 0.9649
13. #                   95 % CI : (0.9126, 0.9904)
14. #       No Information Rate : 0.5877
15. #       P - Value [Acc > NIR] : < 2e-16
16. #
17. #                    Kappa : 0.9271
18. #
19.   # Mcnemar's Test P - Value : 0.6171
20.
21.   #             Sensitivity : 0.9851
22.     #           Specificity : 0.9362
23.     #        Pos Pred Value : 0.9565
24.     #        Neg Pred Value : 0.9778
25.     #            Prevalence : 0.5877
26.     #        Detection Rate : 0.5789
27.   # Detection Prevalence : 0.6053
28.     #     Balanced Accuracy : 0.9606
29.
30.     #         'Positive' Class : 0
```

（16）评估最差近邻数 $K=1$ 时的模型预测性能，代码参见例 11-18，运行结果参见例 11-19。

【例 11-18】

```
1. worst_evaluate <- knn(train = train.data, test = test.data, cl = train.data.outcome,
2. k = worst.knn)
3. acc.worst.knn <- 100 * sum(test.data.outcome == worst.knn)/nrow(test.data.outcome)
4. tail(table(worst_evaluate,test.data.outcome))
5. confusionMatrix(table(worst_evaluate ,test.data.outcome))
```

模型在最差近邻数条件下，基于混淆矩阵结果可知，预测准确数量为 106，预测错误数量为 8,预测准确率约为 0.9298,95%置信区间为[0.8664,0.9692]。

【例 11-19】

```
 1. # test.data.outcome
 2. # worst_evaluate  0  1
 3. #               0 63  4
 4. #               1  4 43
 5. # Confusion Matrix and Statistics
 6. #
 7. #                  test.data.outcome
 8. # worst_evaluate  0  1
 9. #               0 63  4
10. #               1  4 43
11. #
12. #                 Accuracy : 0.9298
13. #                   95 % CI : (0.8664, 0.9692)
14. #      No Information Rate : 0.5877
15. #      P-Value [Acc > NIR] : < 2e-16
16.
17. #                    Kappa : 0.8552
18. #
19. # Mcnemar's Test P-Value : 1
20. #
21. #              Sensitivity : 0.9403
22. #              Specificity : 0.9149
23. #           Pos Pred Value : 0.9403
24. #           Neg Pred Value : 0.9149
25. #               Prevalence : 0.5877
26. #           Detection Rate : 0.5526
27. #     Detection Prevalence : 0.5877
28. #        Balanced Accuracy : 0.9276
29. #
30. #          'Positive' Class : 0
```

(17) 模型近邻数 K 值变化时,输出对应的准确率变化趋势为图形,当 K 值从 1 开始增加时,准确率先增加而后下降,之后经历多轮波动,到 K=50 时,准确率为 0.9298,代码参见例 11-20,运行结果见图 11-4。

【例 11-20】

```
 1. library(ggrepel)
 2. # 获取评估数据并绘制图形输出
 3. data <-   data.frame(x = KList, y = accuracy)
 4. knnplot <-  ggplot(data = data) + geom_point(aes(x = x, y = y), col = "purple", size = 4) +
 5. geom_line(aes(x = x, y = y), col = "orange", size = 1.5) + theme_bw() +
 6. xlab("近邻 K 值") + ylab("准确率") + annotate(
 7.    geom = "text", x = 2, y = 0.9,
 8.    label = "最优近邻 K 值:4 , 最高准确率:0.9649\n 最差近邻 K 值:1 ,
 9.    最低准确率:0.9298", hjust = 0, vjust = -2, size = 6)
10. # 保存为矢量文件
11. knnplot
12. ggsave(knnplot, file = "11.pdf", width = 7, height = 6)
```

(18) 下面采用主成分分析法提取标准化处理后的源数据的主成分,然后再根据 K 近邻算法评估模型的性能。主成分分析使用 psych 库的 fa.parallel()函数,参数设定 fa = "pc",

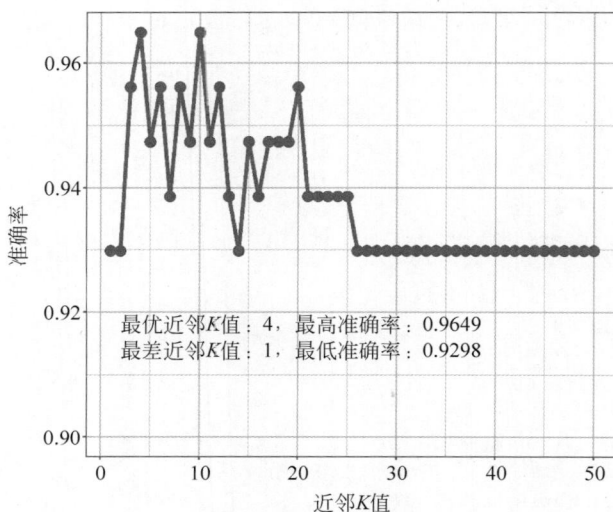

图 11-4 准确率动态变化趋势

"pc"代表"principal component"，即主成分分析，分析结果表明主成分数量为 5，代码参见例 11-21，运行结果见图 11-5。

【例 11-21】

```
1. library(psych)
2. componentanalysis <- fa.parallel(cancer_data_normalize[,],fa = "pc")
3. componentanalysis
4. #Parallel analysis suggests that the number of factors = NA
5. and the number of components = 5
```

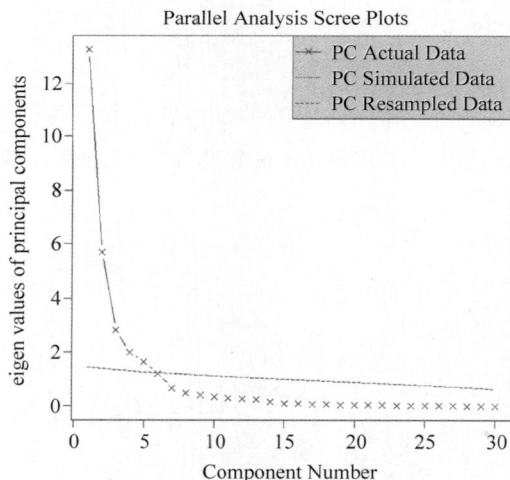

图 11-5 主成分分析

（19）提取 5 个主成分，每个主成分由多个变量组成，输出结果参数"Cumulative Var"表明第一个主成分可以解释约 34% 累计方差，前两个主成分可以解释约 51% 累计方差，前三个主成分可以解释约 68% 累计方差，前四个主成分可以解释约 77% 累计方差，前五个主成分可以解释约 85% 累计方差，总体可以解释超过一半的累计方差，代码参见例 11-22。

【例 11-22】

```
1. principalrefine <- principal(cancer_data_normalize,nfactors = 5,rotate = "varimax")
2. principalrefine
3.
4. #                      RC1   RC5   RC2   RC3   RC4
5. # SS loadings         10.16  5.22  5.01  2.77  2.27
6. # Proportion Var       0.34  0.17  0.17  0.09  0.08
7. # Cumulative Var       0.34  0.51  0.68  0.77  0.85
8. # Proportion Explained 0.40  0.21  0.20  0.11  0.09
9. # Cumulative Proportion 0.40 0.60  0.80  0.91  1.00
10.
11. # Mean item complexity =   1.7
12. # Test of the hypothesis that 5 components are sufficient.
13.
14. # The root mean square of the residuals (RMSR) is  0.04
15. # with the empirical chi square  912.23  with prob <  3e-64
16.
17. # Fit based upon off diagonal values = 0.99
```

（20）提取 5 个主成分重新对标准化源数据进行随机划分，训练数据集占比 80%，测试数据集占比 20%，癌症诊断结果命名为分类变量 train.data.outcome，代码参见例 11-23。

【例 11-23】

```
1. newdata <- predict.psych(principalrefine,cancer_data_normalize)
2. set.seed(860)
3. nsample <- sample(1:nrow(newdata),size = nrow(newdata) * 0.8,replace = FALSE)
4. train.data <- newdata[nsample,]
5. test.data <- newdata[-nsample,]
6. train.data.outcome <- cancer_data[nsample,31]
7. test.data.outcome <- cancer_data[-nsample,31]
```

（21）重新创建近邻数循环条件，从近邻数 1 开始到 50 逐个遍历近邻数，观测随着近邻数值变化，模型分类准确率的变化趋势，代码参见例 11-24，运行结果参见例 11-25。

【例 11-24】

```
1. # 定义最优近邻参数以及最差近邻参数
2. KList = 1
3. optimal = 0
4. worst = 1
5. accuracy = 1
6. # 创建循环遍历，查找最优近邻值和最差近邻值
7. for (i in 1:50){
8.     knn <- knn(train = train.data, test = test.data, cl = train.data.outcome, k = i)
9.     accuracy[i] <- sum(test.data.outcome == knn)/NROW(test.data.outcome)
10.    KList[i] <- i
11.    cat('近邻K值:',KList[i], ',', '准确率:',round(accuracy[i],3), '\n')
12.    # 最优近邻条件
13.    if (accuracy[i] > optimal){
14.        optimal <- accuracy[i]
15.        optimal.knn <- i
16.
17.    }
18.    # 最差近邻条件
```

```
19.        if (accuracy[i] < worst){
20.            worst <- accuracy[i]
21.            worst.knn <- i
22.        }
23. }
```

【例 11-25】

```
1. 近邻 K 值: 1 ,   准确率: 0.921
2. 近邻 K 值: 2 ,   准确率: 0.939
3. 近邻 K 值: 3 ,   准确率: 0.93
4. 近邻 K 值: 4 ,   准确率: 0.939
5. 近邻 K 值: 5 ,   准确率: 0.947
6. 近邻 K 值: 6 ,   准确率: 0.93
7. 近邻 K 值: 7 ,   准确率: 0.93
8. 近邻 K 值: 8 ,   准确率: 0.939
9. 近邻 K 值: 9 ,   准确率: 0.93
10. 近邻 K 值: 10 ,   准确率: 0.93
11. …
12. 近邻 K 值: 48 ,   准确率: 0.904
13. 近邻 K 值: 49 ,   准确率: 0.904
14. 近邻 K 值: 50 ,   准确率: 0.904
```

（22）输出模型的最优近邻数 K 值 5，此时最高准确率约为 0.9474。模型的最差近邻数 K 值 48，此时模型的最低准确率约为 0.9035，代码参见例 11-26。

【例 11-26】

```
1. cat('最优近邻 K 值:',optimal.knn, ',', '最高准确率:',optimal, '\n')
2. cat('最差近邻 K 值:',worst.knn, ',', '最低准确率:',worst, '\n')
3. 最优近邻 K 值: 5 , 最高准确率: 0.9473684
4. 最差近邻 K 值: 48 , 最低准确率: 0.9035088
```

（23）近邻数 K 值变化时，输出模型的分类准确率动态变化过程为图形，近邻值 $K=1$ 时，模型准确率约为 0.92；近邻值 $K=2$ 时，准确率约为 0.94；$K=5$ 时达到峰值 0.9474；之后经历多轮波动，到 $K=48$ 时准确率降到最低值。基于主成分分析的累计方差值产生一定的信息损失，其近邻分析算法结果与未运行主成分分析的近邻算法的准确率变化趋势存在一定差异，代码参见例 11-27，运行结果见图 11-6。

【例 11-27】

```
1. library(ggrepel)
2. #获取评估数据并绘制图形输出
3. data <-  data.frame(x = KList,y = accuracy)
4. knnplot <- ggplot(data = data) + geom_point(aes(x = x,y = y),col = "purple",size = 4) +
5. geom_line(aes(x = x,y = y),col = "orange",size = 1.5) + theme_bw() +
6. xlab("近邻 K 值") + ylab("准确率") + annotate(
7.     geom = "text", x = 2, y = 0.9,
8.     label = "最优近邻 K 值: 5 , 最高准确率: 0.9474\n 最差近邻 K 值: 48 , 最低准确率: 0.9035",
9.     hjust = 0, vjust = -2, size = 6)
10. #保存为矢量文件
11. knnplot
12. ggsave(knnplot, file = "11_2.pdf", width = 7, height = 6)
```

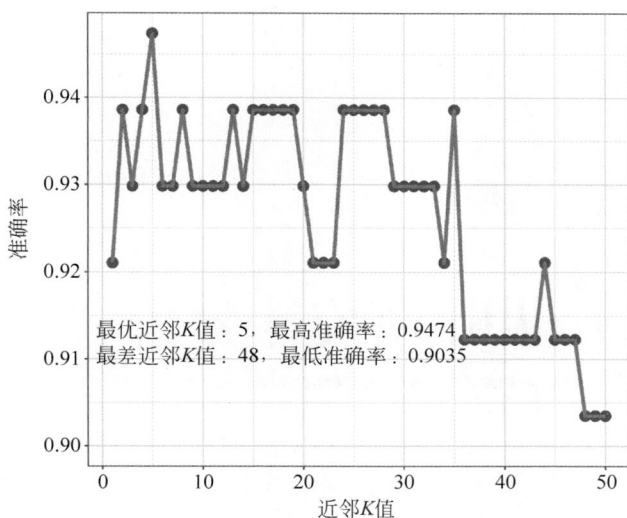

图 11-6　基于主成分分析的近邻算法准确率变化

小结

本章介绍了 *K* 近邻算法的基本概念、主要特征以及相关库函数,重点分析基于 *K* 近邻算法的最优近邻数、最差近邻数的求解方法,并通过实例研究近邻数变化时模型准确率的动态变化趋势。

习题

1. 简述 *K* 近邻算法的定义。

2. *K* 近邻算法属于监督学习算法,还是无监督学习算法?

3. 简述 *K* 近邻算法的常用距离度量方法。

4. 简述 *K* 近邻算法的主要特征。

5. 实现 *K* 近邻算法可以使用 R 语言的哪些库?

6. 基于不同数据集,编写 R 代码实现 *K* 近邻算法,执行数据标准化处理,求解最优近邻数、最差近邻数、最高准确率以及最低准确率,并将近邻数动态变化时准确率变化趋势输出为图形,分析结果含义。

7. 基于习题 6 结果,通过主成分分析法提取主成分信息,然后再执行 *K* 近邻算法求解最优近邻数、最差近邻数、最高准确率以及最低准确率,并输出近邻数动态变化时准确率的动态变化图形,分析结果含义。

第**12**章

贝叶斯统计分析

贝叶斯统计分析(Bayesian Analysis)基于贝叶斯公式,基本原理是当分析样本趋近总数时,样本事件的概率接近总体事件的概率。贝叶斯公式涉及先验概率、似然函数以及后验概率三个基本概念。贝叶斯统计分析提供了计算假设概率的一种方法,即基于先验概率假设,在数据发生变化的情况下对先验概率假设进行更新修正,从而得出后验概率的分布特征,可以根据后验概率分布推断未知参数。得益于理论的突破以及技术的发展,目前基于贝叶斯原理的深度学习模型在诸多领域得到研究关注,通过引入不确定性,提升了仿真模型的现实应用价值。本章重点分析贝叶斯统计的基本数学概念、基础原理以及基本应用。

12.1 贝叶斯概率数学原理

假设 $p(\lambda)$ 代表事件 λ 发生的概率, $p(y)$ 代表事件 y 发生的概率, $p(y|\lambda)$ 代表已知 λ 条件下事件 y 发生的概率,而 $p(\lambda|y)$ 代表已知 y 条件下事件 λ 发生的概率,那么贝叶斯数学公式可以表述为式(12-1)。

$$p(\lambda \mid y) = \frac{p(y \mid \lambda)p(\lambda)}{p(y)} \tag{12-1}$$

其中, $p(\lambda)$ 也称为 λ 的先验概率,主要特点是不依赖于 y 的分布; $p(y)$ 也称为样本 y 的分布特征,主要特点是不依赖于 λ 的分布。 $p(\lambda|y)$ 称为 λ 的后验概率,而 $p(y|\lambda)$ 也称为似然函数,似然函数通常记述为 $L(\cdot)$ 。如果事件 λ 由 n 个子事件组成,即 $\lambda = (\lambda_1, \lambda_2, \cdots, \lambda_n)$,则式(12-1)的分母可以进一步转换为式(12-2)。

$$p(y) = \sum_{j=1}^{n} p(y \mid \lambda_j)p(\lambda_j) \tag{12-2}$$

式(12-2)适用于离散求和的场景,如果事件 y 属于连续型变量,则式(12-2)可以转换为连续积分,参见式(12-3)。

$$p(y) = \int p(y \mid \lambda_j)p(\lambda_j)\mathrm{d}\lambda_j \tag{12-3}$$

对于其中任意一个子事件 $\lambda_i(i=1,2,\cdots,n)$,利用贝叶斯原理可以推导出式(12-4)。

$$p(\lambda_i \mid y) = \frac{p(y \mid \lambda_i)p(\lambda_i)}{p(y)} \tag{12-4}$$

在实际应用中, λ 通常代表未知参数,而 y 通常代表观测样本数据。对于多参数的场景,可以类似推导出对应的贝叶斯公式,参见式(12-5)。

$$p(\lambda_i \mid y, \Omega) = \frac{p(y, \Omega \mid \lambda_i) p(\lambda_i)}{p(y, \Omega)} \tag{12-5}$$

12.2　常见概率分布

概率分布包括离散概率分布和连续概率分布,本节介绍几种常见的概率分布,主要包括二项式分布、贝塔分布、伽马分布、正态分布以及指数分布等。

12.2.1　二项式分布

二项式分布(Binomial probability distribution)属于离散型概率分布,假设单次实验的结果分为两种,即选中或者未选中,在 n 次总实验中,选中 y 次,未选中 $n-y$ 次。每次实验选中的概率记为 p,单次实验相互独立,而 $p(y)$ 代表 n 次实验选中 y 次的概率,其概率分布数学表达式可以参见式(12-6)。

$$p(y) = \binom{n}{y} p^y (1-p)^{n-y} \tag{12-6}$$

其中, $\binom{n}{y} = \dfrac{n!}{y!\,(n-y)!}$。当 $n=1$ 时,则变成伯努利实验,即单次实验条件下选中事件发生的概率。

12.2.2　贝塔分布

贝塔分布(Beta probability distribution)属于连续型概率分布,连续型随机变量 Y 的概率分布函数(Distribution function)通常表述为 $F(y) = P(Y \leqslant y)$,密度函数(Density function)通常表述为 $f(y)$,二者之间存在的关系参见式(12-7)。

$$F(y) = \int_{-\infty}^{y} f(t)\mathrm{d}t \tag{12-7}$$

贝塔分布的密度函数参见式(12-8)。

$$f(y) = \frac{y^{\alpha-1}(1-y)^{\beta-1}}{B(\alpha, \beta)}, \quad 0 \leqslant y \leqslant 1 \tag{12-8}$$

其中, $B(\alpha, \beta) = \int_0^1 y^{\alpha-1}(1-y)^{\beta-1}\mathrm{d}y = \dfrac{\Gamma(\alpha)\Gamma(\beta)}{\Gamma(\alpha+\beta)}, \alpha > 0, \beta > 0$,且满足条件 $\Gamma(\alpha) = \int_0^{\infty} y^{\alpha-1}\mathrm{e}^{-y}\mathrm{d}y$ 和条件 $\Gamma(\alpha) = (\alpha-1)\Gamma(\alpha-1), \alpha > 1$。

当参数 α, β 都是整数且满足 $0 < y < 1$ 的情况下,贝塔分布满足式(12-9)。

$$F(y) = \int_0^y \frac{r^{\alpha-1}(1-r)^{\beta-1}}{B(\alpha, \beta)}\mathrm{d}r = \sum_{i=\alpha}^{n} \binom{n}{i} y^i (1-y)^{n-i} \tag{12-9}$$

其中, $n = \alpha + \beta - 1$。式(12-9)是二项式分布的概率分布累积和。

12.2.3　伽马分布

伽马分布(Gamma probability distribution)属于连续型概率分布,密度函数参见式(12-10)。

$$f(y) = \frac{y^{\alpha-1}\mathrm{e}^{\frac{-y}{\beta}}}{\beta^{\alpha}\Gamma(\alpha)}, \quad 0 \leqslant y \leqslant \infty, \quad \alpha > 0, \quad \beta > 0 \tag{12-10}$$

12.2.4　正态分布

正态分布（Normal probability distribution）属于连续型概率分布，密度函数参见式（12-11）。

$$f(y) = \frac{1}{\sigma\sqrt{2\pi}}e^{\frac{-(y-\mu)^2}{2\sigma^2}}, \quad \sigma > 0 \tag{12-11}$$

12.2.5　指数分布

指数分布（Exponential probability distribution）属于连续型概率分布，密度函数参见式（12-12）。

$$f(y) = \frac{e^{\frac{-y}{\beta}}}{\beta}, \quad 0 \leqslant y \leqslant \infty, \quad \beta > 0 \tag{12-12}$$

12.2.6　柯西分布

柯西分布（Cauchy probability distribution）属于连续型概率分布，密度函数参见式（12-13）。

$$f(y; y_0, \beta) = \frac{\beta}{\pi}\left[\frac{1}{(y-y_0)^2 + \beta^2}\right] \tag{12-13}$$

其中，y_0 代表分布峰值的位置参数；β 代表尺度参数。

12.3　贝叶斯深度学习

贝叶斯统计的基本原理是不确定性，深度学习与贝叶斯方法结合，即模型中加入不确定性，通过给权重参数以及其他参数赋予先验分布信息，然后根据模型训练以及数据更新不断修正参数的分布特征，使之不断接近正确结果。假定已知数据集标记为$(y_1, y_2, \cdots, y_{n-1})$，基于已知数据集计算获得的参数 λ 的后验分布记为 $p(\lambda|y_1, y_2, \cdots, y_{n-1})$，新增数据 y_n 的似然函数记为 $p(y_n|\lambda)$，则根据贝叶斯原理以及贝叶斯深度学习理论，数据更新条件下参数 λ 的后验分布满足式（12-14）。

$$p(\lambda|y_1, y_2, \cdots, y_n) \propto p(y_n|\lambda)p(\lambda|y_1, y_2, \cdots, y_{n-1}) \tag{12-14}$$

即后验概率分布与先验概率分布正相关，这是贝叶斯深度学习的基本数学原理，问题通常归结为如何求解上一序列的参数后验概率分布。一般模型条件下，精确求解 $p(\lambda|y_1, y_2, \cdots, y_{n-1})$存在困难，通常采用近似算法。贝叶斯深度学习的常见算法包括变分贝叶斯算法、分布式贝叶斯算法以及深度生成模型等。

12.4　贝叶斯分析 R 包概述

R 语言中用于贝叶斯统计分析的常见包有 RStan、rjags、runjags 以及 stats 等，与这些包对应的软件或者平台包括 Stan、JAGS 以及 OpenBUGS 等。

统计包 stats 包含常见分布函数，如贝塔分布、正态分布、伽马分布、二项式分布以及指数分布等信息。密度分布函数可以使用 d * ()，概率分布函数可以使用 p * ()，分位函数可以使用 q * ()，生成随机变量可以使用函数 r * ()，其中，星号" * "可以替换成对应的分布名称，如二项式密度分布函数可以使用函数 dbinom()，贝塔密度分布函数可以使用函数 dbeta()，其他分布以此类推。

二项式分布函数的定义如下：

```
1. dbinom(x, size, prob, … )
2. pbinom(x, size, prob, … )
3. qbinom(p, size, prob, … )
4. rbinom(n, size, prob, … )
```

贝塔分布函数的定义如下：

```
1. dbeta(x, shape1, shape2, … )
2. pbeta(x, shape1, shape2, … )
3. qbeta(p, shape1, shape2, … )
4. rbeta(n, shape1, shape2, … )
```

正态分布函数的定义如下：

```
1. dnorm(x, mean, sd, … )
2. pnorm(x, mean, sd, … )
3. qnorm(p, mean, sd, … )
4. rnorm(n, mean, sd, … )
```

伽马分布函数的定义如下：

```
1. dgamma(x, shape, scale, … )
2. pgamma(x, shape, scale, … )
3. qgamma(p, shape, scale, … )
4. rgamma(n, shape, scale, … )
```

其中，参数 x 为对象向量；参数 p 为概率向量；n 为取样个数；shape1 和 shape2 是贝塔分布的两个非负形状参数；参数 mean 代表平均值；参数 sd 代表标准差；参数 prob 代表单次实验的选中概率；参数 size 代表实验总次数；shape 以及 scale 是伽马分布的正值参数。

12.4.1 Stan 概述

Stan 是统计建模、数据挖掘以及预测分析的开源软件平台，可以参考网址 mc-stan. org 获得详细参考。Stan 通过包 RStan 实现与 R 语言对接，通过包 PyStan 实现与 Python 语言对接，并且可以在 Windows、Linux 以及 Mac 操作系统环境中运行。

Stan 语言中的备注与 R 语言不同，以"//"或者"/* */"表示。数据类型可以划分为实数值数据（real）、整数值数据（int）、复数数据（complex）、列向量数据（vector）、行向量数据（row_vector）、矩阵数据（matrix）、数组数据（array）以及条件数据，代码参见例 12-1。

【例 12-1】

```
1. #定义整数值变量 count,下限值为 30,上限值为 60
2. int < lower = 30, upper = 60 > count;
3.
4. #定义含 8 个元素的向量 variable,最大值为 28
5. vector < upper = 28 >[8] variable;
6.
7. #定义 7 行 5 列实值二维数组,数组各元素值不超过 0
8. array[7, 5] real < upper = 0 > arraydata;
```

Stan 代码块一般由函数模块、数据模块、数据转换模块、派生数据模块、参数模块、参数转换模块以及模型模块组成。函数模块包含用户定义函数；数据模块声明数据；数据转换模块可以定义常量以及数据变换信息；参数模块定义参数信息；参数转换模块允许用户基于参数以及数据创建新的参数变量；模型模块定义模型；派生数据模块允许用户基于参数以及数据生成新的数据，代码参见例 12-2。

【例 12-2】

```
1. functions {
2.    /* 函数模块 */
3. }
4. data {
5.    /* 数据模块 */
6. }
7. transformed data {
8.    /* 数据转换模块 */
9. }
10. parameters {
11.    /* 参数模块 */
12. }
13. transformed parameters {
14.    /* 参数转换模块 */
15. }
16. model {
17.    /* 模型模块 */
18. }
19. generated quantities {
20.    /* 派生数据模块 */
21. }
```

12.4.2　JAGS 概要

JAGS 全名为 Just Another Gibbs Sampler，是基于贝叶斯原理的开源建模工具，主要基于 Gibbs 采样算法，语法使用 BUGS 语言。JAGS 弥补了 WinBUGS 以及 OpenBUGS 的部分缺陷，用户可以实现基于贝叶斯运算函数及公式定制化编程，也可以实现 Meta 分析。目前的版本图形绘制等功能不够完善，可以通过与 R 软件结合使用，实现复杂数据分析以及图形显示功能。可以参考网址 sourceforge.net/projects/mcmc-jags 获取 JAGS 相关的详细信息，JAGS 目前支持 Windows、macOS 以及 Linux 等多种操作系统，R 语言可以通过库 rjags 以及 runjags 实现与 JAGS 连接。

12.4.3　OpenBUGS 概要

OpenBUGS 是基于贝叶斯统计理论的统计分析软件，允许用户指定未知参数的先验信息并使用蒙特卡罗（Markov Chain Monte Carlo，MCMC）方法估计参数后验分布，www.mrc-bsu.cam.ac.uk/software/bugs/openbugs 提供了详细参考信息。

12.5　Stan 统计分析实战

12.5.1　正态分布平均值和方差分析

（1）定义数据、参数以及模型，保存为 *.stan 文件。数据由一个整数变量 n 以及实数向量 y 组成，向量 y 包含 n 个元素。模型定义向量 y 的各元素服从正态分布，均值为 mu，均值的希腊字母表述为 μ；方差为 sigma，方差的希腊字母表述为 σ。μ 服从正态分布，均值为 0，

方差为 2，σ 服从柯西分布，代码参见例 12-3。

【例 12-3】

```
1.  //定义数据
2.  data {
3.    int   n;
4.    real y[n];
5.  }
6.  //定义参数
7.  parameters {
8.    real mu;
9.    real < lower = 0, upper = 10 > sigma;
10. }
11. //定义模型
12. model {
13.   for (i in 1:n)
14.   y[i] ~ normal(mu, sigma);
15.   mu ~ normal(0, 2);
16.   sigma ~ cauchy(4, 9);
17. }
```

（2）编写 R 语言代码，导入库文件，定义样本数 100，设定观测变量分布函数，设定迭代次数并绘制图形，代码参见例 12-4。

【例 12-4】

```
1.  library(rstan)
2.  library(Rcpp)
3.  library(rstudioapi)
4.  library(ggplot2)
5.  library(showtext)
6.  #设置中文显示支持
7.  font_add("kaiti","STKAITI.TTF")
8.  showtext_auto()
9.  #设置工作路径
10. current_dir = dirname(getSourceEditorContext() $ path)
11. setwd(current_dir)
12. #设置多线程参数
13. options(mc.cores = 4)
14. #定义观测变量分布和样本数据大小
15. n = 100
16. y = rnorm(n, 0, 5)
17. #运行 stan 代码
18. model = stan_model("Example1.stan")
19. outcome = sampling(model, list(n = n, y = y), iter = 800, chains = 4)
20. params = extract(outcome)
21. #查看参数统计
22. str(params)
23.
24. #绘制图形输出排版格式
25. par(mfrow = c(2,2))
26. margin(c(0.5, 0.5, 0.5, 0.5))
27. #输出结果
28. ts.plot(params $ mu, xlab = "迭代次数", ylab = expression(mu), col = "purple")
29. hist(params $ mu, main = expression(mu),
```

```
30. xlab = "平均值:正态分布",breaks = 150,density = 10,angle = 45,col = "red",border = "purple")
31. ts.plot(params $ sigma,xlab = "迭代次数",ylab = expression(sigma),col = "orange")
32. hist(params $ sigma,main = expression(sigma),
33. xlab = "方差:柯西分布",breaks = 150,density = 10,angle = 45,col = "red",border = "orange")
```

（3）运行代码，获得 μ 和 σ 的仿真结果，在不同迭代次数条件下，μ 在均值 0 附近波动，σ 在均值 5 附近波动，见图 12-1。

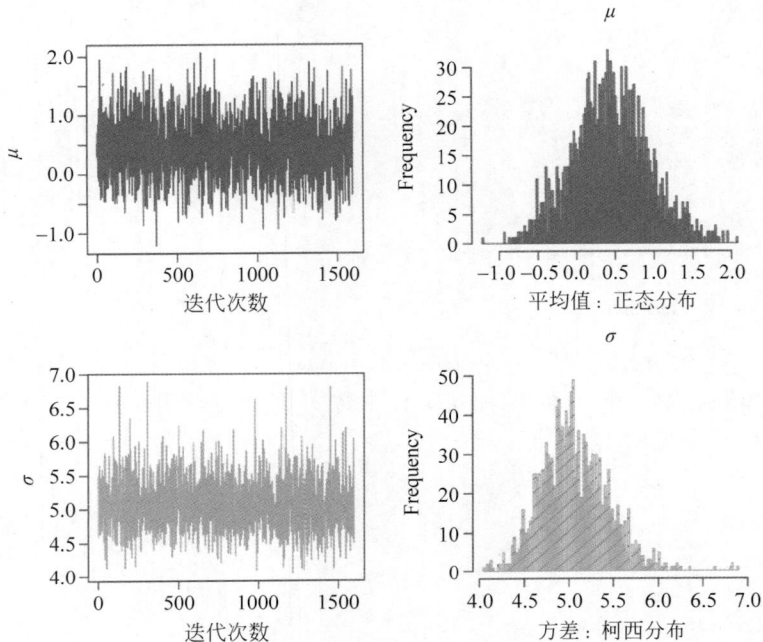

图 12-1　正态分布的平均值和方差分析

12.5.2　正态分布平均值多参数分析

（1）定义数据、参数以及模型。定义三个实数向量 x、y 以及 z，向量的元素个数为 n，定义实值参数 beta、alpha、theta 以及 sigma，前三个参数服从正态分布，而 sigma 服从柯西分布。模型部分定义变量 z 服从正态分布，正态分布均值为 alpha + beta · x + theta · y，方差为 sigma。各参数名与希腊字母的对应关系分别为：β 代表 beta，α 代表 alpha，θ 代表 theta，σ 代表 sigma，代码参见例 12-5。

【例 12-5】

```
1. //定义数据
2. data {
3.    int < lower = 1 > n;
4.    real x[n];
5.    real y[n];
6.    real z[n];
7. }
8. //定义参数
9. parameters {
10.    real beta;
```

```
11.   real alpha;
12.   real theta;
13.   real < lower = 0 > sigma;
14. }
15. //定义模型
16. model {
17.   alpha ~ normal(10,1);
18.   beta  ~ normal(25,5);
19.   theta ~ normal(40,60);
20.   sigma ~ cauchy(15,8);
21.   for (i in 1:n)
22.   z[i] ~ normal(alpha + beta * x[i] + theta * y[i],sigma);
23. }
```

（2）导入相关库文件,主要包含 rstan 库。编写 R 语言代码,设置样本数为 100,定义观测变量分布特征,代码参见例 12-6。

【例 12-6】

```
1.  library(rstan)
2.  library(rstudioapi)
3.  library(showtext)
4.  #设置中文显示支持
5.  font_add("kaiti","STKAITI.TTF")
6.  showtext_auto()
7.  #设置多线程参数
8.  options(mc.cores = 4)
9.  #设置工作路径
10. current_dir = dirname(getSourceEditorContext() $ path)
11. setwd(current_dir)
12. #生成分析数据
13. n = 100
14. x = rnorm(n)
15. y = rnorm(n)
16. z = rnorm(n,10 + 25 * x + 40 * y,15)
17. #运行 stan 代码
18. set.seed(600)
19. model = stan_model("Example2.stan")
20. outcome = sampling(model,list(n = n,z = z,y = y,x = x),iter = 900,chains = 4)
21. params = extract(outcome)
22. #定义绘图边界余白以及显示布局
23. par(mfrow = c(2,2))
24. margin(c(0.5,0.5,0.5,0.5))
25.
26. #输出结果
27. hist(params $ alpha,main = expression(alpha),
28. xlab = "正态分布",breaks = 100,density = 10,angle = -45,col = "red",border = "purple")
29. hist(params $ beta,main = expression(beta),
30. xlab = "正态分布",breaks = 100,density = 10,angle = -45,col = "red",border = "orange")
31. hist(params $ theta,main = expression(theta),
32. xlab = "正态分布",breaks = 100,density = 10,angle = -45,col = "red",border = "green")
33. hist(params $ sigma,main = expression(sigma),
34. xlab = "柯西分布",breaks = 100,density = 10,angle = -45,col = "red",border = "blue")
```

（3）运行代码,获得 α、β、θ 以及 σ 的仿真结果,在迭代次数为 900 的条件下,各参数的平均值大体上与设定值保持一致,调整迭代次数检查参数输出结果的变化,代码参见图 12-2。

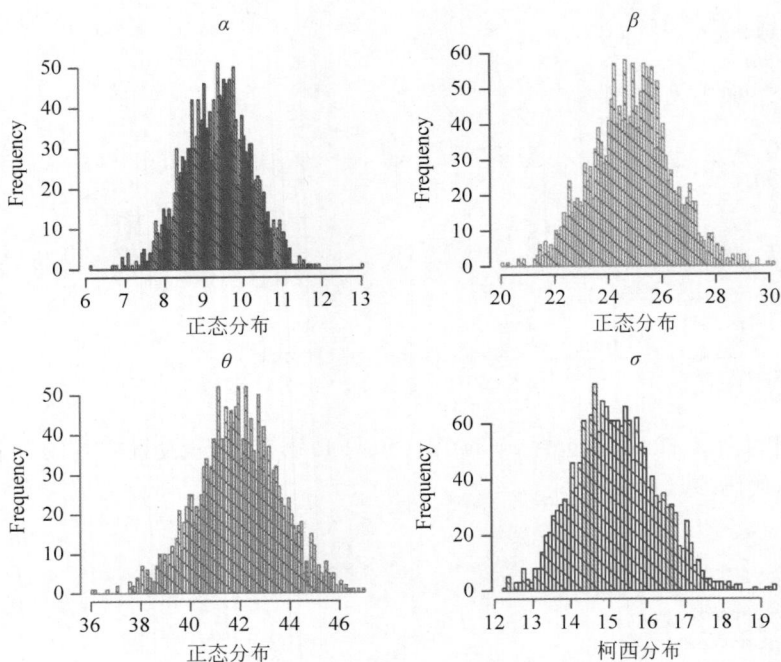

图 12-2　正态分布平均值多参数分析

12.6　贝叶斯统计分析实战

通过投掷硬币的方式进行抽奖，投掷总次数为 n，假定单次投掷属于独立分布伯努利事件，可能存在两种结果，正面朝上表述为 $y=1$，代表获奖；反面朝上表述为 $y=0$，代表未获奖。假设第 i 次投掷的获奖概率满足式（12-15）。

$$p(y_i \mid \lambda) = \lambda^{y_i}(1-\lambda)^{1-y_i}, \quad i=1,2,\cdots,n, \quad y_i = 0,1 \tag{12-15}$$

其中，参数 λ 代表单次投掷获奖的概率，服从特定概率分布。假设 $L(y_1,\cdots,y_n \mid \lambda)$ 代表样本的似然函数，多次投掷情况下，样本似然函数满足式（12-16）。

$$L(y_1,\cdots,y_n \mid \lambda) = p(y_1,\cdots,y_n \mid \lambda) = \Pi[\lambda^{y_i}(1-\lambda)^{1-y_i}]$$
$$= \lambda^{\sum y_i}(1-\lambda)^{n-\sum y_i} \tag{12-16}$$

假设单次获奖概率 λ 的先验分布为贝塔分布，先验分布密度函数记为 $f(\lambda)$，$f(y_1,\cdots,y_n,\lambda)$ 代表样本以及参数 $(y_1,\cdots,y_n,\lambda)$ 的联合分布密度函数，根据概率论数理统计以及贝叶斯定义，联合密度分布函数与似然函数满足式（12-17）。

$$f(y_1,\cdots,y_n,\lambda) = L(y_1,\cdots,y_n \mid \lambda)f(\lambda) \tag{12-17}$$

可以推导获得式（12-18）。

$$f(y_1,\cdots,y_n,\lambda) = L(y_1,\cdots,y_n \mid \lambda)f(\lambda)$$
$$= \lambda^{\sum y_i}(1-\lambda)^{n-\sum y_i}\frac{\Gamma(\alpha+\beta)}{\Gamma(\alpha)\Gamma(\beta)}\lambda^{\alpha-1}(1-\lambda)^{\beta-1}$$
$$= \frac{\Gamma(\alpha+\beta)}{\Gamma(\alpha)\Gamma(\beta)}\lambda^{k+\alpha-1}(1-\lambda)^{n-k+\beta-1}, \quad k=\sum y_i \tag{12-18}$$

样本 $(y_1,\cdots,y_n)$ 的联合密度函数 $f(y_1,\cdots,y_n)$ 满足式（12-19）。

$$f(y_1,\cdots,y_n) = \int_{-\infty}^{+\infty} L(y_1,\cdots,y_n \mid \lambda)f(\lambda)\mathrm{d}\lambda$$

$$= \int_0^1 f(y_1, \cdots, y_n, \lambda) \mathrm{d}\lambda$$

$$= \frac{\Gamma(\alpha+\beta)}{\Gamma(\alpha)\Gamma(\beta)} \frac{\Gamma(\alpha+k)\Gamma(n-k+\beta)}{\Gamma(n+\alpha+\beta)} \tag{12-19}$$

因此，参数 λ 的后验密度分布满足式(12-20)。

$$f(\lambda \mid y_1, \cdots, y_n) = \frac{L(y_1, \cdots, y_n \mid \lambda) f(\lambda)}{\int_{-\infty}^{+\infty} L(y_1, \cdots, y_n \mid \lambda) f(\lambda) \mathrm{d}\lambda}$$

$$= \frac{\Gamma(n+\alpha+\beta)}{\Gamma(\alpha+k)\Gamma(n-k+\beta)} \lambda^{k+\alpha-1} (1-\lambda)^{n-k+\beta-1} \tag{12-20}$$

即后验概率密度函数满足形状参数分别为 $(\alpha+k, n+\beta-k)$ 的贝塔概率分布。基于上述结论，下面介绍通过 R 语言编写贝叶斯统计分析程序的基本操作步骤以及应用方法，并输出近似的图形形状。

（1）导入库文件，主要包括 rstan 库，设置代码所在目录为工作路径，设定输出结果支持中文显示，代码参见例 12-7。

【例 12-7】

```
1. library(rstan)
2. library(rstudioapi)
3. library(showtext)
4. font_add("kaiti","STKAITI.TTF")
5. showtext_auto()
6.
7. #设置工作路径
8. current_dir = dirname(getSourceEditorContext()$path)
9. setwd(current_dir)
```

（2）设定初始参数，包括贝塔分布参数、投掷次数以及获奖次数，代码参见例 12-8。

【例 12-8】

```
1. #总投掷次数
2. n = 800
3. #获奖次数
4. k = 24
5. #设置模式参数
6. omega = 0.6
7. kappa = 300
8.
9. #单次投掷获奖概率服从贝塔分布,设定分布形状参数
10. shape1 = omega * kappa
11. shape2 = (1 - omega) * kappa
12.
13. #构建向量,获奖为1,未获奖为0
14. data = c(rep(0,n-k),rep(1,k))
15. #构建贝塔分布参数向量
16. params = c(shape1,shape2)
```

（3）正面朝上获奖的概率分布区间为 $[0,1]$，设定前验分布、似然函数以及后验分布，后验分布满足式(12-20)，绘制模型求解结果，代码参见例 12-9。

【例 12-9】

```
 1. bayesian = function(params, data) {
 2.
 3.    # 贝塔分布的两个形状参数
 4.    shape1 = params[1]
 5.    shape2 = params[2]
 6.
 7.    # 获奖概率分布区间
 8.    lambda = seq(0,1,by = 0.0002)
 9.    # 先验分布
10.    prior = dbeta(lambda, shape1, shape2 )
11.    # 后验分布
12.    posterior = dbeta(lambda , shape1 + k , shape2 + n - k )
13.    # 似然函数
14.    testdata = lambda^k * (1 - lambda)^(n - k)
15.
16.    # 设置布局和显示余白
17.    par(mfrow = c(3,1))
18.    margin(c(1,1,1,4))
19.
20.    # 定义纵轴显示范围
21.    ylimit = c(0,max(c(prior,posterior)))
22.
23.    # 绘制先验分布
24.    plot(lambda , prior , type = "h" ,
25.          pch = "." , cex = 5 , lwd = 5 ,
26.          xlim = c(0,1) , ylim = ylimit , cex.axis = 1,
27.          ylab = "" ,
28.          cex.lab = 2,
29.          main = expression(f(lambda)), xlab = "先验分布", cex.main = 1.5 , col = "orange" )
30.
31.    # 绘制似然函数
32.    plot(lambda , testdata , type = "h" ,
33.          pch = "." , cex = 0.5 , lwd = 2 ,
34.          xlim = c(0,1) , ylim = c(0,1.1 * max(testdata)) , cex.axis = 1 ,
35.          ylab = "" ,
36.          cex.lab = 2,
37.          main = bquote( "L(y|" * lambda * ")"),
38.          xlab = "似然函数", cex.main = 1.5 , col = "green" )
39.    text( x = 0.2 ,max(testdata) ,cex = 2,
40.          bquote( "获奖数:" * .(k) * "   ",总数:" * .(n) ),adj = c(0,1) )
41.
42.
43.    # 绘制后验概率
44.    plot(lambda , posterior , type = "h" ,
45.          pch = "." , cex = 5 , lwd = 5 ,
46.          xlim = c(0,1) , ylim = ylimit , cex.axis = 1 ,
47.          ylab = "" ,
48.          cex.lab = 2,
49.          main = bquote("f(" * lambda * "|y)" ),
50.          xlab = "后验分布", cex.main = 1.5 , col = "purple" )
51.    text(x = 0.2 ,max(posterior) ,cex = 2,
52.      bquote("参数 1:" * .(shape1) *   ",参数 2:" * .(shape2) ),adj = c(0,1) )
53.
54. }
```

（4）调用函数求解结果，将结果输出保存为矢量文件，参见例 12-10。

【例 12-10】

```
1. #绘制图形并输出为矢量文件
2. pdf("12_bayesian.pdf",width = 6,height = 8)
3. posterior = bayesian(params = params, data = data)
4. dev.off()
```

（5）第一种场景投掷次数 30，正面朝上 2 次，即获奖次数 2 次，形状参数分别为 25 和 25，获奖概率约为 0.067。先验密度函数大致居中分布，大部分密度函数介于 [0.4,0.6]，似然函数图形输出整体上偏向横轴左侧，后验密度函数分布图形介于前验分布和似然函数之间，大部分位于 [0.2,0.5]，后验密度函数与先验密度函数的分布特征存在一定差异，见图 12-3。

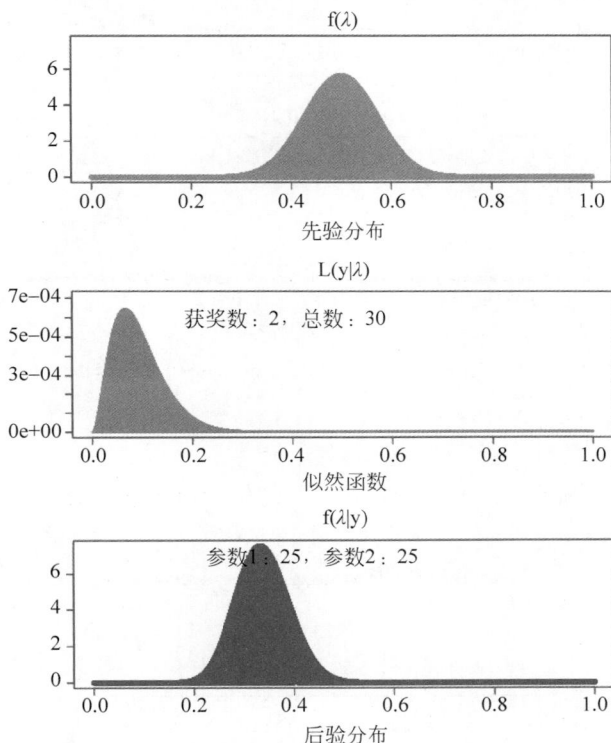

图 12-3　贝叶斯统计后验分布分析（形状参数为 25 和 25）

（6）第二种场景投掷次数 30，正面朝上 27 次，即获奖次数 27 次，贝塔分布的形状参数分别为 16 和 4，获奖概率约为 0.90。先验密度函数大致偏右分布，大部分介于 [0.6,1.0]，似然函数图形输出整体上偏向横轴右侧，后验密度函数分布图形介于前验分布和似然函数之间，大部分样本介于 [0.7,1.0]，先验分布与后验分布区间大部分重合，见图 12-4。

（7）第三种场景投掷次数 800，正面朝上 720 次，贝塔分布的形状参数分别为 5 和 20，获奖概率约为 0.90，先验密度函数大致偏左分布，大部分介于 [0.0,0.3]，似然函数图形输出整体上偏向横轴右侧，后验密度函数分布图形偏右显示，后验密度与先验密度分布差异较大，大部分样本位于 0.9 附近，见图 12-5。

（8）第四种场景投掷次数 800，正面朝上 24 次，贝塔分布的形状参数分别为 180 和 120，获奖概率约为 0.03，先验密度函数横轴偏左分布，大部分介于 [0.5,0.7]，似然函数图形输出整体上偏向横轴左侧，后验密度函数分布图形偏左显示，后验密度与先验密度分布存在一定差

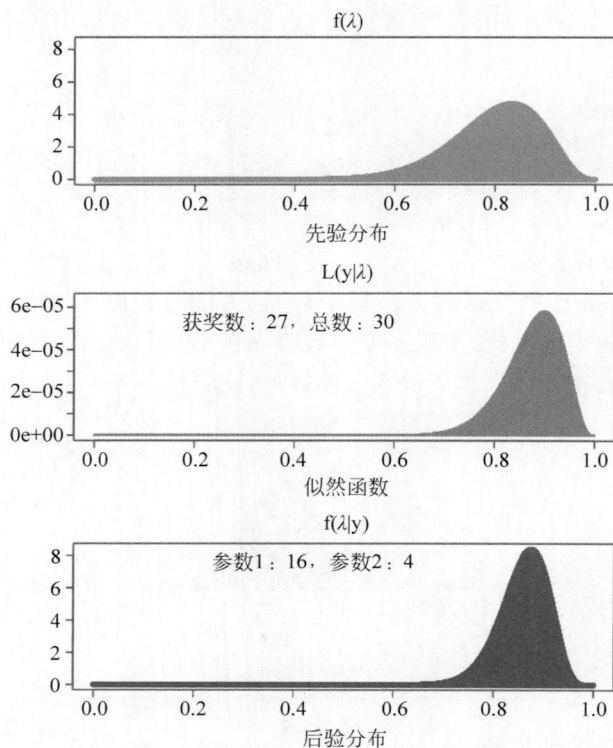

图 12-4　贝叶斯统计后验分布分析（形状参数为 16 和 4）

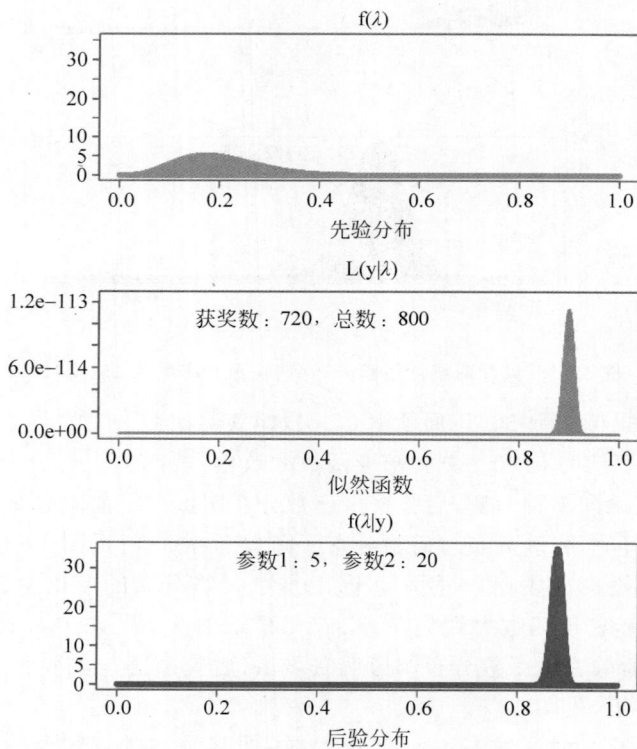

图 12-5　贝叶斯统计后验分布分析（形状参数为 5 和 20）

异,大部分样本位于 0.2 附近,见图 12-6。

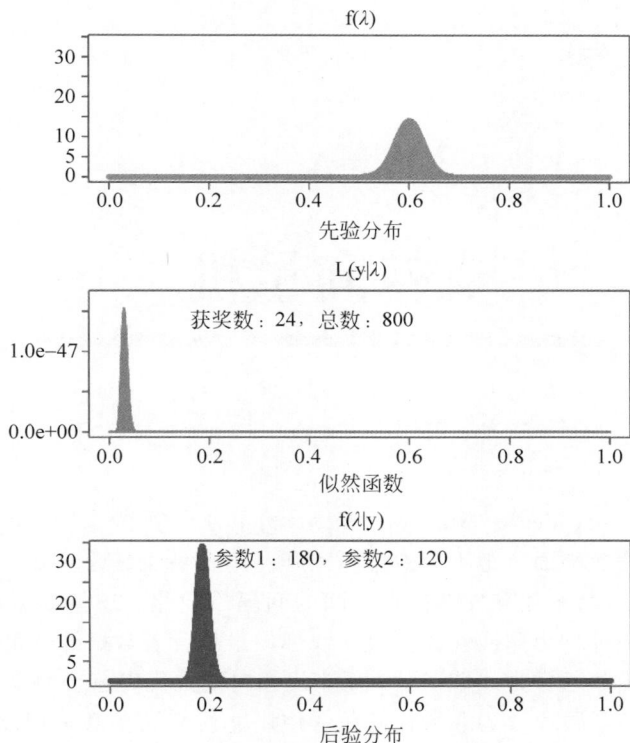

f(λ)

先验分布

L(y|λ)

获奖数:24,总数:800

似然函数

f(λ|y)

参数1:180,参数2:120

后验分布

图 12-6 贝叶斯统计后验分布分析(形状参数分别为 180 和 120)

小结

本章重点介绍了贝叶斯统计分析的基本原理、贝叶斯数学表达式、常见贝叶斯 R 库、Stan、JAGS 以及 OpenBUGS 库以及贝叶斯深度学习基本概念,通过实例说明了基于 Stan 的统计分析基本方法以及贝叶斯统计公式的应用方法。

习题

1. 简述贝叶斯统计分析的三个基本概念。

2. 通过数学模型说明贝叶斯概率数学原理。

3. 列举常见概率分布以及密度分布函数。

4. 简述贝叶斯深度学习的基本数学原理。

5. 简述 Stan、JAGS 以及 OpenBUGS。

6. 创建 Stan 数据,实现 R 语言模型分析。

7. 编写 R 语言,实现基于数学模型的贝叶斯统计先验分布、似然函数以及后验分布分析,以图形方式输出结果并分析具体含义。

第**13**章

支持向量机

支持向量机（Support Vector Machine，SVM）属于分类模型，其基本原理是查找数据划分的清晰边界（通常称为超平面），把不同数据隔离开。离超平面最近的点集合称为支持向量，通过支持向量机可以实现超平面和支持向量之间的间隔最优化。支持向量机分为两种，第一种称为线性向量机，第二种称为非线性向量机。线性向量机代表数据线性可分，即可以通过直线将数据分为两组，核函数通常为线性函数；而非线性向量机代表超平面是非直线，数据呈现更加复杂的分布特征，核函数通常为非线性函数。使用非线性核函数可以将非线性问题从低维特征空间映射至高维特征空间，有时可以转换为线性可分问题。支持向量机算法的模型训练效率通常比其他算法效率低，数据量越大处理效率也相应越低，优化核函数一定程度上可以改善处理效率问题，目前得到越来越多的研究关注。

13.1 支持向量机原理概述

13.1.1 支持向量机基本概念

1. 超平面

数据划分的最优边界称为超平面，通过超平面可以实现数据的分组。超平面的维度取决于数据集的特征属性，如果数据包含两个主要特征，通常情况下超平面是一条直线或者曲线；如果数据包含三个主要特征，那么超平面通常是一个二维平面或者二维曲面，以此类推，见图 13-1。

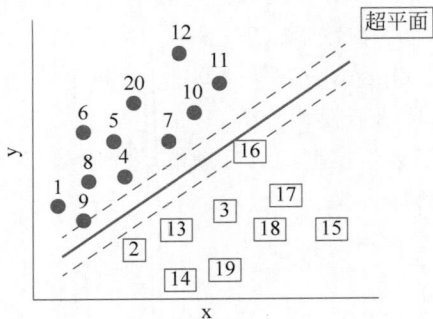

图 13-1　支持向量机超平面

2. 支持向量

最接近超平面的数据点集称为支持向量,支持向量影响超平面位置。包含多特征的数据集,各特征之间数据量纲可能不同,通常的处理方法是先将非标准化数据集执行标准化或者中心化处理。

3. 核函数

核函数是一种将数据转换为特定形式的处理方法,通常应用场景包括变换训练数据集使得非线性决策曲面能够在更高维度空间中变为线性方程,具体操作是返回标准特征维度的点内积。支持向量机能够通过最大化边界得到一个优化的超平面以完成对训练数据的分离,有时算法对错误分类样本具有容错能力,惩罚因子(cost)能实现支持向量机对分类误差及分离边界的控制。

13.1.2 常见的核函数

支持向量机中,假设 x 和 y 是 n 维特征向量,即满足 $x=(x_1,x_2,\cdots,x_n)$,$y=(y_1,y_2,\cdots,y_n)$。常见的核函数包括线性核函数、多项式核函数、径向基函数、sigmoid 核函数以及高斯核函数等。

(1) 同质多项式核函数的数学表达式 $K(x,y)$ 参见式(13-1)。

$$K(x,y)=\Phi(x)\Phi(y)=(x^{\mathrm{T}}y)^m \tag{13-1}$$

(2) 线性核函数,当多项式核函数的参数 $m=1$ 时,即转换为线性核函数。

(3) 异质多项式核函数的数学表达式 $K(x,y)$ 参见式(13-2)。

$$K(x,y)=\Phi(x)\Phi(y)=(c+x^{\mathrm{T}}y)^m \tag{13-2}$$

其中,参数 c 为常数。

(4) 高斯核函数的数学表达式 $K(x,y)$ 参见式(13-3)。

$$K(x,y)=\Phi(x)\Phi(y)=\exp\left\{-\frac{\|x-y\|^2}{2\sigma^2}\right\} \tag{13-3}$$

其中,σ 为参数。

(5) 径向基(radial)核函数的数学表达式 $K(x,y)$ 参见式(13-4)。

$$K(x,y)=\Phi(x)\Phi(y)=\exp\{-\lambda\|x-y\|^2\} \tag{13-4}$$

其中,λ 为参数。

(6) sigmoid 核函数的数学表达式 $K(x,y)$ 参见式(13-5)。

$$K(x,y)=\Phi(x)\Phi(y)=\tanh\{\lambda x^{\mathrm{T}}y+r\} \tag{13-5}$$

其中,λ 和 r 为参数。

13.2 支持向量机 R 包概述

可以通过多种包实现支持向量机功能,常用的 R 包主要包括 e1071、psych、kernlab、svmpath、klaR 以及 rminer 等。e1071 包实现了机器学习的支持向量机、朴素贝叶斯以及聚类等算法,常用的函数包括 tune.svm() 以及 tune() 等。

tune.*() 函数的定义如下:

```
1. tune.svm(formula, data, scale, type, kernel, gamma,
2.     cost, na.action, … )
3.
4. tune(METHOD, train.x, train.y, data, validation.x,
```

```
5.      validation.y, ranges , predict.func,
6.      tunecontrol, …)
```

其中,参数 formula 以及 METHOD 代表公式;data 代表数据集名称;scale 代表数据是否执行标准化或中心化处理;type 代表支持向量机类型;kernel 代表核函数类型;cost 代表容错相关系数或者惩罚因子;gamma 代表超平面特征权重相关参数;na.action 代表缺失值参数处理方法;train.x 通常代表预测变量;train.y 通常代表分类变量;validation.x 以及 validation.y 代表验证集;ranges 代表参数列表;predict.func 代表预测函数;tunecontrol 代表调整控制。

psych 库中的函数 fa.parallel() 可以用于因子分析或者主成分分析,通常可以和支持向量机处理结合使用。

fa.parallel() 函数的定义如下:

```
1. fa.parallel(x,n.obs,fm,fa,nfactors,
2. main,n.iter,
3. quant,cor,use,plot, …)
```

其中,参数 x 代表数据框或矩阵;n.obs 代表数据数量;fm 表示因子方法(如 minres,ml,uls,wls,gls,pa);fa="pc"表示主成分分析,fa="fa"代表因子分析,fa="both"代表二者;nfactors 代表计算特征值时使用的因子数量;main 代表标题;n.iter 代表迭代次数;use 代表缺失数据处理,默认值是"pairwise";cor 代表相关性计算方法,设置为"cor"代表 Pearson,设置为"cov"代表协方差;quant 设定置信区间;plot 设定是否绘制特征值图。

13.3　支持向量机案例实战

使用从 Kaggle 下载的心脏病预测数据集进行支持向量机分析,分别使用线性超平面与非线性超平面两种方法,并与其他分析方法进行比较,原始数据包含 13 个观测变量,7 万行数据。

(1) 导入库文件,主要包括 kernlab、e1071 以及 psych 等包,设定输出结果支持中文显示,代码参见例 13-1。

【例 13-1】

```
1.  library(dplyr)
2.  library(corrgram)
3.  library(patchwork)
4.  library(ggplot2)
5.  library(caret)
6.  library(randomForest)
7.  library(e1071)
8.  library(Metrics)
9.  library(readr)
10. library(gmodels)
11. library(psych)
12. library(pheatmap)
13. library(kernlab)
14. library(corrplot)
15. library(tidyverse)
16. library(gmodels)
17. library(janitor)
```

```
18. library(class)
19. library(showtext)
20. library(ggcorrplot)
21. library(RColorBrewer)
22. library(ggrepel)
23. font_add("kaiti","STKAITI.TTF")
24. showtext_auto()
```

（2）读入源数据集，原始数据以分号分隔，该数据集包含一个 id 变量，属于样本编号信息，不用于统计分析，剔除变量 id 后重新命名各英文变量为中文变量，新数据集 heart_disease_data 包含 12 个变量，包括年龄、性别、身高、体重、收缩血压、扩张血压、胆固醇、血糖、吸烟、饮酒、锻炼以及心脏病，总共 7 万行数据，其中，变量"心脏病"是因变量，而其余变量为自变量，代码参见例 13-2。

【例 13-2】

```
1.  heart_disease_data <- read.csv("cardio_train.csv",sep = ";")
2.  head(heart_disease_data,3)
3.  str(heart_disease_data)
4.  heart_disease_data <- heart_disease_data[,2:13]
5.  heart_disease_data $ age <- (heart_disease_data $ age)/365
6.  table(heart_disease_data $ cardio)
7.  str(heart_disease_data)
8.  heart_disease_data <-  heart_disease_data %>% rename(c(年龄 = age,性别 = gender,
9.        身高 = height,体重 = weight,收缩血压 = ap_hi,扩张血压 = ap_lo,胆固醇 = cholesterol,
10.       血糖 = gluc,吸烟 = smoke,饮酒 = alco,锻炼 = active,心脏病 = cardio))
11. str(heart_disease_data)
12. # 'data.frame': 70000 obs. of  12 variables:
13.  # $ 年龄    : num  50.4 55.4 …
14.  # $ 性别    : int  2 1 …
15.  # $ 身高    : int  168 156  …
16.  # $ 体重    : num  62 85 …
17.  # $ 收缩血压: int  110 140  …
18.  # $ 扩张血压: int  80 90  …
19.  # $ 胆固醇  : int  1 3 …
20.  # $ 血糖    : int  1 1 …
21.  # $ 吸烟    : int  0 0 …
22.  # $ 饮酒    : int  0 0 …
23.  # $ 锻炼    : int  1 1 …
24.  # $ 心脏病  : int  0 1 …
```

（3）变量"心脏病"属于数值变量，将其转换为因子变量，重新命名为"诊断结果"。因子变量分成两个水平，即 0 代表无心脏病组，1 代表心脏病组。计算部分变量如扩张血压、收缩血压、年龄以及体重的平均值以及标准差，输出无心脏病组和心脏病组基于上述变量的分组标准差图，纵轴最小值设定为各变量的平均值，最大值定义为各变量的平均值正向偏移一个标准差。从图 13-2 结果可知，心脏病组的扩张血压、年龄、收缩血压以及体重的平均值比无心脏病组的平均值大，扩张血压以及收缩血压的标准差比体重和年龄大，心脏病组和无心脏病组基于四个观测指标的平均值使用 wilcox.test 测试的情况下均不存在显著区别，代码参见例 13-3，运行结果见图 13-2。

【例 13-3】

```
1.  # 计算变量扩张血压、收缩血压、体重以及年龄的平均值以及标准差
2.  data2 <- data %>%
```

```
3.    group_by(诊断结果) %>%
4.    summarize(
5.      扩张血压标准差 = sd(扩张血压, na.rm = TRUE),
6.      扩张血压均值 = mean(扩张血压, na.rm = TRUE),
7.      收缩血压标准差 = sd(收缩血压, na.rm = TRUE),
8.      收缩血压均值 = mean(收缩血压, na.rm = TRUE),
9.      体重标准差 = sd(体重, na.rm = TRUE),
10.     体重均值 = mean(体重, na.rm = TRUE),
11.     年龄标准差 = sd(年龄, na.rm = TRUE),
12.     年龄均值 = mean(年龄, na.rm = TRUE)
13.    )
14. library(ggpubr)
15. #绘制扩张血压基于心脏病分组的标准差图
16. g1 <- ggplot(data2, aes(诊断结果, 扩张血压均值)) +
17.   geom_bar(aes(fill = 诊断结果),stat = "identity",
18.         position = position_dodge(0.8), width = 0.7,alpha = 0.7) +
19.   geom_errorbar(
20.     aes(ymin = 扩张血压均值, ymax = 扩张血压均值 + 扩张血压标准差, group = 诊断结果),
21.     width = 0.2, position = position_dodge(0.8),color = "black",lty = 1,lwd = 1) +
22.   scale_fill_manual(values = c("gray5", "gray60")) +
23.   labs(title = "",x = "诊断结果",y = "扩张血压") +
24.   theme_bw() +
25.   geom_signif(comparisons = list(c("心脏病","无心脏病")),
26.             test = wilcox.test,
27.             y_position = 380,
28.             map_signif_level = T,
29.             size = 0.1,vjust = 0.1) + coord_cartesian(ylim = c(0,400))
30. #绘制收缩血压基于心脏病分组的标准差图
31. g2 <- ggplot(data2, aes(诊断结果, 收缩血压均值)) +
32.   geom_bar(aes(fill = 诊断结果),stat = "identity",
33.         position = position_dodge(0.8), width = 0.7,alpha = 0.7) +
34.   geom_errorbar(
35.     aes(ymin = 收缩血压均值, ymax = 收缩血压均值 + 扩张血压标准差, group = 诊断结果),
36.     width = 0.2, position = position_dodge(0.8),color = "black",lty = 1,lwd = 1) +
37.   scale_fill_manual(values = c("gray5", "gray60")) +
38.   labs(title = "",x = "诊断结果",y = "收缩血压") +
39.   theme_bw() +
40.   geom_signif(comparisons = list(c("心脏病","无心脏病")),
41.             test = wilcox.test,
42.             y_position = 385,
43.             map_signif_level = T,
44.             size = 0.1,vjust = 0.1) + coord_cartesian(ylim = c(0,400))
45. #绘制体重基于心脏病分组的标准差图
46. g3 <- ggplot(data2, aes(诊断结果, 体重均值)) +
47.   geom_bar(aes(fill = 诊断结果),stat = "identity",
48.         position = position_dodge(0.8), width = 0.7,alpha = 0.7) +
49.   geom_errorbar(
50.     aes(ymin = 体重均值, ymax = 体重均值 + 体重标准差, group = 诊断结果),
51.     width = 0.2, position = position_dodge(0.8),color = "black",lty = 1,lwd = 1) +
52.   scale_fill_manual(values = c("gray5", "gray60")) +
53.   labs(title = "",x = "诊断结果",y = "体重") +
54.   theme_bw() +
55.   geom_signif(comparisons = list(c("心脏病","无心脏病")),
56.             test = wilcox.test,
57.             y_position = 100,
58.             map_signif_level = T,
59.             size = 0.1,vjust = 0.1) + coord_cartesian(ylim = c(0,150))
60. #绘制年龄基于心脏病分组的标准差图
```

```
61. g4 <- ggplot(data2, aes(诊断结果, 年龄均值)) +
62.    geom_bar(aes(fill = 诊断结果), stat = "identity",
63.             position = position_dodge(0.8), width = 0.7, alpha = 0.7) +
64.    geom_errorbar(
65.      aes(ymin = 年龄均值, ymax = 年龄均值 + 年龄标准差, group = 诊断结果),
66.      width = 0.2, position = position_dodge(0.8), color = "black", lty = 1, lwd = 1) +
67.    scale_fill_manual(values = c("gray5", "gray60")) +
68.    labs(title = "", x = "诊断结果", y = "年龄") +
69.    theme_bw() +
70.    geom_signif(comparisons = list(c("心脏病", "无心脏病")),
71.               test = wilcox.test,
72.               y_position = 90,
73.               map_signif_level = T,
74.               size = 0.1, vjust = 0.1) + coord_cartesian(ylim = c(0,100))
75.
76. # 重新排版结果,分为 2 行 2 列输出
77. (g1 + g2) / (g3 + g4)
78. # 保存绘图结果
79. ggsave ("13_10.pdf", height = 10, width = 10)
```

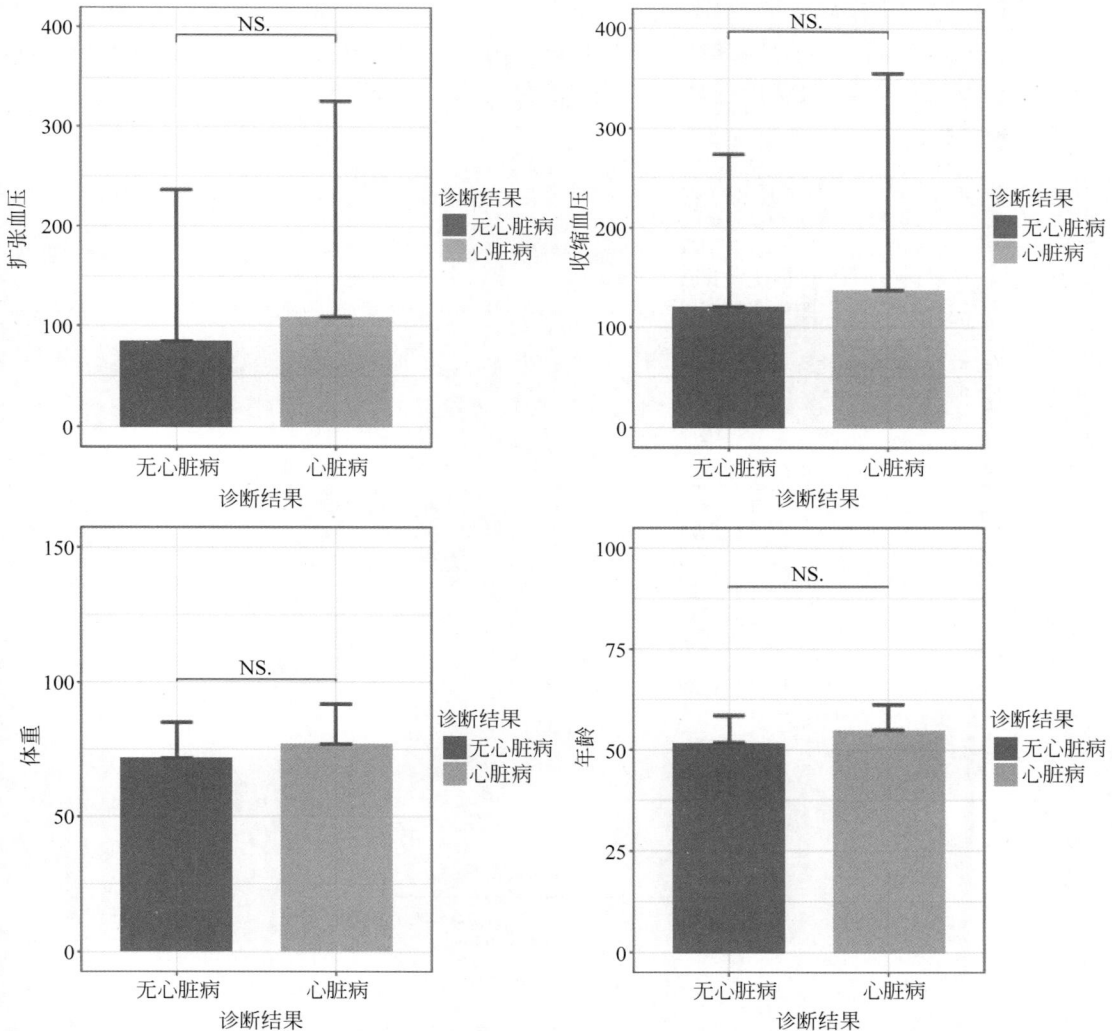

图 13-2　分组标准差图

（4）调整不同变量的量纲，对数据各观测变量进行 0-1 标准化处理，代码参见例 13-4。

【例 13-4】

```
1. set.seed(5000)
2. normalize <- function(x){
3.   (x - min(x))/(max(x) - min(x))
4. }
5. heart_disease_data_refined <- as.data.frame(lapply(heart_disease_data_refined[1:11],
6. normalize))
7. str(heart_disease_data_refined)
8. # 'data.frame': 70000 obs. of  11 variables:
9. # $ 年龄    : num  0.588 0.73 …
10. # $ 性别  : num  1 0 0  …
11. # $ 身高  : num  0.579 0.518 …
12. # $ 体重  : num  0.274 0.395 …
13. # $ 收缩血压 : num  0.0161 0.0179  …
14. # $ 扩张血压 : num  0.0136 0.0145  …
15. # …<部分数据省略>
16. # $ 锻炼  : num  1 1 …
```

（5）剔除因变量心脏病，对其余观测变量进行因子分析，通过碎石图确定最优因子数量，本数据集分析结果表明，最优因子数为 5，代码参见例 13-5，运行结果见图 13-3。

【例 13-5】

```
1. # 剔除因变量,通过碎石图选择合适的因子数
2. pdf("13_2.pdf", width = 8, height = 8)
3. pc <- pcomponent <- fa.parallel(heart_disease_data_refined[,1:11], fa = "fa",
4.   fm = "pa", main = "因子分析", ylabel =
5.   "因子特征值", show.legend = TRUE, error.bars = TRUE, se.bars = TRUE, quant = .95, n.iter = 500,)
6. dev.off()
7. # Parallel analysis suggests that the number of factors =  5  and
8. the number of components =  NA
```

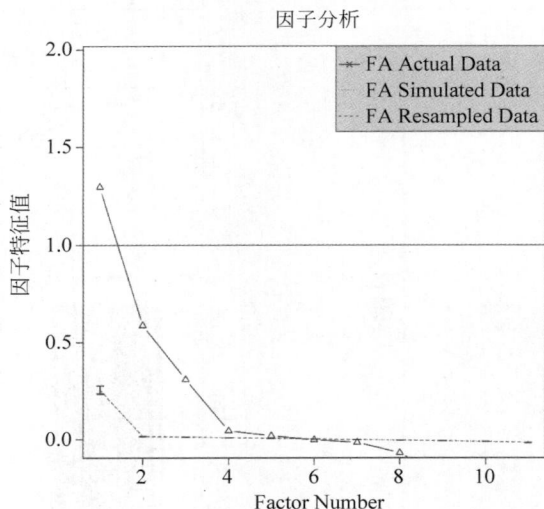

图 13-3 因子分析

（6）获取 5 个因子变量详细信息，第一个因子主要由性别与身高组成，第二个因子主要由胆固醇与血糖组成，第三个因子主要由吸烟与饮酒组成，以此类推。第一个因子可以解释累积

方差 11%，前两个因子可以解释累积方差约 19%，前三个因子可以解释累积方差约 25%，前四个因子可以解释累积方差约 28%，五个因子总共可以解释累积方差约 30%，代码参见例 13-6。

【例 13-6】

```
1. #因子分析
2. factoranalysis <- fa(heart_disease_data_refined[,1:11],nfactors = 5,
3. rotate = "varimax",fm = "pa")
4. factoranalysis
5. # Factor Analysis using method =   pa
6. #Call: fa(r = heart_disease_data_refined[, 1:11], nfactors = 5,
7. # rotate = "varimax", fm = "pa")
8. #Standardized loadings (pattern matrix) based upon correlation matrix
9. #          PA1     PA2    PA3    PA4     PA5      h2    u2 com
10. #年龄    -0.04   0.14  -0.06  -0.13    0.29  0.1259  0.87 2.0
11. #性别     0.73  -0.03   0.24  -0.08    0.06  0.6018  0.40 1.3
12. #身高     0.71  -0.04   0.01   0.35    0.00  0.6357  0.36 1.5
13. #体重     0.23   0.12   0.00   0.37    0.32  0.3077  0.69 2.9
14. #收缩血压 0.00   0.01  -0.01   0.01    0.08  0.0063  0.99 1.1
15. #扩张血压 0.01   0.01   0.01   0.02    0.09  0.0091  0.99 1.1
16. #胆固醇  -0.04   0.68   0.04   0.02    0.21  0.5051  0.49 1.2
17. #血糖     0.00   0.65   0.00   0.03    0.05  0.4264  0.57 1.0
18. #吸烟     0.26  -0.01   0.62   0.02    0.02  0.4495  0.55 1.3
19. #饮酒     0.07   0.01   0.52   0.09    0.05  0.2840  0.72 1.1
20. #锻炼    -0.01   0.00   0.05  -0.01   -0.02  0.0032  1.00 1.5
21. #5 个因子解释累积方差水平
22. #                      PA1  PA2  PA3  PA4  PA5
23. # SS loadings         1.17 0.92 0.72 0.30 0.25
24. # Proportion Var      0.11 0.08 0.07 0.03 0.02
25. # Cumulative Var      0.11 0.19 0.25 0.28 0.30
26. # Proportion Explained 0.35 0.27 0.21 0.09 0.08
27. # Cumulative Proportion 0.35 0.62 0.84 0.92 1.00
28. # …<部分数据省略>
```

（7）将数据 80% 划分为训练数据集，剩余 20% 划分为测试数据集，查看 5 个因子的数值水平，将所有因子与因变量心脏病组成一个新数据集 data。以训练集前 2000 行数据以及测试数据集前 400 行数据作为样本进行分析，代码参见例 13-7 和例 13-8。

【例 13-7】

```
1. #数据 80 % 用于训练,20 % 用于测试模型效果
2. set. seed(890)
3. data <- data. frame(principle_correlation_dim[,1:5])
4. data $ 心脏病 <- factor(heart_disease_data_refined[,12],levels = c(0,1),
5.  labels = c("无心脏病","心脏病"))
6. colnames(data) <- c("因子 1","因子 2","因子 3","因子 4","因子 5","心脏病")
7.
8. index <- sample(nrow(principle_correlation_dim),
9. round(0.8 * nrow(principle_correlation_dim)))
10. train_data <- data[index,]
11. test_data <- data[- index,]
12. train_data <- train_data[1:2000,]
13. test_data <- test_data[1:400,]
14. head(data)
15. str(train_data)
16. str(test_data)
```

【例 13-8】

```
 1. # 'data.frame': 2000 obs. of  6 variables:
 2. # $ 因子1 : num  0.62 …
 3. # $ 因子2 : num  1.005 …
 4. # $ 因子3 : num  - 0.0494 …
 5. # $ 因子4 : num  - 0.905  …
 6. # $ 因子5 : num  0.588 …
 7. # $ 心脏病: Factor w/ 2 levels "无心脏病","心脏病": 1  …
 8. # 'data.frame': 400 obs. of  6 variables:
 9. # $ 因子1 : num  1.525 …
10. # $ 因子2 : num  2.523  …
11. # $ 因子3 : num  - 0.3936 …
12. # $ 因子4 : num  0.5202 …
13. # $ 因子5 : num  0.7858 …
14. # $ 心脏病: Factor w/ 2 levels "无心脏病","心脏病": 2  …
```

（8）绘制心脏病变量相对因子变量的箱形图，选取其中的前四个因子变量显示，两组在因子1、因子3以及因子4的上四分位数、下四分位数、最大值以及最小值大致处于相同水平，而基于因子2的箱形图分布差异较大，即胆固醇与血糖产生的分布差异比较显著。代码参见例13-9，运行结果见图13-4。

【例 13-9】

```
 1. # 绘制因子1分布
 2. plot1 <- ggplot(data = data,aes(x = 心脏病,y = 因子1),cex.lab = 2) +
 3.   stat_boxplot(geom = "errorbar",width = 0.4,size = 0.8,position = position_dodge(0.6),
 4.   color = "blue") +
 5.   geom_boxplot(color = "black",position = position_dodge(0.6),
 6.              size = 0.2,
 7.              width = 0.6,
 8.              fill = "white",
 9.              outlier.shape = NA,
10.              notch = F,
11.              notchwidth = 0.5,alpha = 0.8) +
12.   labs(title = "",x = "诊断结果",y = "因子1") +
13.   theme_bw()
14. # 绘制因子2分布
15. plot2 <- ggplot(data = data,aes(x = 心脏病,y = 因子2)) +
16.   stat_boxplot(geom = "errorbar",width = 0.4,size = 0.8,position = position_dodge(0.6),
17.   color = "blue") +
18.   geom_boxplot(color = "black",position = position_dodge(0.6),
19.              size = 0.2,
20.              width = 0.6,
21.              fill = "white",
22.              outlier.shape = NA,
23.              notch = F,
24.              notchwidth = 0.5,alpha = 0.8) +
25.   labs(title = "",x = "诊断结果",y = "因子2") + coord_cartesian(ylim = c(-1,1.5)) +
26.   theme_bw()
27. # 绘制因子3分布
28. plot3 <- ggplot(data = data,aes(x = 心脏病,y = 因子3)) +
29.   stat_boxplot(geom = "errorbar",width = 0.4,size = 0.8,position = position_dodge(0.6),
30.   color = "blue") +
31.   geom_boxplot(color = "black",position = position_dodge(0.6),
```

```
32.                    size = 0.2,
33.                    width = 0.6,
34.                    fill = "white",
35.                    outlier.shape = NA,
36.                    notch = F,
37.                    notchwidth = 0.5,alpha = 0.8) +
38.     labs(title = "",x = "诊断结果",y = "因子3") + coord_cartesian(ylim = c(-1,1)) +
39.     theme_bw()
40. #绘制因子4分布
41. plot4 <- ggplot(data = data,aes(x = 心脏病,y = 因子4)) +
42.     stat_boxplot(geom = "errorbar",width = 0.4,size = 0.8,position = position_dodge(0.6),
43.     color = "blue") +
44.     geom_boxplot(color = "black",position = position_dodge(0.6),
45.                    size = 0.2,
46.                    width = 0.6,
47.                    fill = "white",
48.                    outlier.shape = NA,
49.                    notch = F,
50.                    notchwidth = 0.5,alpha = 0.8) +
51.     labs(title = "",x = "诊断结果",y = "因子4") + coord_cartesian(ylim = c(-3,3)) +
52.     theme_bw()
53. #输出格式排版,分为2行2列输出
54. (plot1 + plot2) / (plot3 + plot4)
55.     #保存结果
56. ggsave ("13_3.pdf",height = 10,width = 10)
```

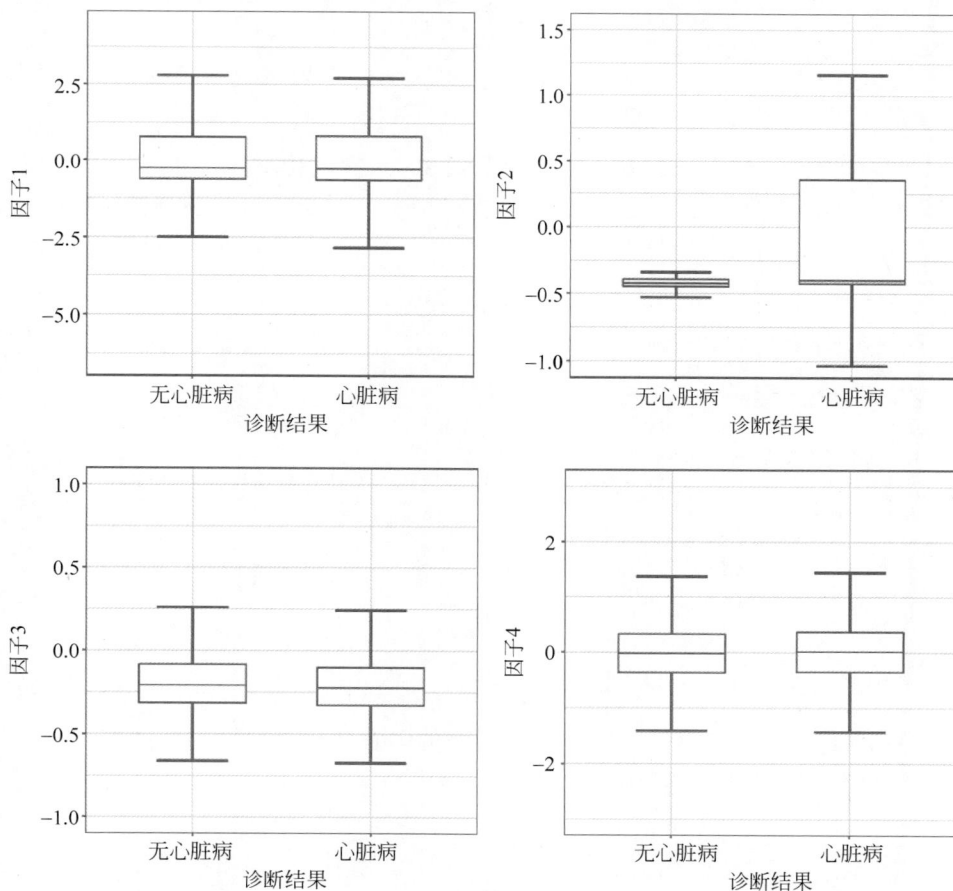

图 13-4 箱形图

（9）使用线性核函数，基于训练数据集运行向量机模型，再使用测试数据集验证预测准确率，查看线性核函数的预测性能。向量机数量为1589，属于C类型，预测准确数141＋109＝250，预测错误数90＋60＝150，预测准确率为62.5％，代码参见例13-10。

【例13-10】

```
1.  # 线性核函数支持向量机模型
2.  linear_svm <- svm(心脏病~.,data = train_data,kernel = "linear")
3.  summary(linear_svm)
4.  Call:
5.  # svm(formula = 心脏病 ~ ., data = train_data, kernel = "linear")
6.  # Parameters:
7.  #    SVM-Type:  C-classification
8.  # SVM-Kernel:  linear
9.  #       cost: 1
10. # Number of Support Vectors:  1589
11. # (794 795)
12. # Number of Classes:  2
13. # Levels:
14. # 无心脏病 心脏病
15. prediction_outcome <- as.character(predict(linear_svm,test_data))
16. sprintf("线性核函数预测准确率: %f",
17. round(accuracy(test_data $ 心脏病,prediction_outcome),4))
18. table(test_data $ 心脏病,prediction_outcome)
19. # '线性核函数预测准确率: 0.625'
20. #              prediction_outcome
21. #            无心脏病 心脏病
22. # 无心脏病    141      60
23. # 心脏病       90     109
```

（10）调整惩罚因子参数cost从1逐渐递增到30，每次变化增加1，基于十折交叉验证观测预测错误率的动态变化趋势，在惩罚因子参数为1时，线性核函数的预测错误率达到最低值0.361，性能实现最优化，代码参见例13-11。

【例13-11】

```
1.  # 调整参数查询最佳参数值
2.  set.seed(300)
3.  linear_svm_optimal <- tune.svm(
4.  心脏病~.,data = train_data,kernel = "linear",cost = seq(1,30,1))
5.  # 可视化参数搜索的结果
6.  plot_best <- plot(linear_svm_optimal,main = "线性支持向量机最优参数评估")
7.  linear_svm_optimal
8.  # Parameter tuning of 'svm':
9.  # - sampling method: 10-fold cross validation
10. # - best parameters:
11. # cost
12. #   1
13. # - best performance: 0.361
```

（11）将惩罚因子参数递增变化时模型错误率的动态变化过程输出为图形，并保存结果，在惩罚因子为1时，模型错误率降到最低值0.361，代码参见例13-12，运行结果见图13-5。

【例13-12】

```
1.  linear_svm_plot <- ggplot(data = data) + geom_point(aes(x = cost,y = error),
2.  col = "green",size = 5) +
```

```
3. geom_line(aes(x = cost, y = error), col = "blue", size = 1.8) + theme_bw() +
4. xlab("参数值") + ylab("错误率") + annotate(
5.    geom = "text", x = 15, y = 0.36175,
6.    label = "最优参数：1,\n 最低错误率：0.361", hjust = 0, vjust = 1, size = 6)
7. ♯保存错误率动态变化过程
8. linear_svm_plot
9. ggsave(linear_svm_plot, file = "13_4.pdf", width = 7, height = 6)
```

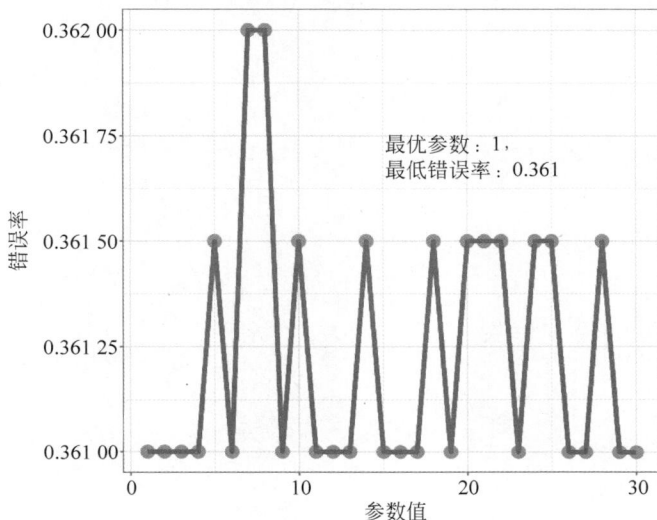

图 13-5　线性核函数模型性能动态变化

（12）计算线性核函数的最优模型的预测准确率为 62.5%，代码参见例 13-13。

【例 13-13】

```
1. linear_svm_optimal $ best.parameters
2. linear_svm_optimal $ best.performance
3. linear_svm_optimal_point <- linear_svm_optimal $ best.model
4. ♯查看模型在测试集上的预测效果
5. optimal_evaluate <- as.character(predict(linear_svm_optimal_point, test_data))
6. sprintf("线性最优模型的预测准确率：% f", accuracy(test_data $ 心脏病, optimal_evaluate))
7. table(test_data $ 心脏病, optimal_evaluate)
8. '线性最优模型的预测准确率：0.625'
```

（13）使用逻辑回归核函数更新评估结果，family 参数设置为 binomial(link = 'logit')代表逻辑回归，binomial(link = 'probit')和 binomial(link = 'cauchit')则分别连接正态分布与柯西分布。代入测试数据获得模型的预测准确数为 $138+112=250$，预测错误数为 $63+87=150$，因此预测准确率为 62.5%，因子 2、因子 3 以及因子 5 产生显著影响。其中，因子 2 和因子 5 产生正向影响，而因子 3 产生负向影响。方差分析（ANOVA）结果表明，因子 2 和因子 5 对两组差异性产生显著影响，与前述结论基本一致，代码参见例 13-14 和例 13-15。

【例 13-14】

```
1. logistic.model <- glm(
2. 心脏病 ~ ., data = train_data, family = binomial(link = 'logit'))
3. summary(logistic.model)
4. glm.prediction <- predict(logistic.model, newdata = test_data, type = "response")
5. glm.prediction <- ifelse(glm.prediction >= 0.5, 1, 0)
```

```
 6. #评估逻辑模型预测结果
 7. table(test_data$心脏病, glm.prediction)
 8. sum(test_data$心脏病 == glm.prediction) / nrow(test_data)
 9. #Call:
10. #glm(formula = 心脏病 ~ ., family = binomial(link = "logit"),
11. #    data = train_data)
12. #Deviance Residuals:
13. #    Min         1Q    Median       3Q       Max
14. # -2.7195   -1.0392   -0.5895   1.0995   1.9026
15. #模型系数
16. #Coefficients:
17. #              Estimate Std. Error z value Pr(>|z|)
18. #(Intercept)  -0.026917   0.047485  -0.567   0.5708
19. #因子1         0.009829   0.060690   0.162   0.8713
20. #因子2         0.254493   0.065140   3.907   9.35e-05 ***
21. #因子3        -0.127304   0.070911  -1.795   0.0726 .
22. #因子4        -0.088408   0.092850  -0.952   0.3410
23. #因子5         1.426057   0.122529  11.639   < 2e-16 ***
24. #显著水平
25. #Signif. codes:  0 '***' 0.001 '**' 0.01 '*' 0.05 '.' 0.1 ' ' 1
26. #预测准确数和预测错误数
     #             0    1
27. #  无心脏病  138   63
28. #  心脏病     87  112
```

【例 13-15】

```
1. #A anova: 6 × 5
2. #Df Deviance Resid. Df Resid. Dev  Pr(> Chi)
3. #   <int> <dbl>    <int>  <dbl>       <dbl>
4. #因子1 1 0.06437425 1998 2772.506 7.997112e-01
5. #因子2 1 76.38612818 1997 2696.120 2.332842e-18
6. #因子3 1 2.26928126 1996 2693.851 1.319611e-01
7. #因子4 1 0.39408098 1995 2693.457 5.301620e-01
8. #因子5 1 155.56672751 1994 2537.890 1.052805e-35
```

（14）计算核函数为逻辑回归时的模型预测准确率，绘制逻辑回归 AUC 曲线与 ROC 曲线，预测准确率约为 0.6777。代码参见例 13-16 和例 13-17，运行结果见图 13-6。

【例 13-16】

```
 1. library(ROCR)
 2. glm.predict <- predict(logistic.model, newdata = test_data, type = "response")
 3. prediction <- prediction(glm.predict, test_data$心脏病)
 4. performance <- performance(prediction, measure = "tpr", x.measure = "fpr")
 5. str(performance)
 6. plot(performance)
 7. accuracy <- performance(prediction, measure = "auc")
 8. accuracy <- accuracy@y.values[[1]]
 9. accuracy
10. #Formal class 'performance' [package "ROCR"] with 6 slots
11. #  ..@ x.name    : chr "False positive rate"
12. #  ..@ y.name    : chr "True positive rate"
13. #  ..@ alpha.name : chr "Cutoff"
14. #  ..@ x.values  :List of 1
15. #  .. ..$      : num [1:401] 0 0 0 0 0 …
16. #  ..@ y.values  :List of 1
```

```
17. #   ...$            : num [1:401] 0 0.00503  ...
18. #   ..@ alpha.values List of 1
19. #   ..$            : num [1:401] 0.87  ...
20. # 0.677666941673541
```

【例 13-17】

```
1.  summary(accuracy)
2.  data <-    data.frame(x = performance@x.values, y = performance@y.values)
3.  str(data)
4.  logistic_svm_plot <- ggplot(data = data) +
5.  geom_point(aes(x = c.0..0..0..0..0..0.00497512437810945..0.00497512437810945..
6.  0.00497512437810945.., y = c.0..0.0050251256281407..0.0100502512562814..
7.  0.0150753768844221..),
8.  col = "green", size = 1) +
9.  geom_line(aes(x = c.0..0..0..0..0..0.00497512437810945..0.00497512437810945..
10. 0.00497512437810945.., y = c.0..0.0050251256281407..0.0100502512562814..
11. 0.0150753768844221..),
12. col = "orange", size = 2) + theme_bw() +
13. annotate("segment", x = 0, xend = 1, y = 0, yend = 1, linewidth = 1, linetype = 1,
14. color = "purple") +
15. xlab("假阳性率") + ylab("真阳性率")
16. # 绘图结果保存为矢量文件
17. logistic_svm_plot
18. ggsave(logistic_svm_plot, file = "13_9.pdf", width = 7, height = 6)
```

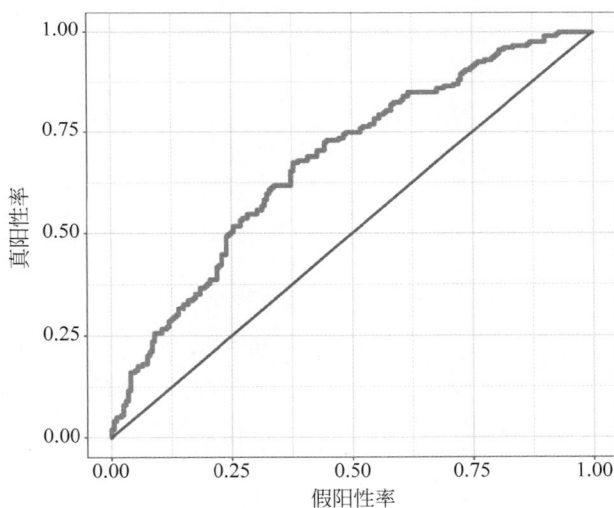

图 13-6 逻辑回归 AUC 曲线以及 ROC 曲线

（15）使用随机森林模型运行分析，预测准确数 $617+599=1216$，预测错误数 $398+386=784$，预测准确率约为 0.608。随着树（trees）数量增大，错误率逐渐降低，在初始阶段，下降幅度比较大，树数量超过 200 以后，模型错误率波动幅度比较小，模型逐渐趋于稳定，代码参见例 13-18，运行结果见图 13-7。

【例 13-18】

```
1. randomforest.model <- randomForest(
2. as.factor(心脏病) ~ ., data = train_data, importance = TRUE)
```

```
 3.  importance(randomforest.model)
 4.  randomforest.model
 5.  pdf("13_5.pdf",width = 8,height = 8)
 6.  plot(randomforest.model,main = "随机森林预测结果")
 7.  dev.off()
 8.  # Call:
 9.  # randomForest(formula =
10.  # as.factor(心脏病) ~ ., data = train_data, importance = TRUE)
11.  #                     Type of random forest: classification
12.  #                           Number of trees: 500
13.  # No. of variables tried at each split: 2
14.  #          OOB estimate of  error rate: 39.2%
15.  # Confusion matrix:
16.  #          无心脏病 心脏病 class.error
17.  # 无心脏病     617     386   0.3848455
18.  # 心脏病       398     599   0.3991976
```

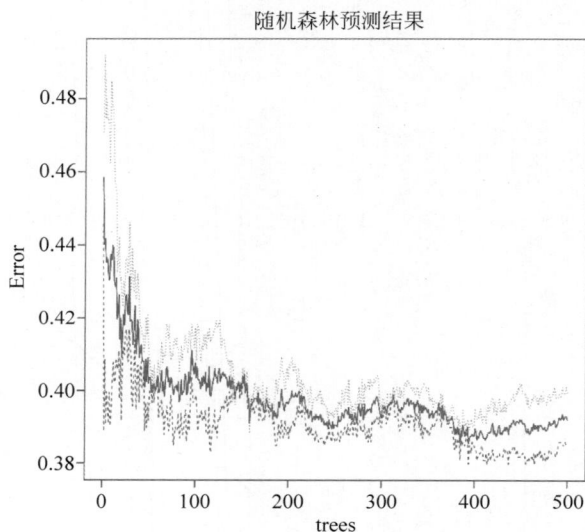

图 13-7　随机森林错误率变化趋势

　　（16）使用非线性核函数 radial 运行分析，预测准确数为 257，预测错误数为 143，预测准确率约为 64.25%。与线性核函数相比较，非线性核函数的预测准确率略有提高，代码参见例 13-19，核函数性能热图输出见图 13-8，其中，cost 代表惩罚因子，参数 gamma 代表超平面特征权重参数。

【例 13-19】

```
 1.  # 非线性 radial 核函数评估
 2.  set.seed(600)
 3.  radial_optimal <- tune.svm(心脏病~.,data = train_data,kernel = "radial",
 4.                    cost = seq(1,30,1),gamma = seq(0.0,1,0.1))
 5.  plot(radial_optimal)
 6.  # 输出最优模型
 7.  radial_optimal $ best.parameters
 8.  radial_optimal $ best.performance
 9.  radial_optimal_point <- radial_optimal $ best.model
10.  summary(radial_optimal_point)
```

```
11.  #查看模型在测试集上的预测效果
12.  test_predict <- as.character(predict(radial_optimal_point,test_data))
13.  sprintf("radial 核函数预测准确率: % f",accuracy(test_data $ 心脏病,test_predict))
14.  table(test_data $ 心脏病,test_predict)
15.  #Call:
16.  # best.svm(x = 心脏病 ~ ., data = train_data, gamma = seq(0, 1, 0.1),
17.  #    cost = seq(1, 30, 1), kernel = "radial")
18.  # Parameters:
19.  #   SVM - Type:  C - classification
20.  # SVM - Kernel:  radial
21.  #      cost:  2
22.  # Number of Support Vectors:  1546
23.  # ( 771 775 )
24.  # Number of Classes:  2
25.  # Levels:
26.  #无心脏病 心脏病
27.  # 'radial 核函数预测准确率: 0.642500'
28.  #         test_predict
29.  #          无心脏病 心脏病
30.  #无心脏病     138     63
31.  # 心脏病      80    119
```

Performance of 'svm'

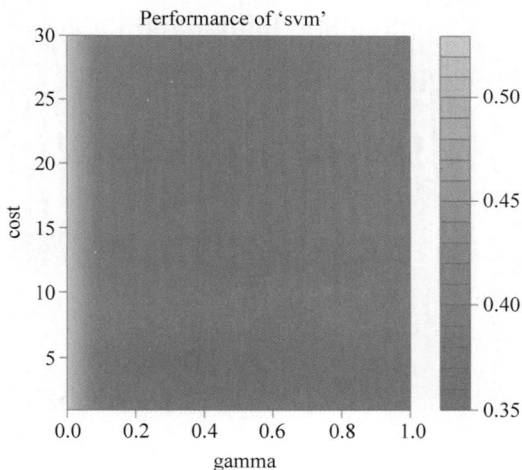

图 13-8　非线性 radial 核函数性能热图

（17）输出非线性 radial 核函数的最优模型，最优模型对应的 gamma 参数值为 0.1，cost
参数值为 2，最小错误率为 0.358。代码参见例 13-20，运行结果见图 13-8。

【例 13-20】

```
1.  plot_best <- plot(radial_optimal,main = "radial 核函数支持向量机最优参数评估")
2.  radial_optimal
3.  #Parameter tuning of 'svm':
4.  # - sampling method: 10 - fold cross validation
5.  # - best parameters:
6.  #gamma cost
7.  # 0.1   2
8.  # - best performance: 0.358
```

（18）将参数 cost 从 1 逐渐增加到 30，每次递增 1，输出惩罚因子变化时错误率的动态变
化趋势图形，并查找非线性 radial 核函数的最优模型。结果表明，最优 gamma 参数值为 0.1，

最优 cost 参数值为 2，最低错误率为 0.358。代码参见例 13-21，运行结果见图 13-9。

【例 13-21】

```
 1. data <-   data.frame(x = radial_optimal $ performances["cost"],
 2. y = radial_optimal $ performances["error"])
 3. str(data)
 4. radial_svm_plot <- ggplot(data = data) +
 5. geom_point(aes(x = cost, y = error), col = "green", size = 3) +
 6. geom_line(aes(x = cost, y = error), col = "blue", size = 1.8) + theme_bw() +
 7. xlab("参数值") + ylab("错误率") + annotate(
 8.     geom = "text", x = 5, y = 0.360,
 9.     label = "最优参数：2,最低错误率：0.358", hjust = 0, vjust = 1, size = 6)
10. ♯保存绘图结果
11. radial_svm_plot
12. ggsave(radial_svm_plot, file = "13_8.pdf", width = 7, height = 6)
```

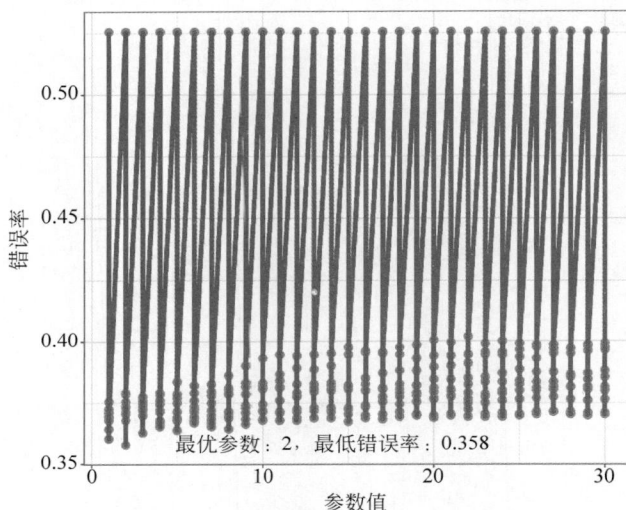

图 13-9 非线性 radial 核函数模型性能动态变化

小结

本章重点介绍了支持向量机的基本概念、基本原理、常见核函数的定义，重点分析支持向量机的线性核函数与非线性核函数的基本设置方法，通过实例说明了基于不同核函数的支持向量机性能以及支持向量机模型与随机森林模型的性能差异。

习题

1. 解释支持向量机的基本含义。
2. 简述超平面的基本含义。
3. 简述支持向量的基本含义。
4. 支持向量机包含哪几种？
5. 使用不同的数据集，运行主成分分析并分析结果。
6. 基于习题 5 结果，使用线性核函数求解最优参数，验证测试集的预测准确率。
7. 使用非线性核函数 radial 评估模型，分析预测效果。
8. 比较支持向量机模型与随机森林模型的预测准确率差异。

第 **14** 章

张量流深度学习

张量流库(TensorFlow)是使用数据流图进行数值或者矩阵运算的开源软件库,应用场景比较广泛,包括数据分类、图像处理以及回归分析等,张量流库目前主要基于 Python 语言部署,R 语言提供了对接 TensorFlow 库的接口。

14.1 软件和硬件配置要求

张量流库目前可以支持 CPU、GPU 以及 TPU 硬件部署,通常 TPU 运算效率比 GPU 高,而 GPU 比 CPU 运行效率高。

以 Windows 操作系统为例,硬件仅支持 CPU 的运行环境条件下,R 语言环境执行张量流库的数据分析、数据挖掘以及深度学习运算,需要提前安装和配置如下软件。

(1) Visual C++生成工具(可以参考 visualstudio. microsoft. com/zh-hans/downloads)。

(2) Python。

(3) Python 版本 TensorFlow 库。

(4) R 运行环境中安装并配置 TensorFlow for R(包含 RStudio 以及张量流库对接库)。

如果硬件支持 GPU,则需要符合下述条件。

(1) CUDA 版本,如 3.5、5.0、6.0、7.0、7.5、8.0 等。

(2) 安装英伟达(NVIDIA)GPU 显卡。

GPU 硬件安装完成后,需要安装和配置如下软件。

(1) 英伟达 GPU 匹配驱动程序。

(2) CUDA 匹配工具包。

(3) cuDNN 匹配工具包。

14.2 Keras 库概述

Keras 是 TensorFlow 2 的高级应用编程接口,目前已经集成到 TensorFlow 库中,可以实现深度学习,为开发具有高迭代速度的机器学习解决方案提供了基本抽象和模块。Keras 主要由核心层、卷积层、池化层、激活层以及丢弃层等组成,下面简要介绍核心层、卷积层以及池化层。Kera 库的详细信息可以参考网址 tensorflow. rstudio. com/reference/keras。

14.2.1 核心层

核心层主要包含输入函数 layer_input()、函数 layer_dense()、函数 layer_flatten()以及函数 layer_dropout()。函数 layer_input()定义输入信息；函数 layer_dense()执行全连接处理，通常将卷积特征转换成一维向量；函数 layer_flatten()对输入执行扁平化处理；而函数 layer_dropout()通常是执行样本随机丢弃处理，以防止模型过拟合现象。

核心层常用的函数定义如下：

```
1. layer_input(shape , batch_shape, name, dtype, … )
2. layer_dense(object, units, activation, … )
3. layer_flatten(object, data_format, input_shape, dtype, … )
```

其中，参数 object 代表对象；shape 代表数据维度信息，但不包含批大小信息；batch_shape 代表包含批大小的维度信息；name 代表层名字；dtype 代表数据类型；units 代表输出信息的维度；activation 代表激活方法；input_shape 是输入信息的维度；data_format 代表数据格式。

14.2.2 卷积层

核心层定义卷积核信息，包括卷积核窗口大小、输入维度等信息。

核心层常用的函数定义如下：

```
1. layer_conv_1d(filters, kernel_size, activation, input_shape, … )
2. layer_conv_2d(filters, kernel_size, activation, input_shape, … )
3. layer_conv_3d(filters, kernel_size, activation, input_shape, … )
```

其中，参数 filters 代表输出空间的维度；kernel_size 代表核函数窗口的维度；activation 代表激活函数；input_shape 代表输入数据的维度信息。

14.2.3 池化层

池化层定义最大池化或者均值池化操作，进一步对数据进行降维处理。

池化层常用的函数定义如下：

```
1. layer_max_pooling_1d(object, pool_size, … )
2. layer_max_pooling_2d(object, pool_size, … )
3. layer_max_pooling_3d(object, pool_size, … )
4. layer_average_pooling_1d(object, pool_size, … )
5. layer_average_pooling_2d(object, pool_size, … )
6. layer_average_pooling_3d(object, pool_size, … )
```

其中，参数 object 代表处理对象；pool_size 代表池区域大小。最大池化取对象区域内元素的最大值作为输出，而均值池化取对象区域内元素的平均值作为输出。

14.2.4 创建模型

Keras 提供模型创建函数 compile()用于设定训练模型的相关信息。

compile()函数的定义如下：

```
compile(object, optimizer, loss, metrics, … )
```

其中,参数 object 代表处理对象;optimizer 代表优化方法,常见优化方法包括"rmsprop" "sgd"以及"adam";loss 设定损失函数;metrics 设定模型训练以及测试过程中的评估指标。常见指标包括准确率(accuracy)、平均标准差(mse)等,包含复数观测指标的情况下,需要定义为列表。

14.3　张量流概述

基于张量流的深度学习模型,通常包括数据整理、数据加载、创建模型、定义模型优化方法、定义损失函数、训练模型、测试模型以及性能评估等主要步骤。

14.4　张量流深度学习实战

本实例使用数据集 CIFAR-10,这个数据集是物品分类的小数据集,总共包含 10 种分类。Keras 库提供了下载 CIFAR 数据集的函数命令,本书采用另外一种方法,即从第三方平台下载源数据,经过数据清洗以及数据整理后再根据实际需要加载到运行环境,然后基于深度学习算法训练模型、预测模型以及评估模型。源数据信息可以从网址 www. cs. toronto. edu/~kriz/cifar. html 获得详细参考,压缩包约 170MB,下载到计算机本地以后会生成一个后缀名 *. tar. gz 的压缩包,本实例代码基于 R Markdown 文档,数据处理部分使用 Python 语言,模型训练、模型测试以及性能评估部分使用 R 语言,通过库 Reticulate 实现两种语言之间的对接。

14.4.1　数据准备

(1) 导入相关库文件,将源代码所在路径设置为工作路径,使用解压命令 untar 解压缩源文件,解压缩完成后检查主要生成 data_batch_1、data_batch_2、data_batch_3、data_batch_4、data_batch_5 以及 test_batch 6 个文件。其中,data_batch_1～data_batch_5 代表训练数据集,而 test_batch 代表测试数据集,用于评估模型的训练效果,代码参见例 14-1。

【例 14-1】

```
1.  '''{r setup, include = FALSE}
2.  knitr::opts_chunk $ set(echo = TRUE)
3.  rm(list = ls())
4.  library(reticulate)
5.  library(tensorflow)
6.  library(keras)
7.  library(archive)
8.  library(readr)
9.  library(rstudioapi)
10. library(kerasR)
11. library(magrittr)
12. library(purrr)
13. #设置当前目录为工作环境
14. current_dir = dirname(getSourceEditorContext() $ path)
15. setwd(current_dir)
16. #解压缩源文件,生成训练数据集和测试数据集
17. if(!untar("input/cifar - 10 - python. tar. gz")){
18.     untar("input/cifar - 10 - python. tar. gz")
19. }
20. '''
```

（2）加载全部训练数据集以及测试数据集，检测数据类型以及包含的变量信息，训练数据集属于字典类型，包含'batch_label'、'labels'、'data'以及'filenames'四个键信息。其中，batch_label 属于字符串型数据，labels 属于列表数据，data 的数据类型是数组（numpy.ndarray），filenames 是列表数据。代码参见例 14-2，运行结果参见例 14-3。

【例 14-2】

```python
1. '''{python}
2. import pickle
3. #加载源数据
4. def unpickle(file):
5.     #读取数据
6.     with open(file, 'rb') as fo:
7.         dict = pickle.load(fo, encoding = 'latin1')
8.     return dict
9. #训练数据集 1
10. file = r"cifar - 10 - batches - py/data_batch_1"
11. data_batch_1 = unpickle(file)
12. print(type(data_batch_1))
13. print(data_batch_1.keys())
14. for item in data_batch_1:
15.     print(item, type(data_batch_1[item]))
16. #训练数据集 2
17. file = r"cifar - 10 - batches - py/data_batch_2"
18. data_batch_2 = unpickle(file)
19. print(type(data_batch_2))
20. print(data_batch_2.keys())
21. for item in data_batch_2:
22.     print(item, type(data_batch_2[item]))
23. #训练数据集 3
24. file = r"cifar - 10 - batches - py/data_batch_3"
25. data_batch_3 = unpickle(file)
26. print(type(data_batch_3))
27. print(data_batch_3.keys())
28. for item in data_batch_3:
29.     print(item, type(data_batch_3[item]))
30. #训练数据集 4
31. file = r"cifar - 10 - batches - py/data_batch_4"
32. data_batch_4 = unpickle(file)
33. print(type(data_batch_4))
34. print(data_batch_4.keys())
35. for item in data_batch_4:
36.     print(item, type(data_batch_4[item]))
37. #训练数据集 5
38. file = r"cifar - 10 - batches - py/data_batch_5"
39. data_batch_5 = unpickle(file)
40. print(type(data_batch_5))
41. print(data_batch_5.keys())
42. for item in data_batch_5:
43.     print(item, type(data_batch_5[item]))
44. #测试数据集
45. file = r"cifar - 10 - batches - py/test_batch"
46. test_batch = unpickle(file)
47. print(type(test_batch))
48. print(test_batch.keys())
```

```
49. for item in test_batch:
50.     print(item, type(test_batch[item]))
51. '''
```

【例 14-3】

```
1. # < class 'dict'>
2. # dict_keys(['batch_label', 'labels', 'data', 'filenames'])
3. # batch_label < class 'str'>
4. # labels < class 'list'>
5. # data < class 'numpy.ndarray'>
6. # filenames < class 'list'>
7. …<部分内容省略>
```

（3）输出各训练数据集的数据统计信息，标签数据类型为列表，数据类型为数组，文件名数据类型为列表，与前述步骤结果一致。代码参见例 14-4，运行结果参见例 14-5。

【例 14-4】

```
1. '''{python}
2. # 输出训练数据集 1 数据类型
3. for item in data_batch_1:
4.     print(item, type(data_batch_1[item]))
5. # 输出训练数据集 2 数据类型
6. for item in data_batch_2:
7.     print(item, type(data_batch_2[item]))
8. # 输出训练数据集 3 数据类型
9. for item in data_batch_3:
10.     print(item, type(data_batch_3[item]))
11. # 输出训练数据集 4 数据类型
12. for item in data_batch_4:
13.     print(item, type(data_batch_4[item]))
14. # 输出训练数据集 5 数据类型
15. for item in data_batch_5:
16.     print(item, type(data_batch_5[item]))
17. '''
```

【例 14-5】

```
1. # batch_label < class 'str'>
2. # labels < class 'list'>
3. # data < class 'numpy.ndarray'>
4. # filenames < class 'list'>
5. …<部分内容省略>
```

（4）提取各训练数据集以及测试数据集的数据标签以及数据内容，检查源数据的维度信息，训练数据集数据的维度为（50000,3072），训练数据集标签的维度为（50000,），测试数据集数据的维度为（10000,3072），测试数据集标签的维度为（10000,）。代码参见例 14-6，运行结果参见例 14-7。

【例 14-6】

```
1. '''{python}
2. import numpy as np
```

```
 3.  # 提取训练数据集 1 标签信息
 4.  trainlabels1 = np.array(data_batch_1["labels"])
 5.  # 提取训练数据集 1 数据信息
 6.  traindata1 = data_batch_1["data"]
 7.  # 提取训练数据集 2 标签信息
 8.  trainlabels2 = np.array(data_batch_2["labels"])
 9.  # 提取训练数据集 2 数据信息
10.  traindata2 = data_batch_2["data"]
11.  # 提取训练数据集 3 标签信息
12.  trainlabels3 = np.array(data_batch_3["labels"])
13.  # 提取训练数据集 3 数据信息
14.  traindata3 = data_batch_3["data"]
15.  # 提取训练数据集 4 标签信息
16.  trainlabels4 = np.array(data_batch_4["labels"])
17.  # 提取训练数据集 4 数据信息
18.  traindata4 = data_batch_4["data"]
19.  # 提取训练数据集 5 标签信息
20.  trainlabels5 = np.array(data_batch_5["labels"])
21.  # 提取训练数据集 5 数据信息
22.  traindata5 = data_batch_5["data"]
23.  # 合并训练数据集标签信息
24.  trainlabels = np.concatenate([trainlabels1,trainlabels2,trainlabels3,trainlabels4,
25.  trainlabels5])
26.  # 合并训练数据集数据
27.  traindata = np.concatenate([traindata1,traindata2,traindata3,traindata4,traindata5])
28.
29.  # 输出训练数据集维度信息
30.  print("训练数据集数据维度:",traindata.shape)
31.  print("训练数据集标签维度:",trainlabels.shape)
32.
33.  #
34.
35.  # 提取测试数据集标签和数据信息
36.  testlabels = np.array(test_batch["labels"])
37.  testdata = test_batch["data"]
38.  # 输出测试数据集维度信息
39.  print("测试数据集数据维度:",testdata.shape)
40.  print("测试数据集标签维度:",testlabels.shape)
41.  '''
```

【例 14-7】

```
1.  # batch_label < class 'str'>
2.  # labels < class 'list'>
3.  # data < class 'numpy.ndarray'>
4.  # filenames < class 'list'>
5.  # 训练数据集数据维度: (50000, 3072)
6.  # 训练数据集标签维度: (50000,)
7.  # 测试数据集数据维度: (10000, 3072)
8.  # 测试数据集标签维度: (10000,)
```

（5）输出训练数据集以及测试数据集的标签种类信息，总共包含 10 类，编号为 0～9，代码
参见例 14-8。

【例 14-8】

```{python}
print("训练数据集的标签种类:", set(data_batch_1['labels']))
print("测试数据集的标签种类:", set(test_batch['labels']))
'''
# 训练数据集的标签种类: {0, 1, 2, 3, 4, 5, 6, 7, 8, 9}
# 测试数据集的标签种类: {0, 1, 2, 3, 4, 5, 6, 7, 8, 9}
```

（6）区别于训练数据和测试数据，元数据属于数据集统计信息，保存在文件 batches.meta 中，输出元数据类型、键信息以及标签信息，结果表明元数据类型为字典，包括 num_cases_per_batch、label_names 以及 num_vis 三个键，名称则总共包括飞机、汽车、鸟类、猫类、鹿类、狗类、青蛙类、马类、船类以及卡车类 10 种分类。代码参见例 14-9。

【例 14-9】

```{python}
meta_file = 'cifar-10-batches-py/batches.meta'
meta_data = unpickle(meta_file)
print("元数据类型:",type(meta_data))
print("元数据键信息:",meta_data.keys())
print("元数据标签信息:", meta_data['label_names'])
'''
# 元数据类型: <class 'dict'>
# 元数据键信息: dict_keys(['num_cases_per_batch', 'label_names', 'num_vis'])
# 元数据标签信息:['airplane', 'automobile', 'bird', 'cat', 'deer', 'dog', 'frog',
# 'horse', 'ship', 'truck']
```

（7）随机选择一张图像，检查图像维度信息，调整前图像维度信息为$(3,32,32)$，其中，3 代表红绿蓝三种颜色通道信息，32×32 代表图像大小，即每张图像的大小为 1024px，调整后图像维度信息为$(32,32,3)$。代码参见例 14-10。

【例 14-10】

```{python}
image = traindata[60]
image = image.reshape(3,32,32)
print("图像维度信息调整前:",image.shape)
image = image.transpose(1,2,0)
print("图像维度信息调整后:",image.shape)
'''
# 图像维度信息调整前: (3, 32, 32)
# 图像维度信息调整后: (32, 32, 3)
```

（8）检查训练数据以及训练标签维度信息，重新调整维度信息，调整前训练数据集维度为$(50000,3,32,32)$，调整后维度信息为$(50000,32,32,3)$，调整后训练数据集标签维度为$(50000,1)$，50000 代表训练图像数量。代码参见例 14-11。

【例 14-11】

```{python}
# 输出训练数据集调整前后维度信息
print("训练数据集维度调整前:", traindata.shape)
traindata = traindata.reshape(len(traindata),3,32,32)
print("训练数据集维度调整后:", traindata.shape)
```

```
6. ♯维度调整
7. traindata = traindata.transpose(0,2,3,1)
8. print("训练数据集维度更新后:", traindata.shape)
9. trainlabels = trainlabels.reshape(len(trainlabels),1)
10. print("训练数据集标签维度:", trainlabels.shape)
11. '''
12. ♯训练数据集维度调整前: (50000, 32, 32, 3)
13. ♯训练数据集维度调整后: (50000, 3, 32, 32)
14. ♯训练数据集维度更新后: (50000, 32, 32, 3)
15. ♯训练数据集标签维度: (50000, 1)
```

（9）检查测试数据以及测试标签维度信息，重新调整维度信息，调整前测试数据集维度为(10000,3,32,32)，调整后维度信息为(10000,32,32,3)，调整后测试数据集标签维度为(10000,1)，10000代表测试图像数量。代码参见例14-12。

【例14-12】

```
1. '''{python}
2.
3. print("测试数据集重组前维度:", testdata.shape)
4. testdata = testdata.reshape(len(testdata),3,32,32)
5. print("测试数据集重组后维度:", testdata.shape)
6. ♯重新调整维度信息
7. testdata = testdata.transpose(0,2,3,1)
8. print("测试数据集重组且更新索引值后维度:", testdata.shape)
9. testlabels = testlabels.reshape(len(testlabels),1)
10. print("测试数据集标签重组后维度:", testlabels.shape)
11.
12. ♯组合测试数据集的标签和数据
13. test = []
14. x = testdata
15. y = testlabels
16. test.append(x)
17. test.append(y)
18. print(len(test))
19. '''
20. ♯测试数据集重组前维度: (10000, 32, 32, 3)
21. ♯测试数据集重组后维度: (10000, 3, 32, 32)
22. ♯测试数据集重组且更新索引值后维度: (10000, 32, 32, 3)
23. ♯测试数据集标签重组后维度: (10000, 1)
```

（10）检查训练数据以及训练数据标签的矩阵存储信息，存储矩阵的维度信息为31行32列。代码参见例14-13。

【例14-13】

```
1. '''{r}
2. index <- 20:50
3. traindata <- py$traindata
4. trainlabels <- py$trainlabels
5. ♯输出训练数据信息
6. print(traindata[index,,,])
7. print(trainlabels[index,])
8. '''
9. ♯ , , 1, 1
```

```
10. #          [,1] [,2] [,3] … [,32]
11. # [1,]   23  132  107 …
12. # [2,]  153  209  205 …
13. # …<部分内容省略>
14. # [31,]  87   38  254 …
15. # 显示各图像的训练标签信息
16. # [1] 6 4 3 6 6 2 6 3 5 …
```

14.4.2 创建模型

（1）创建训练模型，采用四层卷积处理。第一层卷积层过滤器大小为128，核函数窗口大小为3行3列，第一层卷积处理后采用最大池化处理，池化窗口大小为2行2列，使用relu激活函数，设定输入数据维度信息为(32,32,3)，与源数据图像维度信息一致。第二层卷积层过滤器大小为64，核函数窗口大小为2行2列，第二层卷积处理后采用均值池化处理，池化窗口大小为2行2列，使用sigmoid激活函数。第三层卷积层过滤器大小为32，核函数窗口大小为2行2列，第三层卷积处理后采用最大池化处理，池化窗口大小为2行2列，使用sigmoid激活函数。第四层卷积层过滤器大小为32，核函数窗口大小为2行2列，使用relu激活函数。代码参见例14-14，运行结果参见例14-15。

【例 14-14】

```
1. '''{r}
2. # 创建模型
3. tensorflowmodel <- keras_model_sequential() %>%
4.   layer_conv_2d(filters = 128, kernel_size = c(3,3), activation = "relu",
5.                 input_shape = c(32,32,3)) %>%
6.   layer_max_pooling_2d(pool_size = c(2,2)) %>%
7.   layer_conv_2d(filters = 64, kernel_size = c(2,2), activation = "sigmoid") %>%
8.   layer_average_pooling_2d(pool_size = c(2,2)) %>%
9.   layer_conv_2d(filters = 32, kernel_size = c(2,2), activation = "sigmoid") %>%
10.   layer_max_pooling_2d(pool_size = c(2,2)) %>%
11.   layer_conv_2d(filters = 32, kernel_size = c(2,2), activation = "relu")
12. # 统计模型信息
13. summary(tensorflowmodel)
14. '''
```

【例 14-15】

```
1. # Model: "sequential_1"
2. _____
3. # Layer (type)                  Output Shape            Param #
4. ================================================================
5. # conv2d_7 (Conv2D)             (None, 30, 30, 128)      3584
6. _____
7. # max_pooling2d_3 (MaxPooling2D) (None, 15, 15, 128)      0
8. _____
9. # conv2d_6 (Conv2D)             (None, 14, 14, 64)      32832
10. _____
11. # average_pooling2d_1 (AveragePooling2D) (None, 7, 7, 64)    0
12. _____
13. # conv2d_5 (Conv2D)             (None, 6, 6, 32)        8224
```

```
14. _____
15. #max_pooling2d_2 (MaxPooling2D)    (None, 3, 3, 32)              0
16. _____
17. #conv2d_4 (Conv2D)                 (None, 2, 2, 32)           4128
18. ===============================================================
19. # Total params: 48,768
20. # Trainable params: 48,768
21. # Non-trainable params: 0
```

模型训练结束后，第一层卷积的输出维度为(None,30,30,128)，第一个参数 None 代表实际数据样本数，第一层卷积处理后最大池化处理的输出维度为(None,15,15,128)。第二层卷积的输出维度为(None,14,14,64)，第二层卷积处理后均值池化处理的输出维度为(None,7,7,64)。第三层卷积的输出维度为(None,6,6,32)，第三层卷积处理后最大池化处理的输出维度为(None,3,3,32)。第四层卷积的输出维度为(None,2,2,32)，模型总共生成 48 768 个可训练参数。

（2）执行数据扁平化处理后再进行全连接处理，将卷积特征转换成一维向量，扁平化处理后输入维度为(None,128)，第一次全连接处理的输出维度为(None,64)，第二次全连接处理的输出维度为(None,32)，第三次全连接处理的输出维度为(None,32)，第四次全连接处理的输出维度为(None,10)，总共生成 60 490 可训练参数。代码参见例 14-16，运行结果参见例 14-17。

【例 14-16】

```
1.  '''{r}
2.  tensorflowmodel %>%
3.    layer_flatten() %>%
4.    layer_dense(units = 64, activation = "relu") %>%
5.    layer_dense(units = 32, activation = "sigmoid") %>%
6.    layer_dense(units = 32, activation = "sigmoid") %>%
7.    layer_dense(units = 10, activation = "softmax")
8.  #汇总结果
9.  summary(tensorflowmodel)
10. '''
```

【例 14-17】

```
1.  Model: "sequential_1"
2.  _____
3.  Layer (type)              Output Shape               Param #
4.  ===============================================================
5.  _____
6.  flatten_1 (Flatten)       (None, 128)                0
7.  _____
8.  dense_7 (Dense)           (None, 64)                 8256
9.  _____
10. dense_6 (Dense)           (None, 32)                 2080
11. _____
12. dense_5 (Dense)           (None, 32)                 1056
13. _____
14. dense_4 (Dense)           (None, 10)                 330
15. ===============================================================
16. Total params: 60,490
17. Trainable params: 60,490
18. Non-trainable params: 0
```

14.4.3 模型优化方法和损失函数

设定模型使用 adam 优化方法,损失函数采用稀疏矩阵交叉熵算法 sparse_categorical_crossentropy,模型观测指标包括准确率以及均方误差,设定方法为 metrics = list("accuracy", "mse")。代码参见例 14-18。

【例 14-18】

```
1. '''{r}
2. tensorflowmodel %>% compile(
3.   optimizer = "adam",
4.   loss = "sparse_categorical_crossentropy",
5.   metrics = list("accuracy","mse")
6. )
7. '''
```

14.4.4 训练和测试模型

(1) 训练模型,如果用户计算机不支持 GPU 也未配置 CUDA,模型训练过程中系统可能提示加载动态库'nvcuda.dll'失败的告警信息。代码参见例 14-19。

【例 14-19】

```
1. # W tensorflow/stream_executor/platform/default/dso_loader.cc:64] Could not load
2. # dynamic library 'nvcuda.dll'; dlerror: nvcuda.dll not found
3. # W tensorflow/stream_executor/cuda/cuda_driver.cc:269] failed call to cuInit:
4. # UNKNOWN ERROR (303)
5. # I tensorflow/core/platform/cpu_feature_guard.cc:142] This TensorFlow binary is
6. # optimized with oneAPI Deep Neural Network Library (oneDNN) to use the following CPU
7. # instructions in performance – critical operations: AVX AVX2
8. # …<部分内容省略>
```

(2) 使用训练数据训练模型,代入测试数据集进行预测,设定训练轮数为 30 轮,验证数据集使用整理后的测试数据,验证步骤包括 15 个步骤。训练结束后,最终产生的训练损失值为 0.7386,训练准确率为 0.7403,训练均方误差为 27.66,验证阶段的验证损失值为 0.8783,验证准确率为 0.6958,验证均方误差为 28.74,验证准确率略有下降,验证均方误差上升。代码参见例 14-20。

【例 14-20】

```
1. test <- py $ test
2. #训练模型,基于测试数据集预测结果
3. fitmodel <- tensorflowmodel %>%
4.   fit(
5.     x = py $ traindata, y = py $ trainlabels,
6.     epochs = 30,
7.     batch_size = 64,
8.     validation_data = unname(test),
9.     verbose = 5,
10.    validation_step = 15
11.  )
12.  #输出模型结果
13. print(fitmodel)
```

```
14.  # Final epoch (plot to see history):
15.  #          loss : 0.7386
16.  #      accuracy : 0.7403
17.  #           mse: 27.66
18.  #      val_loss : 0.8783
19.  # val_accuracy : 0.6958
20.  #       val_mse: 28.74
```

（3）观察模型测试过程中损失值、准确率以及均方误差的变化趋势，测试初始阶段，损失值、准确率以及均方误差分别为 0.5502、0.8125 以及 33.3939。测试初期模型的观测指标发生波动，随着测试轮数的增加，模型逐渐趋于稳定。到测试末期，损失值、准确率以及均方误差分别约为 0.8697、0.6969 以及 27.6631。代码参见例 14-21，运行结果见图 14-1 和图 14-2。

【例 14-21】

```
1. tensorflowmodel %>% evaluate(py$testdata,  py$testlabels, verbose = 1)
2. #        loss    accuracy        mse
3. #   0.8697209   0.6969000 27.6631241
```

```
  1/313 [..............................] - ETA: 8s - loss: 0.5502 - accuracy: 0.8125 - mse: 33.3939
  5/313 [..............................] - ETA: 4s - loss: 0.9285 - accuracy: 0.6687 - mse: 29.7703
  9/313 [..............................] - ETA: 4s - loss: 0.9146 - accuracy: 0.6771 - mse: 29.8967
 12/313 [>.............................] - ETA: 4s - loss: 0.8754 - accuracy: 0.6797 - mse: 29.6874
 16/313 [>.............................] - ETA: 4s - loss: 0.8791 - accuracy: 0.6914 - mse: 29.2813
 20/313 [=>............................] - ETA: 4s - loss: 0.8215 - accuracy: 0.7188 - mse: 29.6847
 24/313 [=>............................] - ETA: 4s - loss: 0.8569 - accuracy: 0.7096 - mse: 29.5497
 28/313 [=>............................] - ETA: 4s - loss: 0.8700 - accuracy: 0.6998 - mse: 28.7367
 31/313 [=>............................] - ETA: 4s - loss: 0.8738 - accuracy: 0.6986 - mse: 28.7664
 34/313 [==>...........................] - ETA: 4s - loss: 0.8663 - accuracy: 0.7022 - mse: 28.3655
 37/313 [==>...........................] - ETA: 4s - loss: 0.8538 - accuracy: 0.7044 - mse: 28.2986
```

图 14-1　模型测试初期

```
284/313 [==========================>...] - ETA: 0s - loss: 0.8682 - accuracy: 0.6978 - mse: 27.5373
287/313 [==========================>...] - ETA: 0s - loss: 0.8669 - accuracy: 0.6981 - mse: 27.5360
290/313 [==========================>...] - ETA: 0s - loss: 0.8681 - accuracy: 0.6973 - mse: 27.5883
293/313 [==========================>..] - ETA: 0s - loss: 0.8675 - accuracy: 0.6971 - mse: 27.6458
296/313 [==========================>..] - ETA: 0s - loss: 0.8691 - accuracy: 0.6965 - mse: 27.6680
299/313 [==========================>..] - ETA: 0s - loss: 0.8692 - accuracy: 0.6971 - mse: 27.6790
302/313 [==========================>..] - ETA: 0s - loss: 0.8685 - accuracy: 0.6972 - mse: 27.6665
305/313 [===========================>.] - ETA: 0s - loss: 0.8679 - accuracy: 0.6972 - mse: 27.6987
308/313 [===========================>.] - ETA: 0s - loss: 0.8699 - accuracy: 0.6966 - mse: 27.6789
311/313 [===========================>.] - ETA: 0s - loss: 0.8704 - accuracy: 0.6969 - mse: 27.6856
313/313 [=============================] - 6s 18ms/step - loss: 0.8697 - accuracy: 0.6969 - mse: 27.6631
```

图 14-2　模型测试末期

14.4.5　性能评估

完成训练以及测试后，对模型执行整体性能评估，评估结果见图 14-3。随着训练轮数增加，损失值、准确率以及均方误差发生动态变化，训练初期，模型损失值较大而准确率较低；随着训练轮数增加，损失值逐渐减小而准确率逐渐增大；模型训练结束时，模型验证比模型训练的准确率略低，而损失值略高。均方误差的变化相对比较稳定，验证均方误差比训练均方误差略高一些，模型存在轻微程度的过拟合现象。

14.4.6　更新训练权重

（1）为评估权重对训练结果的影响，对数据集因变量不同分类赋予不同的权重值，前五类权重设置为 1，后五类权重设置为 1.5，重新执行模型训练和模型测试，观察模型训练以及测试过程中损失值、准确率以及均方误差的变化趋势。训练结束后，损失值、准确率以及均方差分

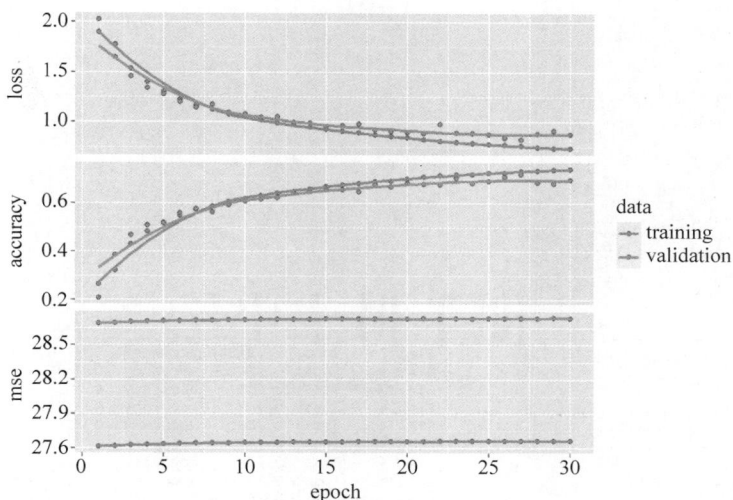

图 14-3 模型性能评估

别为 0.7401、0.7769 以及 27.67,模型验证阶段的验证损失值、准确率以及均方差分别约为 0.7777、0.7219 以及 28.74。模型训练以及验证结束后,代入测试数据集运行数据预测。测试初期阶段,损失值、准确率以及均方误差分别为 0.3916、0.8750 以及 33.3988;测试末期,指标值逐渐改善;到测试结束时,损失值、准确率以及均方差分别约为 0.8383、0.7173 以及 27.6695,权重对模型的训练产生影响。代码参见例 14-22,运行结果见图 14-4 和图 14-5。

【例 14-22】

```
1. test <- py $ test
2. # 设置不同分类的权重信息
3. weight <- list(
4.     "0" = 1.0,
5.     "1" = 1.0,
6.     "2" = 1.0,
7.     "3" = 1.0,
8.     "4" = 1.0,
9.     "5" = 1.5,
10.    "6" = 1.5,
11.    "7" = 1.5,
12.    "8" = 1.5,
13.    "9" = 1.5
14. )
15. # 基于训练数据训练模型,代入测试数据集预测结果
16. weightmodel <- tensorflowmodel %>%
17.    fit(
18.       x = py $ traindata, y = py $ trainlabels,
19.       epochs = 30,
20.       batch_size = 64,
21.       validation_data = unname(test),
22.       validation_steps = 15,
23.       verbose = 5,
24.       class_weight = weight
25.    )
```

```
26. #输出模型训练结果
27. print(weightmodel)
28. # Final epoch (plot to see histcry):
29. #          loss : 0.7401
30. #      accuracy : 0.7769
31. #          mse : 27.67
32. #     val_loss : 0.7777
33. # val_accuracy : 0.7219
34. #     val_mse : 28.74
```

```
 1/313 [..............................] - ETA: 7s - loss: 0.3916 - accuracy: 0.8750 - mse: 33.3988
 5/313 [..............................] - ETA: 4s - loss: 0.7260 - accuracy: 0.7625 - mse: 29.7769
 9/313 [..............................] - ETA: 4s - loss: 0.8101 - accuracy: 0.7014 - mse: 29.9030
13/313 [>.............................] - ETA: 4s - loss: 0.7623 - accuracy: 0.7163 - mse: 29.7409
17/313 [>.............................] - ETA: 4s - loss: 0.7888 - accuracy: 0.7059 - mse: 29.3871
21/313 [=>............................] - ETA: 4s - loss: 0.7471 - accuracy: 0.7232 - mse: 29.5427
25/313 [=>............................] - ETA: 4s - loss: 0.7728 - accuracy: 0.7237 - mse: 29.3510
28/313 [=>............................] - ETA: 4s - loss: 0.7754 - accuracy: 0.7221 - mse: 28.7428
32/313 [==>...........................] - ETA: 4s - loss: 0.7612 - accuracy: 0.7295 - mse: 28.6373
36/313 [==>...........................] - ETA: 4s - loss: 0.7628 - accuracy: 0.7309 - mse: 28.3008
40/313 [==>...........................] - ETA: 4s - loss: 0.7678 - accuracy: 0.7289 - mse: 28.3171
```

图 14-4 模型权重更新测试初期

```
285/313 [============================>...] - ETA: 0s - loss: 0.8396 - accuracy: 0.7175 - mse: 27.5534
289/313 [============================>...] - ETA: 0s - loss: 0.8391 - accuracy: 0.7172 - mse: 27.5823
292/313 [============================>...] - ETA: 0s - loss: 0.8401 - accuracy: 0.7168 - mse: 27.6379
295/313 [=============================>..] - ETA: 0s - loss: 0.8406 - accuracy: 0.7165 - mse: 27.6678
298/313 [=============================>..] - ETA: 0s - loss: 0.8416 - accuracy: 0.7162 - mse: 27.6829
301/313 [=============================>..] - ETA: 0s - loss: 0.8392 - accuracy: 0.7174 - mse: 27.6860
304/313 [==============================>.] - ETA: 0s - loss: 0.8371 - accuracy: 0.7178 - mse: 27.7090
307/313 [==============================>.] - ETA: 0s - loss: 0.8388 - accuracy: 0.7168 - mse: 27.6945
310/313 [==============================>.] - ETA: 0s - loss: 0.8383 - accuracy: 0.7175 - mse: 27.6829
313/313 [==============================] - 6s 19ms/step - loss: 0.8383 - accuracy: 0.7173 - mse: 27.6695
|................................................................................|  83%
 ordinary text without R code
```

图 14-5 模型权重更新测试后期

（2）完成训练以及测试后，重新评估整体性能，损失值、准确率以及均方误差的动态变化过程见图 14-6。可见，训练初期模型损失值较大而准确率较低，随着训练轮数增加，损失值减小而准确率逐渐增大，模型验证比模型训练的准确率低而损失值高，模型验证发生劣化现象，均方误差的变化相对比较稳定，验证均方误差比测试均方误差略高，代码参见例 14-23。

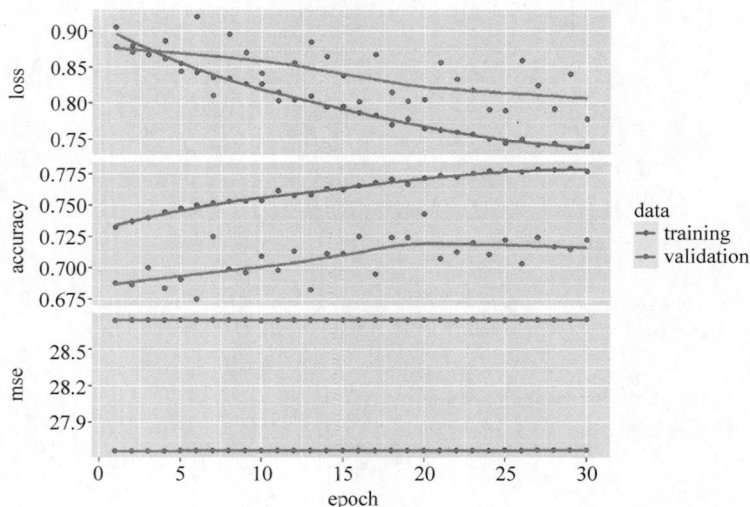

图 14-6 模型权重更新性能评估

【例 14-23】

```
1. plot(weithtmodel,type = "b",xlab = "训练轮数",ylab = c("损失","准确率"))
2. tensorflowmodel %>% evaluate(py$testdata,  py$testlabels, verbose = 1)
3. #loss    accuracy         mse
4. #0.8383389  0.7173000 27.6694775
```

14.4.7 调整训练数据集大小

（1）为评估训练数据集大小对训练结果的影响，随机丢弃 20% 训练数据集，重新执行模型训练和评估。观察模型训练过程中损失值、准确率以及均方误差的变化趋势，训练结束后，损失值、准确率以及均方误差分别为 2.734、0.5896 以及 27.7，模型验证的损失值、准确率以及均方误差分别约为 1.39、0.6896 以及 28.74，验证准确率上升，验证损失值降低。训练数据的样本大小对模型性能产生影响，随机丢弃 20% 数据后模型性能得到一定提升，一定程度上改善了过拟合现象。代码参见例 14-24，运行结果见图 14-7 和图 14-8。

【例 14-24】

```
 1. tensorflowmodel %>%
 2.   layer_flatten() %>%
 3.   layer_dense(units = 64, activation = "relu") %>%
 4.   layer_dense(units = 32, activation = "sigmoid") %>%
 5.   layer_dense(units = 32, activation = "sigmoid") %>%
 6.   layer_dense(units = 10, activation = "softmax") %>% layer_dropout(0.2)
 7. #汇总模型结果
 8. summary(tensorflowmodel)
 9. # …<部分内容省略>
10. # Final epoch (plot to see history):
11. #           loss : 2.734
12. #       accuracy : 0.5896
13. #            mse : 27.7
14. #       val_loss : 1.39
15. #   val_accuracy : 0.6896
16. #       val_mse : 28.74
```

```
 1/313 [..............................] - ETA: 7s - loss: 0.6069 - accuracy: 0.7188 - mse: 33.3986
 5/313 [..............................] - ETA: 4s - loss: 1.4469 - accuracy: 0.6938 - mse: 29.7803
 8/313 [..............................] - ETA: 4s - loss: 1.3142 - accuracy: 0.7109 - mse: 30.8256
12/313 [>.............................] - ETA: 4s - loss: 1.3559 - accuracy: 0.6849 - mse: 29.6973
15/313 [>.............................] - ETA: 5s - loss: 1.4005 - accuracy: 0.6812 - mse: 29.0159
19/313 [>.............................] - ETA: 4s - loss: 1.3298 - accuracy: 0.6941 - mse: 29.4018
22/313 [=>............................] - ETA: 4s - loss: 1.4071 - accuracy: 0.6875 - mse: 29.4972
25/313 [=>............................] - ETA: 4s - loss: 1.4070 - accuracy: 0.6888 - mse: 29.3548
28/313 [==>...........................] - ETA: 4s - loss: 1.4173 - accuracy: 0.6875 - mse: 28.7464
32/313 [==>...........................] - ETA: 4s - loss: 1.3682 - accuracy: 0.6963 - mse: 28.6406
35/313 [===>..........................] - ETA: 4s - loss: 1.3792 - accuracy: 0.6946 - mse: 28.4415
38/313 [===>..........................] - ETA: 4s - loss: 1.3537 - accuracy: 0.6941 - mse: 28.1780
41/313 [===>..........................] - ETA: 4s - loss: 1.3765 - accuracy: 0.6928 - mse: 28.5105
```

图 14-7 调整样本大小测试初期

```
291/313 [=======================>...] - ETA: 0s - loss: 1.4652 - accuracy: 0.6827 - mse: 27.6371
294/313 [=======================>..] - ETA: 0s - loss: 1.4598 - accuracy: 0.6834 - mse: 27.6906
297/313 [=======================>..] - ETA: 0s - loss: 1.4618 - accuracy: 0.6829 - mse: 27.6802
300/313 [=======================>..] - ETA: 0s - loss: 1.4587 - accuracy: 0.6837 - mse: 27.6877
303/313 [========================>.] - ETA: 0s - loss: 1.4613 - accuracy: 0.6838 - mse: 27.6830
307/313 [========================>.] - ETA: 0s - loss: 1.4674 - accuracy: 0.6829 - mse: 27.6982
310/313 [========================>.] - ETA: 0s - loss: 1.4642 - accuracy: 0.6831 - mse: 27.6867
313/313 [==========================] - 6s 19ms/step - loss: 1.4652 - accuracy: 0.6826 - mse: 27.6733
                                                                 | 100%
ordinary text without R code
```

图 14-8 调整样本大小测试后期

测试初期阶段，损失值、准确率以及均方误差分别为 0.6069、0.7188 以及 33.3986；测试结束时，损失值、准确率以及均方误差分别约为 1.4652、0.6826 以及 27.6733。

（2）完成训练以及测试后，再次评估整体性能，见图 14-9。损失值、准确率以及均方误差随着训练轮数增加动态发生变化，随机丢弃部分样本后，验证准确率大于训练准确率，而验证损失值小于训练损失值，模型过拟合现象得到一定程度的改善。

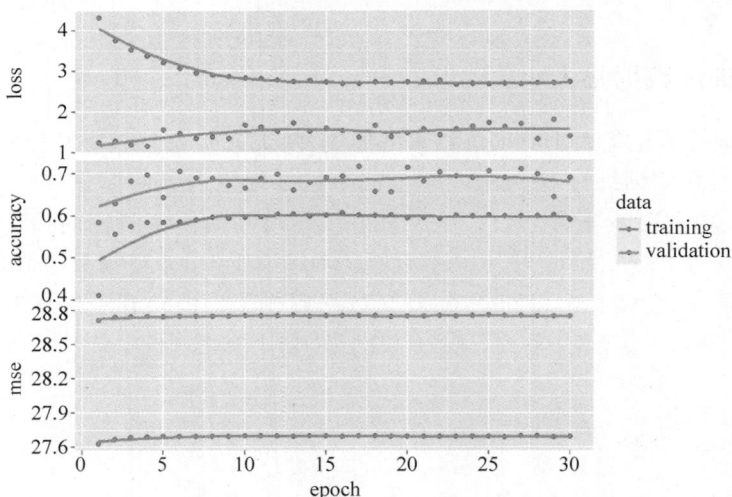

图 14-9　调整样本大小模型性能评估

小结

本章主要介绍了张量流深度学习的基本概念、Keras 库常用层以及软硬件配置要求，重点分析张量流在 R 语言环境中运行的实现方法，通过实例说明了使用张量流以及 Keras 库运行深度学习模型分析图像数据的基本应用方法，评估了训练权重以及数据样本大小对模型性能的潜在影响。

习题

1. 简述张量流的基本概念。
2. Keras 库包含哪些常用层？
3. 简述 Keras 核心层常见函数及其定义。
4. 简述 Keras 池化层常见函数及其定义。
5. 简述 Keras 卷积层常见函数及其定义。
6. 使用不同数据集构建张量流深度学习模型，训练模型并代入测试数据预测结果，输出模型训练、验证以及测试的准确率、损失值以及均方误差的动态变化过程，说明结果含义。
7. 调整训练权重，重新训练模型并评估整体性能。
8. 调整训练数据集样本大小，重新训练模型并评估整体性能。

附录A

学生上机手册

本书的实例代码以及程序在下述环境调试运行通过,版本信息以及参考配置简要说明如下。

（1）R 版本：R 4.1.0。

（2）RStudio 版本：2022.07.1 Build 554。

（3）TensorFlow 版本：2.6.2。

（4）Python 版本：3.6.5。

（5）Keras 版本：2.6.0。

（6）操作系统：Windows 10 x64（build 19044）。

（7）MySQL：8.0.30。

（8）Java：Java(TM) SE Development Kit 19.0.1(64-bit)。

（9）Visual Studio 生成工具 2022 版本：17.3.4。

（10）Microsoft Visual C++ 2015－2022 Redistributable：14.32.31332.0。

A.1 R 版本安装

（1）访问 R 官网。在界面上单击 download R 链接,进入 R 版本镜像选择界面,见图 A-1。

A.1 网址

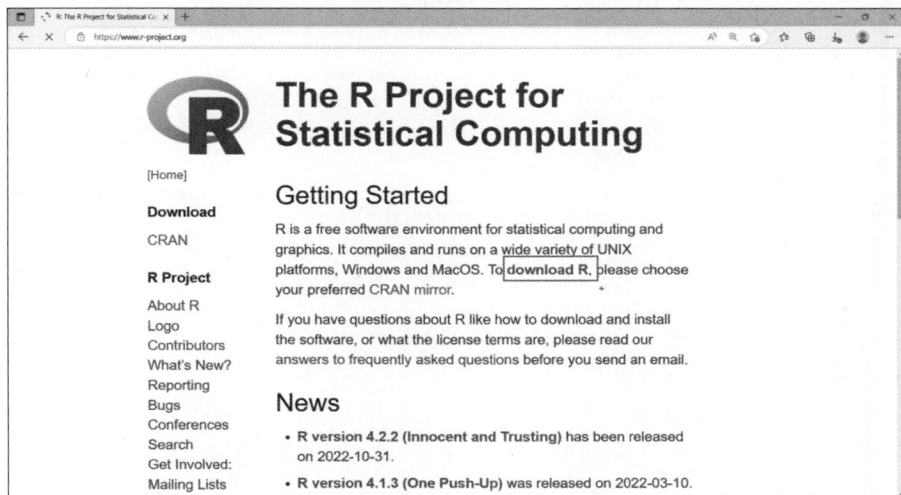

图 A-1　访问 R 官网

（2）选择镜像下载地址，此处选择清华大学镜像服务器，地址为 mirrors.tuna.tsinghua. edu.cn/CRAN，可以根据实际情况调整镜像服务器地址，见图 A-2。

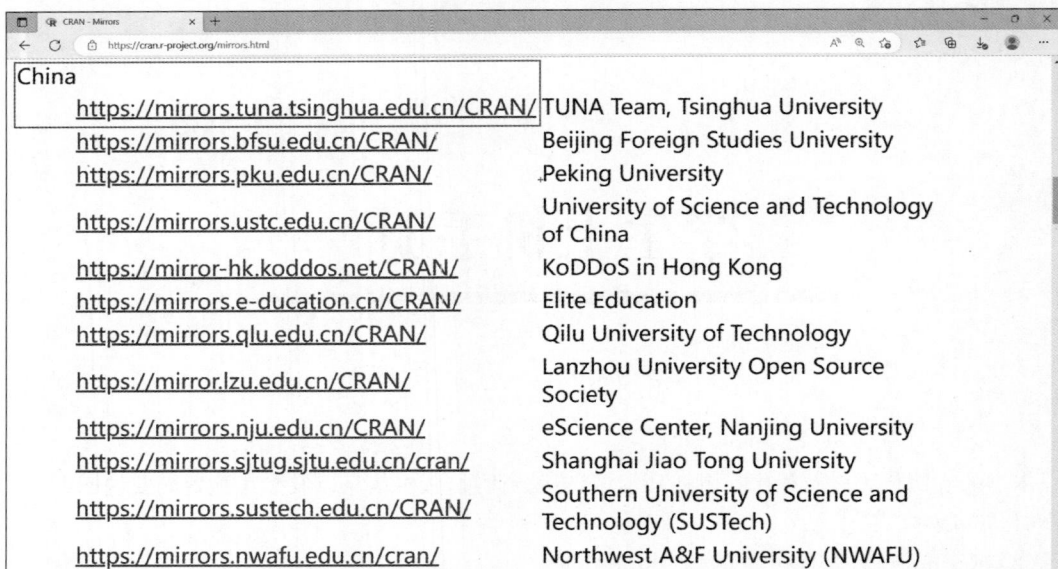

图 A-2　选择下载镜像地址

（3）选择与操作系统匹配的版本下载，此处单击 Download R for Windows，见图 A-3。

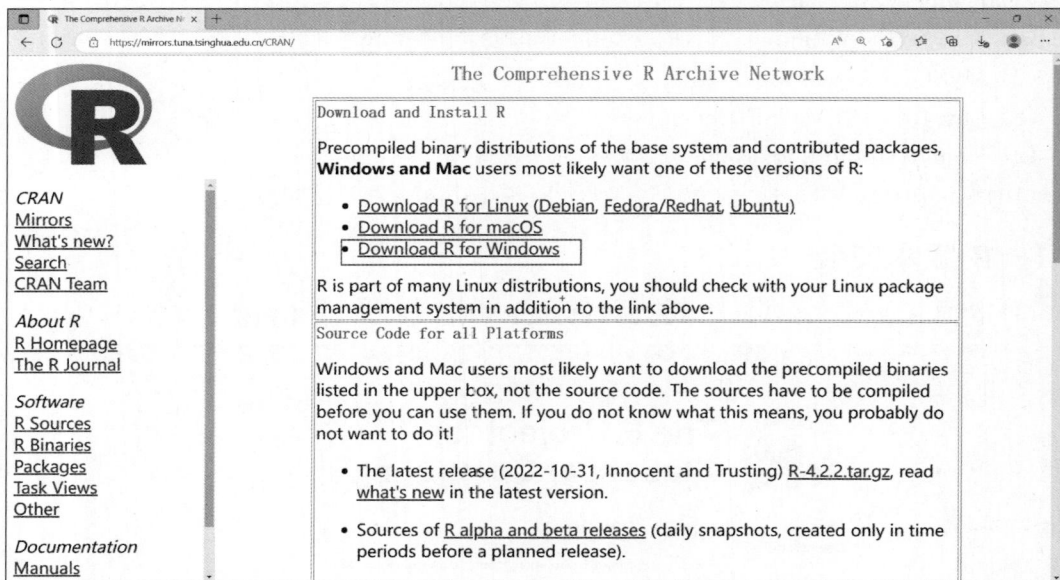

图 A-3　选择匹配操作系统版本

（4）单击 install R for the first time 链接，见图 A-4。

（5）单击 Previous releases 选项，安装历史版本，见图 A-5。

（6）选择与本地运行环境匹配的 R 版本，此处选择 R 4.1.0，见图 A-6。

（7）单击 R-4.1.0-win.exe，将可执行安装文件下载到本地，下载成功后双击运行安装，见图 A-7。

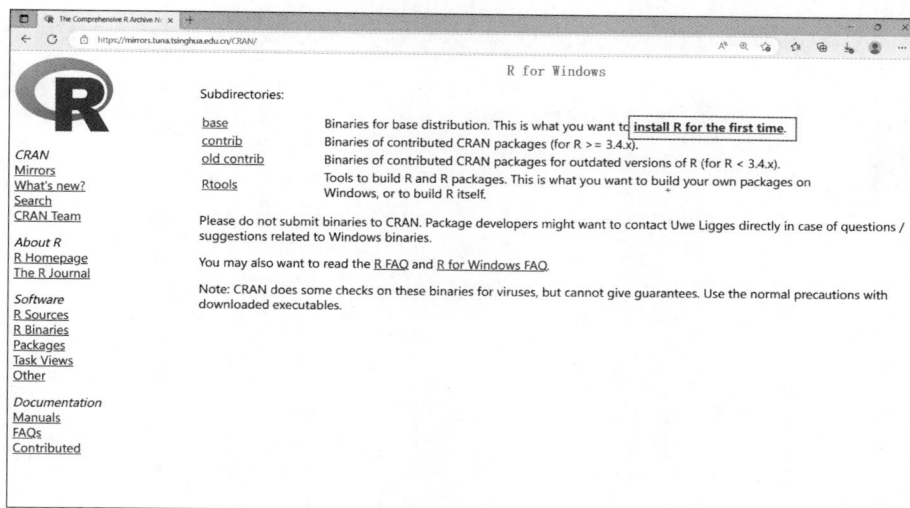

图 A-4 选择首次安装选项

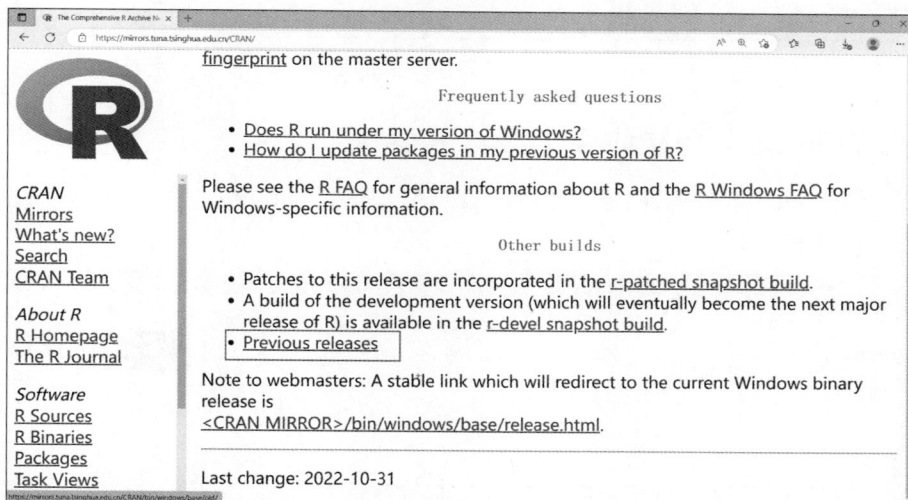

图 A-5 安装历史版本

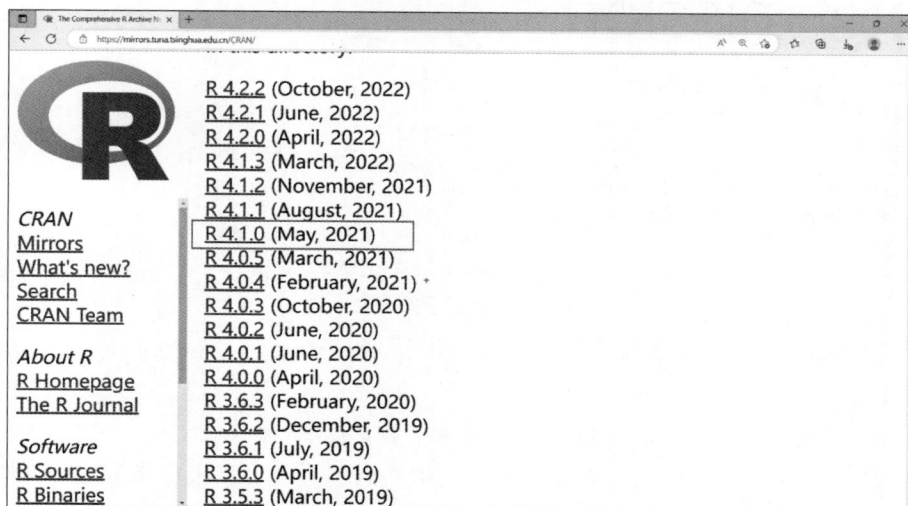

图 A-6 选择环境匹配 R 版本安装

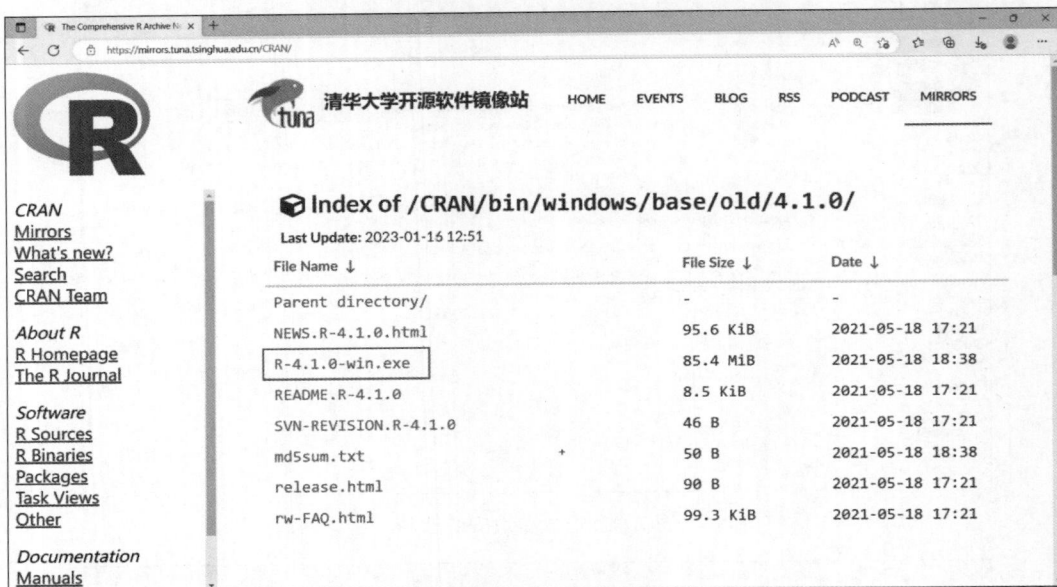

图 A-7　下载可执行安装文件

A.2　RStudio 集成开发环境安装

A.2 下载地址

（1）访问 RStudio 下载地址，单击 DOWNLOAD RSTUDIO 按钮进入 RStudio 集成开发环境下载页面，见图 A-8。

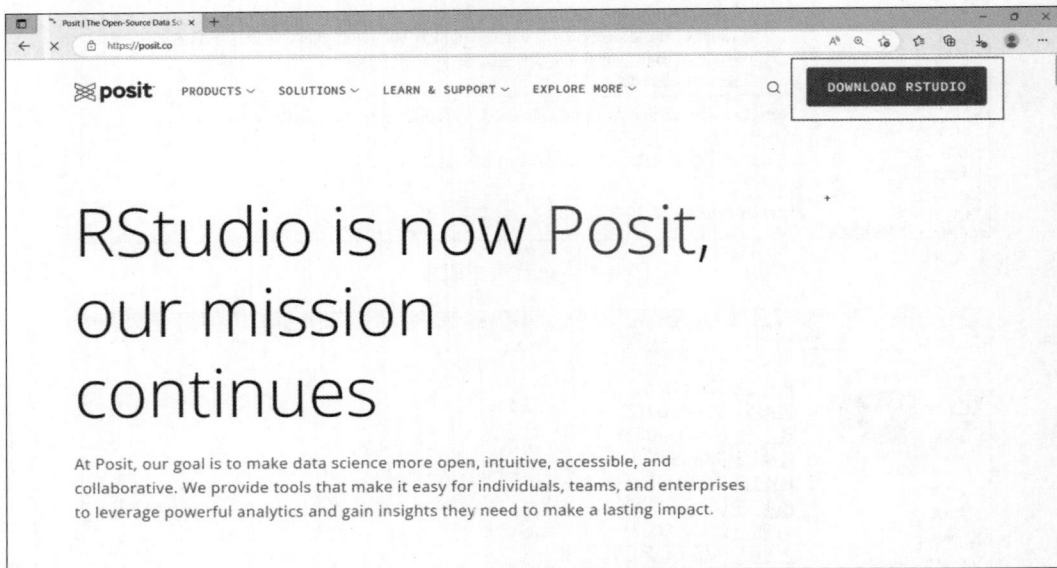

图 A-8　访问下载地址

（2）选择 RStudio Desktop 选项，然后单击 Free→DOWNLOAD 按钮，安装桌面版本，见图 A-9 和图 A-10。

（3）选择 Older versions 选项，打开历史版本下载页面，见图 A-11。

（4）单击 2022.07.1→Installers，安装 2022.07.1 版本。也可以根据实际需要下载并安装与本地运行环境匹配的版本，见图 A-12。

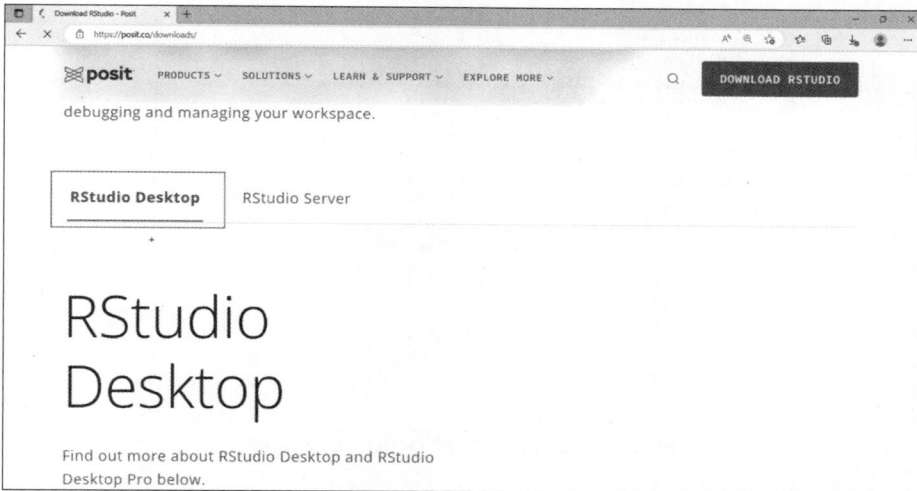

图 A-9　选择安装桌面版本

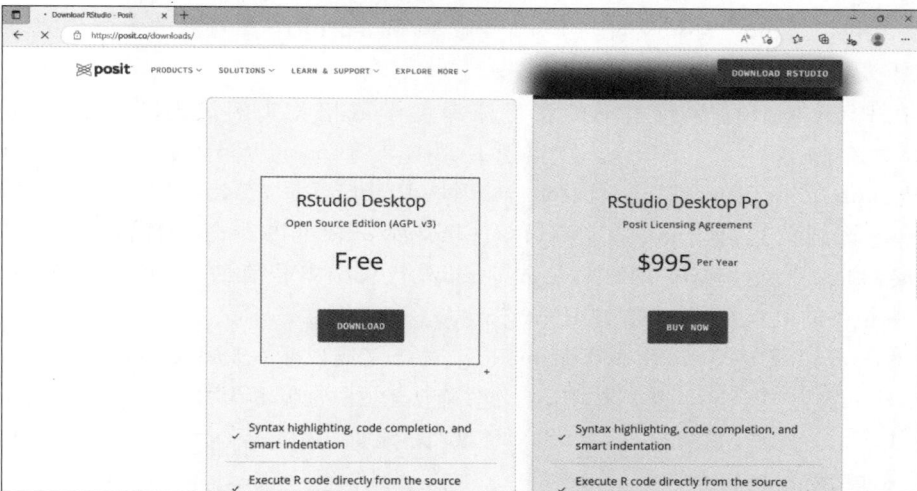

图 A-10　下载桌面版本

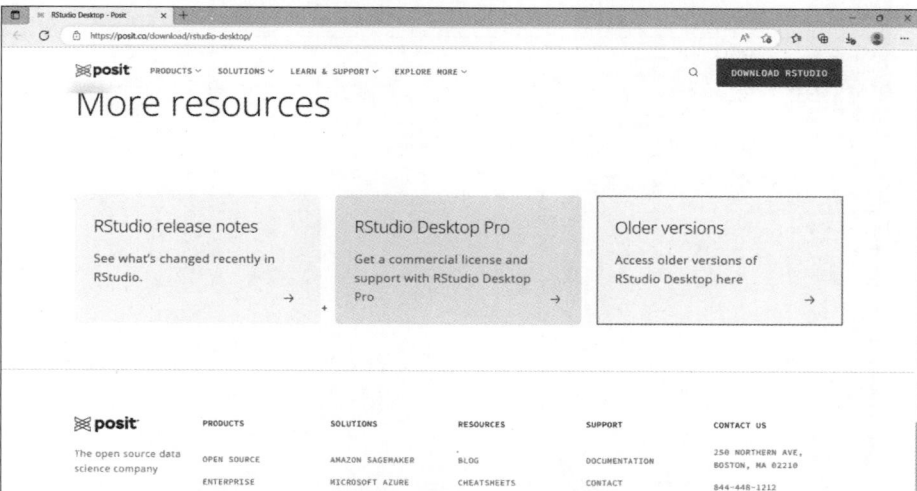

图 A-11　下载历史版本

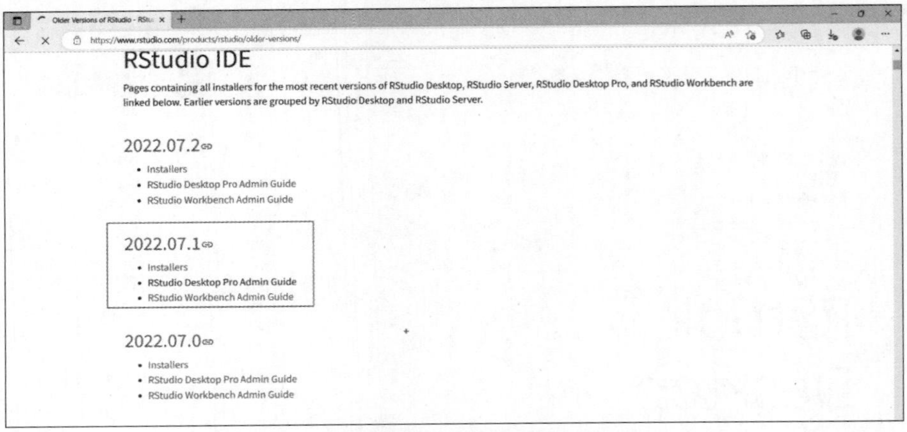

图 A-12　下载环境匹配 RStudio 版本安装

A.3　TensorFlow for R 安装

下面介绍从 RStudio 环境实现与 Python 版本 TensorFlow 库对接的主要步骤，部分细节设置可能需要根据运行环境调整。

（1）在 RStudio 环境运行本书的张量流深度学习相关实例代码，需要提前安装配置 Python 版本张量流库 TensorFlow。在实现 R 语言与 TensorFlow 对接之前，需要预先安装 Python、Python 版本 TensorFlow 以及 Keras 库。Python 版本安装可以参考 www.python.org 网址获取详细信息，Python 版本 TensorFlow 库安装可以在命令行窗口输入命令"pip install tensorflow==version"，其中，参数 version 代表版本号信息，也可以根据实际环境配置情况使用相关的工具执行安装（如 Pycharm）。

（2）Python 以及 Python 版本 TenscrFlow 安装完成以后，打开 RStudio 的 Terminal 命令行窗口，输入命令"Python"然后按 Enter 键，确认 Python 版本为"3.6.5"。在 Python 命令行输入模式下，即命令行窗口出现三个右向箭头">>>"时，输入命令"import tensorflow"导入 TensorFlow 库，然后执行命令"tensorflow.__version__"确认 TensorFlow 库版本为"2.6.2"。在 Python 命令行输入模式下，执行命令"tensorflow.keras.__version__"确认 Keras 库版本为"2.6.0"，见图 A-13。

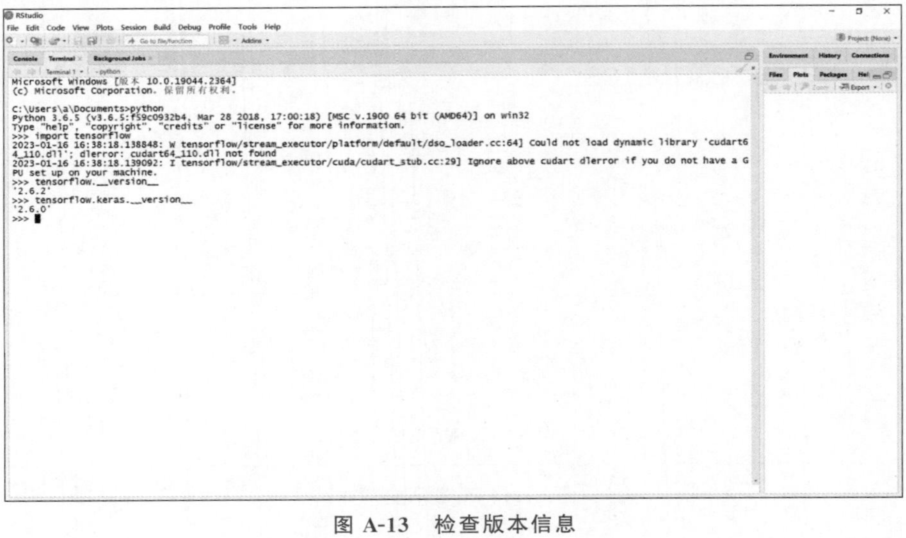

图 A-13　检查版本信息

（3）从 RStudio 菜单中选择 Tools→Global Options，在弹出的选项窗口中选择 Python，然后单击 Select 按钮，将 Python 路径指向运行环境的 Python 安装路径，见图 A-14 和图 A-15。

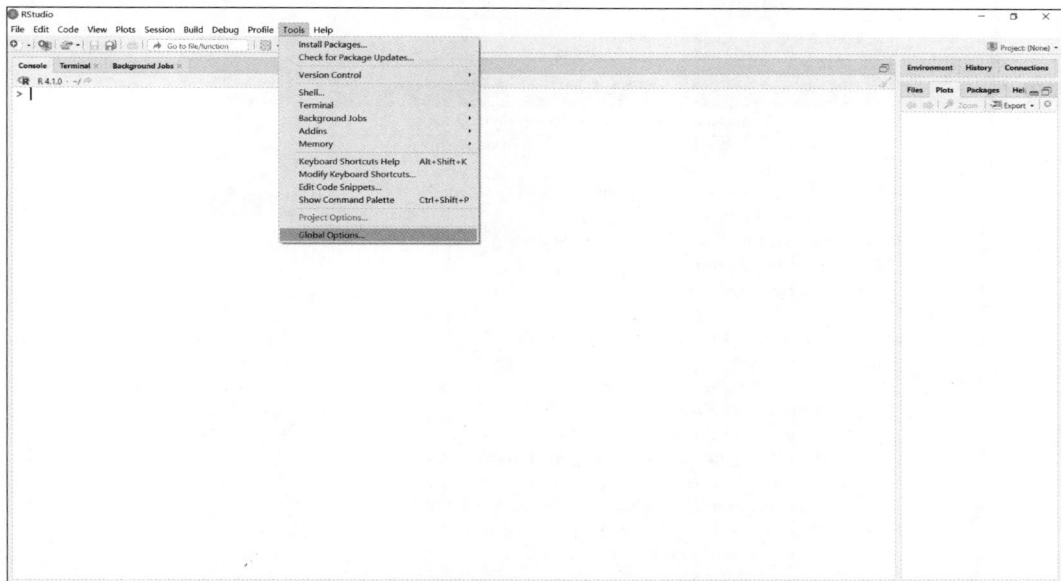

图 A-14　RStudio 全局设置

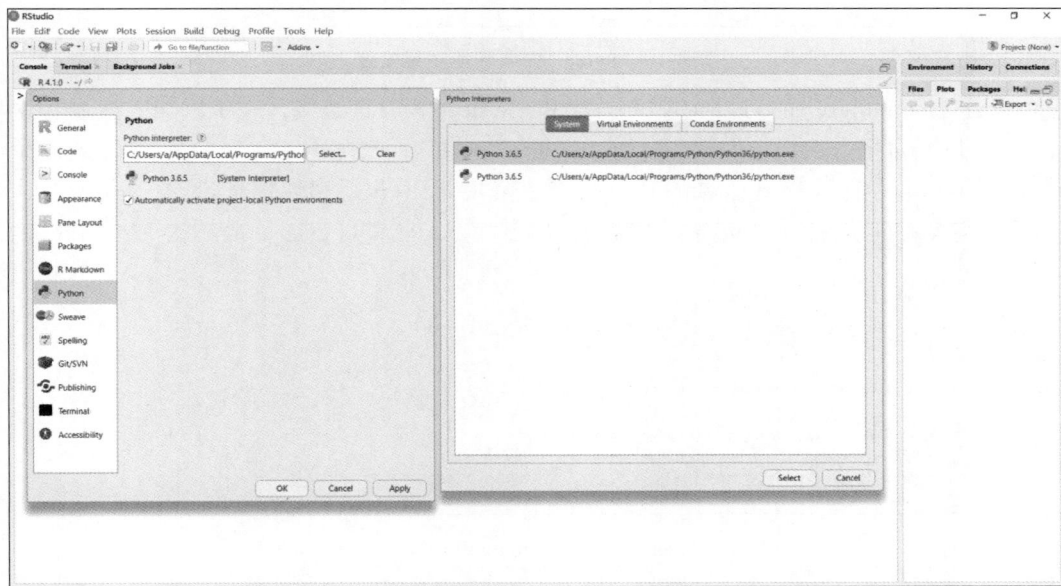

图 A-15　设置 Python 安装路径

（4）打开环境变量窗口，选择"用户变量"，确认 Python 安装路径以及脚本路径已经添加到环境变量。与本书环境相同的情况下，检查下述两个路径已经添加到用户变量环境，且与步骤（3）指向的 Python 安装路径一致，其中，"user"代表本地计算机的用户名，可以根据实际情况修改。为避免错误，建议一个操作系统安装一个版本 Python，安装多个 Python 版本的情况下需要检查当前运行版本是否与环境设置保持一致，并且相关配置没有问题，见图 A-16。

- "C:\Users\user\AppData\Local\Programs\Python\Python36"
- "C:\Users\user\AppData\Local\Programs\Python\Python36\Scripts"

图 A-16　Python 安装环境变量设置

（5）通过 reticulate 库，可以实现 R 语言和 Python 等语言对接。在 RStudio 控制台窗口 Console 中执行命令 install. packages（"reticulate"）安装 reticulate 库，安装完成后执行命令 "library（reticulate）"，检查 reticulate 库正常导入环境，没有提示错误信息，见图 A-17。

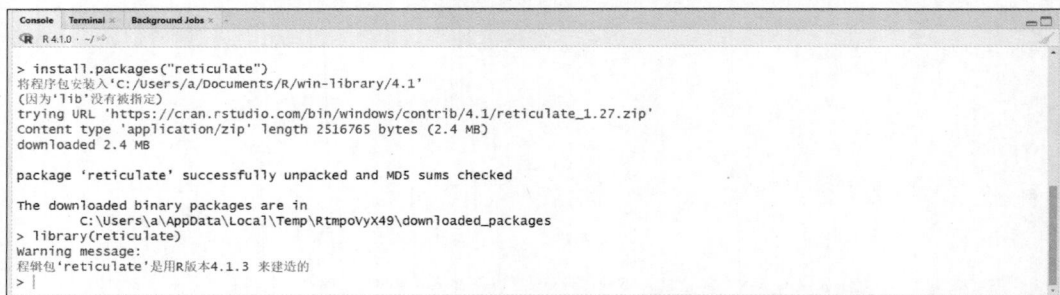

图 A-17　reticulate 库安装

（6）如果系统提示 32 位与 64 位运行环境不匹配的问题，如"Error：Your current architecture is 32bit；however，this version of Python was compiled for 64bit"，可以尝试安装 miniconda 等环境，具体命令格式为 reticulate：：install_miniconda()，见图 A-18 和图 A-19。

（7）导入 reticulate 库，检查没有输出错误信息，执行命令 virtualenv_create（"r-recitulate"，python＝NULL）安装虚拟环境，虚拟环境的名字为"r-recitulate"，可以根据实际需要修改虚拟环境名称，见图 A-20。

（8）R 语言 TensorFlow 库提供了访问 Python TensorFlow 库的接口，执行命令 install. packages（"tensorflow"），安装与 Python TensorFlow 库对接的 R 版本张量流库。如果配置了虚拟环境，可以根据本地实际环境使用命令 install_tensorflow（envname＝"r-reticulate"）或者

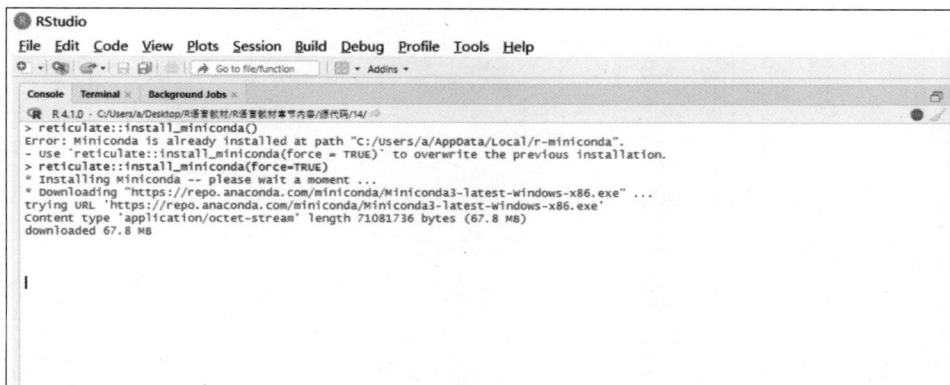

图 A-18　安装 miniconda 环境

图 A-19　miniconda 安装完成

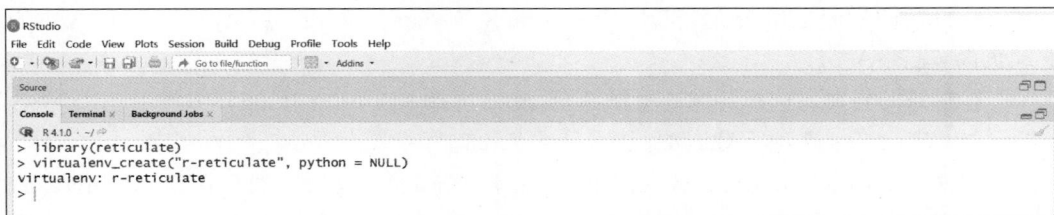

图 A-20　安装虚拟环境

命令 install_keras(envname＝"r-reticulate")，完成基于虚拟环境的安装，其中，名称"r-reticulate"
与上述步骤创建的虚拟环境名称保持一致，见图 A-21。

（9）执行命令 library(tensorflow)导入 R 版本张量流库，然后执行命令 tf$constant("R
Data Mining，Mathematical Modeling and Deep Learning")，检查可以正常输出结果"R Data

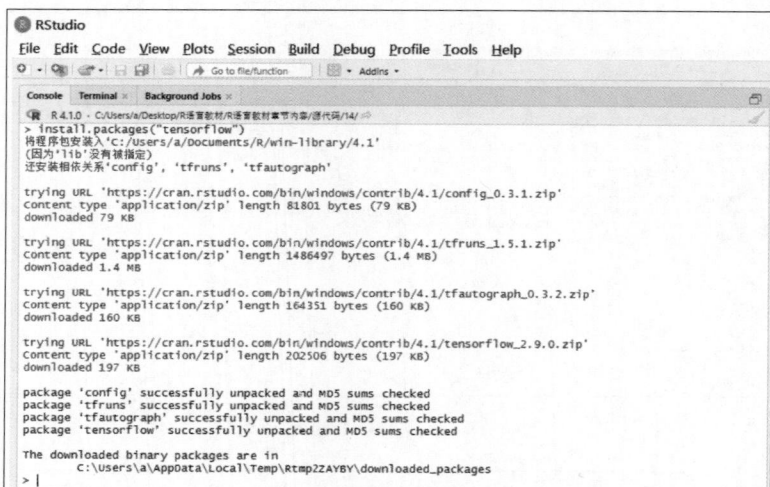

图 A-21　安装 R 版本张量流库

Mining，Mathematical Modeling and Deep Learning"，见图 A-22。

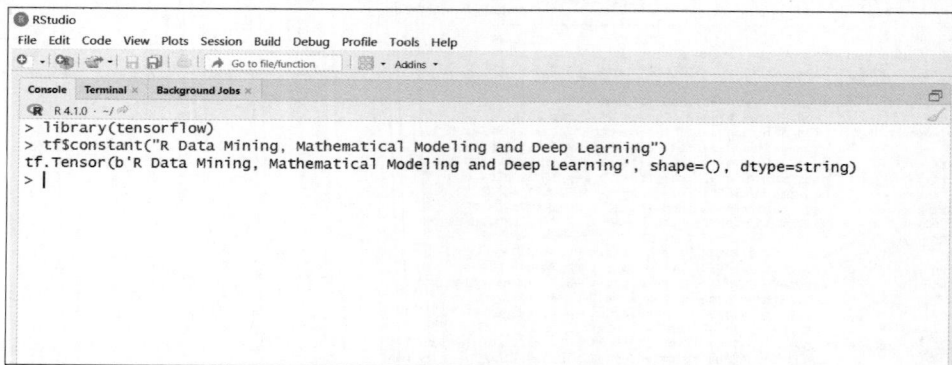

图 A-22　检查 TensorFlow R 库安装

A.4　MySQL 数据库安装

（1）访问 MySQL 网址 https://dev.mysql.com，在界面上单击 MySQL Downloads>>，打开下载页面，见图 A-23。

（2）在打开的界面上单击 MySQL Community Server 选项，打开 MySQL 社区版本服务器下载页面，见图 A-24。

（3）在打开的界面上选择匹配的操作系统，此处选择 Microsoft Windows，然后单击 MySQL Installer for Windows 选项下载匹配版本，见图 A-25。

（4）如果用户尚未注册，则下载无法继续，注册并完成账户验证，然后单击 Archives，进入历史版本下载页面，见图 A-26。

（5）从 Product Version 选项中选择匹配版本，此处选择 8.0.30，Operating System 选项选择 Microsoft Windows，然后选择安装包 mysql-installer-community-8.0.30.0.msi 进行下载，下载完成后双击可执行安装程序完成安装，见图 A-27。此处也可以根据实际情况选择 mysql-installer-web-community-8.0.30.0.msi 安装。

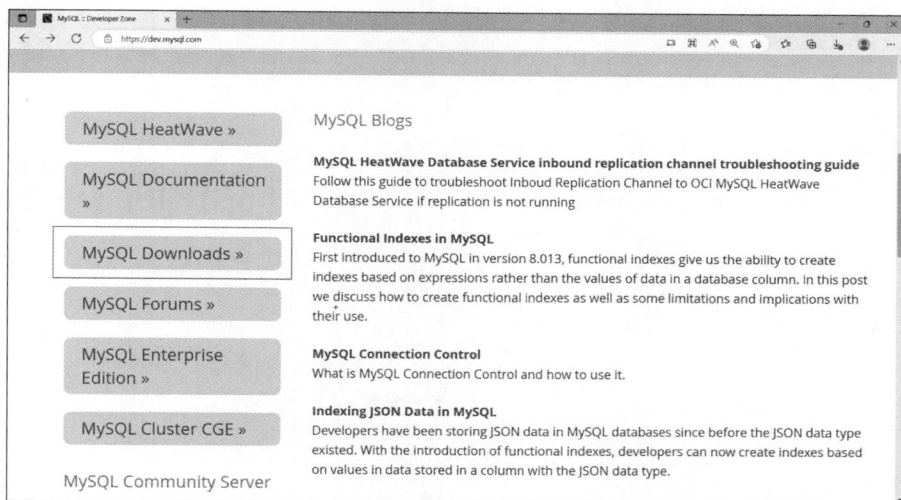

图 A-23　MySQL 下载页面

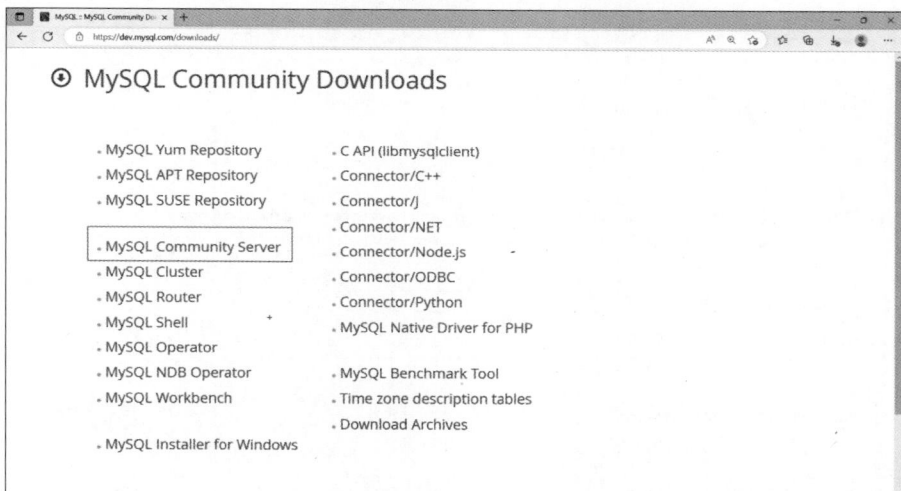

图 A-24　下载 MySQL Community Server

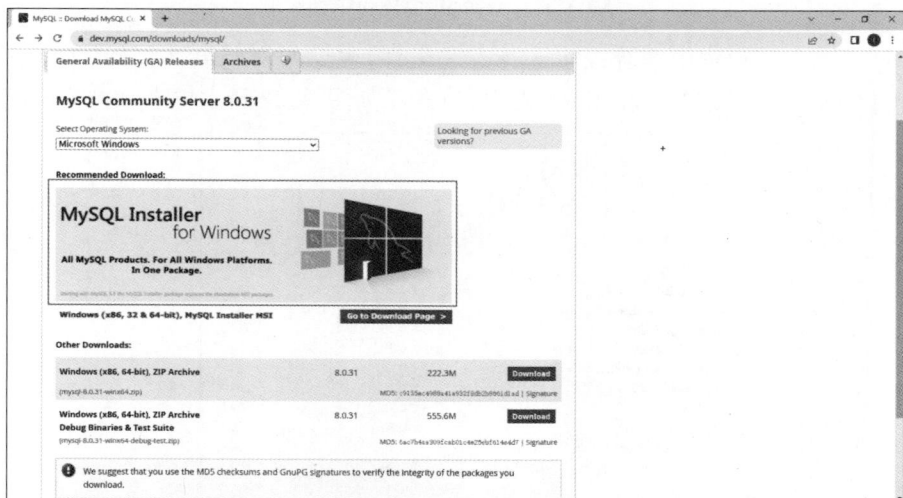

图 A-25　选择匹配操作系统版本下载

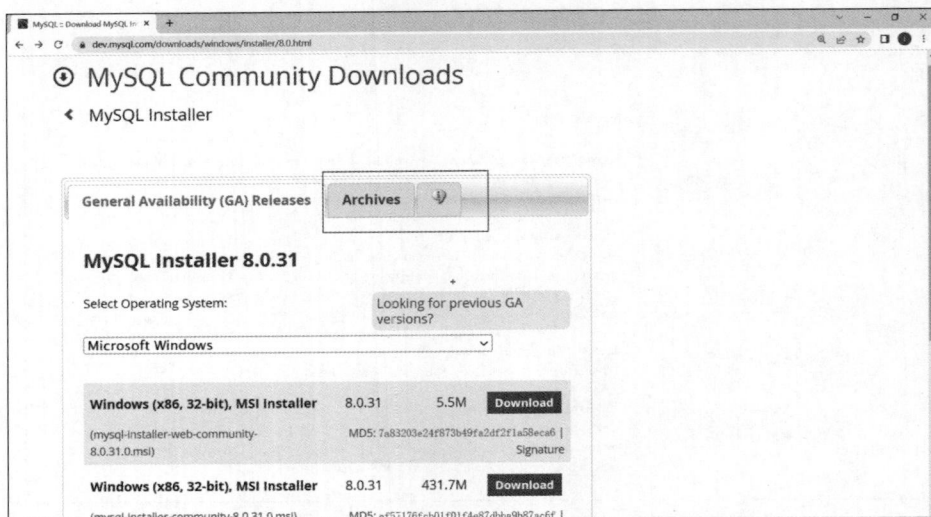

图 A-26　下载历史版本

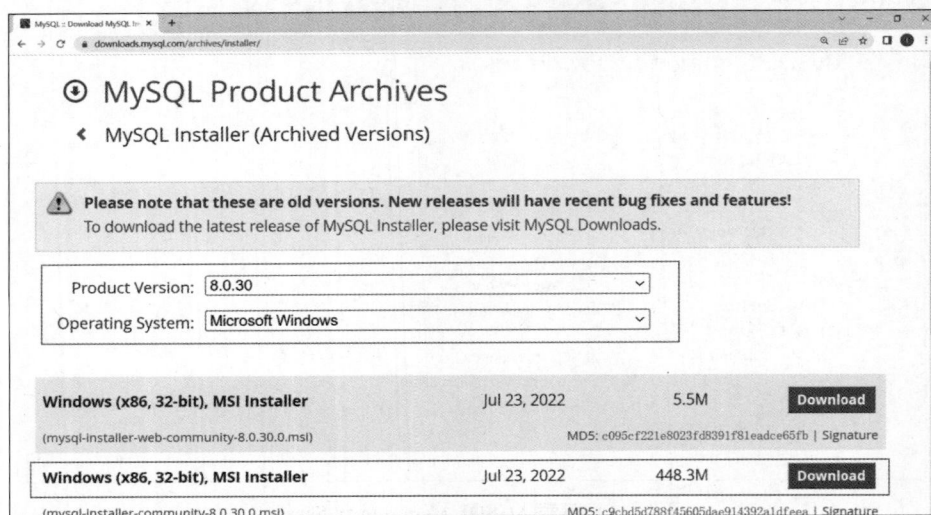

图 A-27　MySQL 安装包下载

（6）MySQL 安装过程中系统提示选择安装组件，主要的安装组件包括 MySQL Server、MySQL Workbench 以及 MySQL Shell 等，可以参见如图 A-28 所示的选项内容匹配安装。

图 A-28　安装选项

（7）MySQL 安装完成以后，启动 MySQL Workbench 数据库连接工具，单击 Local instance MySQL80 进入数据库界面，见图 A-29。

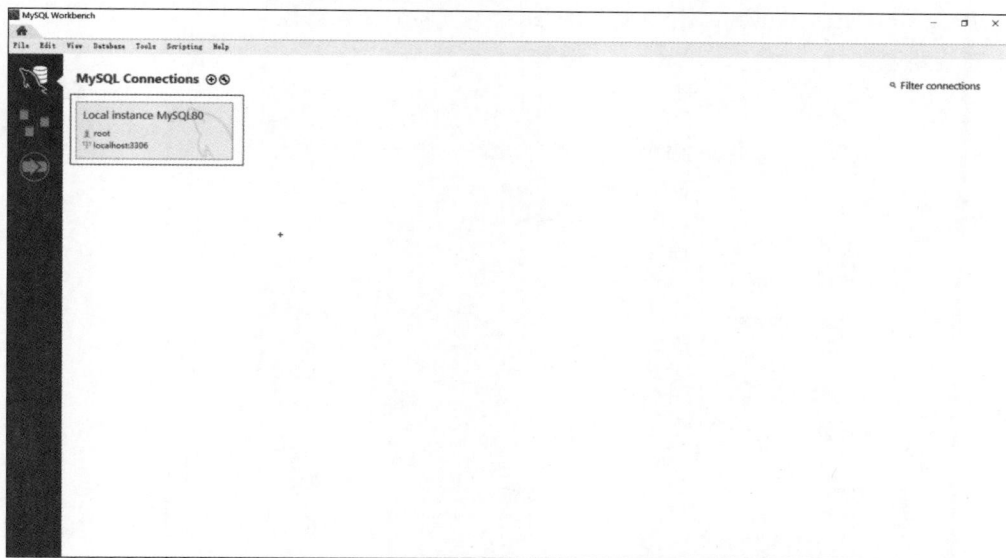

图 A-29 MySQL Workbench 界面

（8）确认 MySQL 连接成功，界面左侧导航窗口显示数据库一览，见图 A-30。

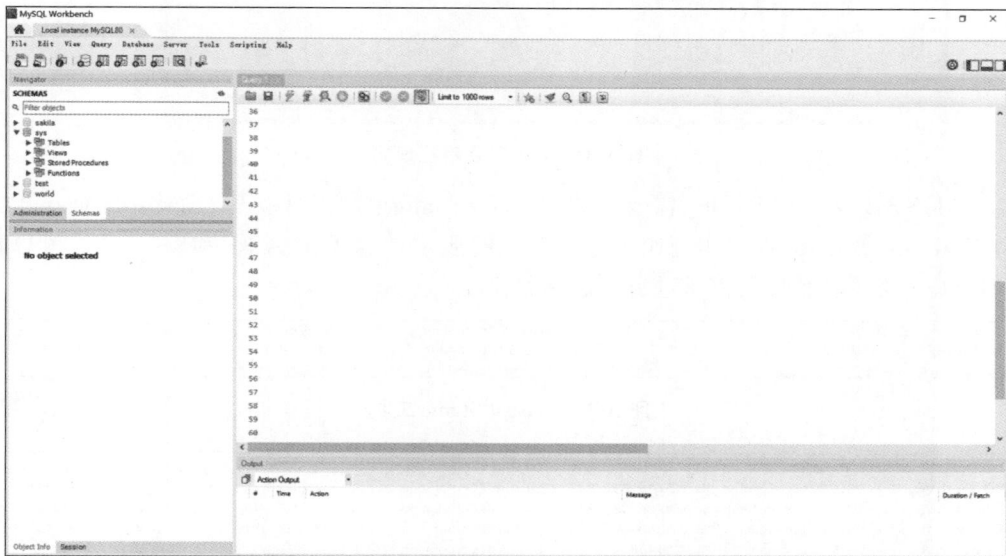

图 A-30 MySQL 数据库连接成功界面

A.5 环境设置

（1）MySQL 数据库安装前，需要实现安装配置 Java。Java 版本下载可以参考网址 www.oracle.com/java/technologies/downloads，选择与环境匹配的版本下载并完成安装。本书实例代码运行的 Java 版本为 Java(TM) SE Development Kit 19.0.1(64-bit)，Java 安装完成以后在环境变量中设置安装路径，本书的 Java 安装路径设置为"C:\Program FilesJava\jdk-19"，见图 A-16。

（2）运行部分章节实例代码使用 Git 工具，在 RStudio 菜单窗口中选择 Tools→Global Options，在弹出的对话框中选择 Git，单击 Browse 按钮选择 Git 工具可执行文件的路径，此处为"C：/Program Files/Git/bin/git.exe"，见图 A-31。Git 安装路径与图 A-16 中环境变量配置的 Git 安装路径保持一致，

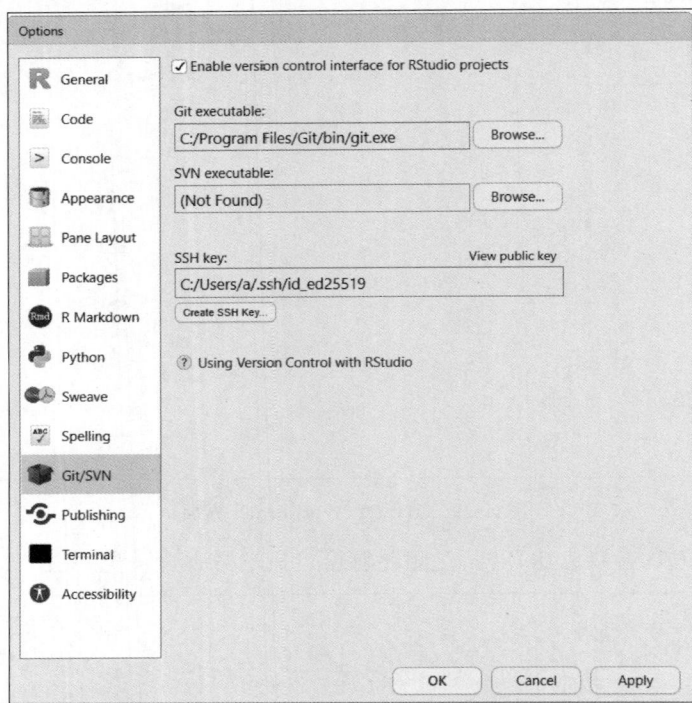

图 A-31　Git 安装路径设置

（3）MySQL 数据库运行前，需要安装 Visual Studio 生成工具以及 Microsoft Visual C++ Redistributable 等工具，本书实例代码运行环境的版本信息见图 A-32 和图 A-33。可以根据本地 MySQL 安装时系统的提示进行版本调整。

Visual Studio 生成工具 2022 (2)	Microsoft Corporation	2022/9/18	17.3.4
Visual Studio Professional 2017	Microsoft Corporation	2022/9/18	15.0 (RTW 26228.102)
Visual Studio Community 2022	Microsoft Corporation	2022/9/17	17.3.4

图 A-32　Visual Studio 工具

Microsoft Visual Studio Installer	Microsoft Corporation	2022/9/17		3.3.2182.10694
Microsoft Visual C++ 2015-2022 Redistributable (x86) - 14.32.31332	Microsoft Corporation	2022/9/18	17.6 MB	14.32.31332.0
Microsoft Visual C++ 2015-2022 Redistributable (x64) - 14.32.31332	Microsoft Corporation	2022/9/18	20.1 MB	14.32.31332.0
Microsoft Visual C++ 2013 Redistributable (x86) - 12.0.40664	Microsoft Corporation	2023/1/9	17.1 MB	12.0.40664.0
Microsoft Visual C++ 2013 Redistributable (x64) - 12.0.40664	Microsoft Corporation	2023/1/9	20.5 MB	12.0.40664.0
Microsoft Visual C++ 2012 Redistributable (x86) - 11.0.61030	Microsoft Corporation	2023/1/9	17.3 MB	11.0.61030.0
Microsoft Visual C++ 2012 Redistributable (x64) - 11.0.61030	Microsoft Corporation	2023/1/9	20.5 MB	11.0.61030.0

图 A-33　Microsoft Visual C++工具

A.6　常见故障分析

1. C++代码运行错误问题

1）问题概要描述

执行命令安装 rstan 库成功，install.packages("rstan",repos="https://cloud.r-project.org/",dependencies=TRUE)，再继续执行 C++代码测试时发生错误，提示"C++ program does not return anything",见图 A-34。

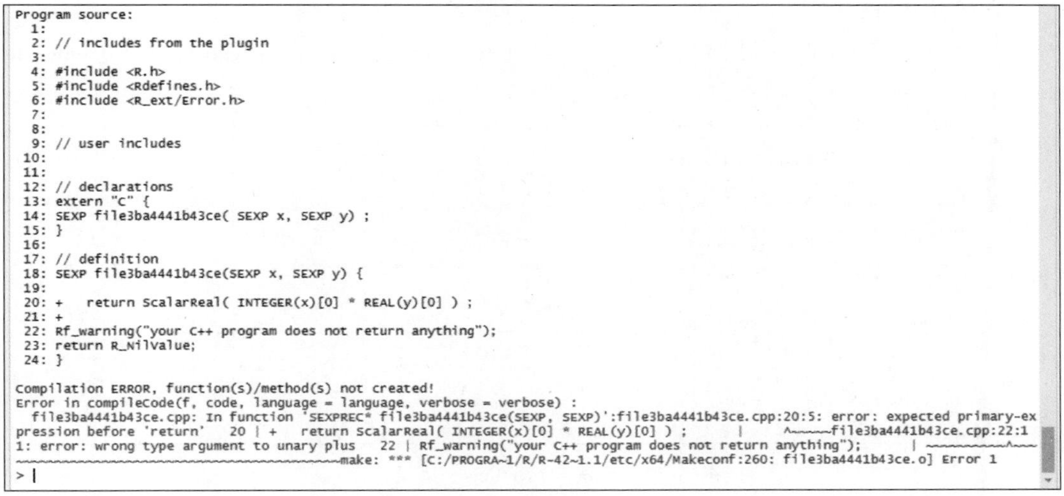

```
Program source:
  1:
  2: // includes from the plugin
  3:
  4: #include <R.h>
  5: #include <Rdefines.h>
  6: #include <R_ext/Error.h>
  7:
  8:
  9: // user includes
 10:
 11:
 12: // declarations
 13: extern "C" {
 14: SEXP file3ba4441b43ce( SEXP x, SEXP y) ;
 15: }
 16:
 17: // definition
 18: SEXP file3ba4441b43ce(SEXP x, SEXP y) {
 19:
 20: +   return ScalarReal( INTEGER(x)[0] * REAL(y)[0] ) ;
 21: +
 22: Rf_warning("your C++ program does not return anything");
 23: return R_NilValue;
 24: }

Compilation ERROR, function(s)/method(s) not created!
Error in compileCode(f, code, language = language, verbose = verbose) :
  file3ba4441b43ce.cpp: In function 'SEXPREC* file3ba4441b43ce(SEXP, SEXP)':file3ba4441b43ce.cpp:20:5: error: expected primary-ex
pression before 'return'   20 | +   return ScalarReal( INTEGER(x)[0] * REAL(y)[0] ) ;    |    ~~~~~~~~~file3ba4441b43ce.cpp:22:1
~~~~~~~~~~~~~~~~~~~~~~~~~~~~make: *** [C:/PROGRA~1/R/R-42~1.1/etc/x64/Makeconf:260: file3ba4441b43ce.o] Error 1
1: error: wrong type argument to unary plus   22 | Rf_warning("your C++ program does not return anything");    |
>
```

图 A-34　C++代码运行错误

2）参考解决方法

问题的解决需要完成两个步骤,首先是确认系统是否已经安装 installr 包,如果尚未安装,则先执行 install. packages("installr")命令完成安装;然后导入 installr 库,执行 installr("rtools")命令安装 rtools。如果 rtools 已经安装完成,接着执行命令 install. packages("Rcpp")安装 Rcpp 库,选择重启安装;完成后运行 C++测试代码,测试结果提示"TRUE",代表测试通过,见图 A-35 和图 A-36。

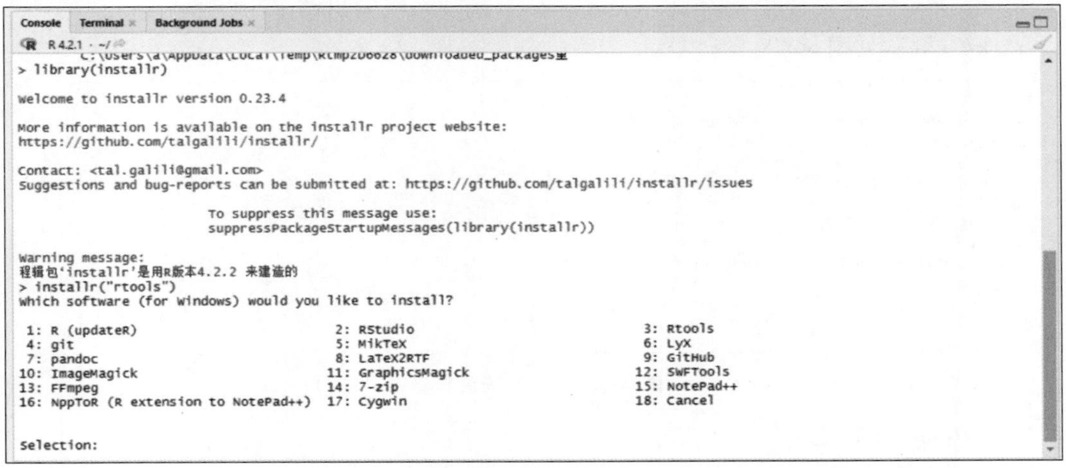

图 A-35　installr 以及 rtools 安装

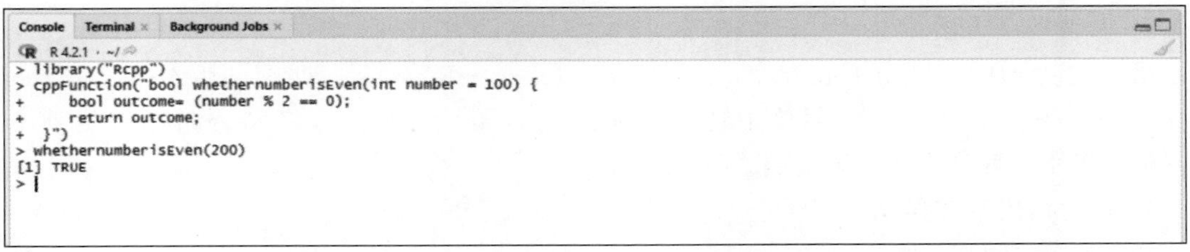

图 A-36　执行 C++代码正常通过

2. rstan 版本匹配问题

1）问题概要描述

提示无法连接 rtools ＊ 错误信息，"undefined reference to 'tbb∷internal∷task_scheduler_observer_v3∷observe(bool)'C:\rtools＊\"，见图 A-37。

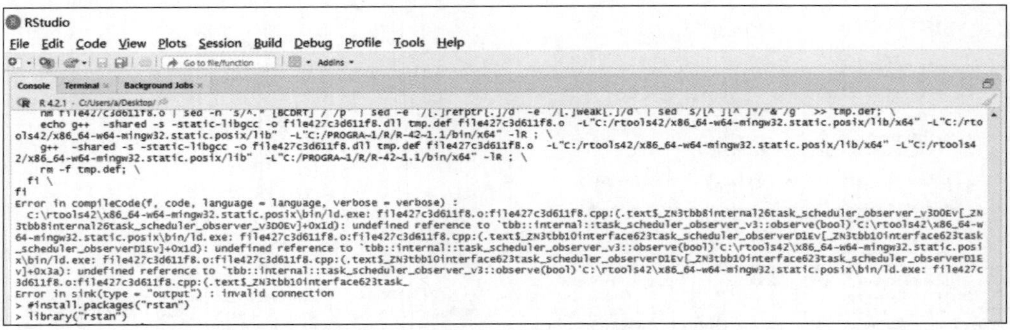

图 A-37　无法连接 rtools ＊ 错误信息

2）参考解决方法

CRAN 上的 rstan 包不支持 R 4.2 版本，需要下载一个匹配 rstan 版本以及 rtools，可以参考清华大学提供的镜像地址，假设安装路径为 C:/rtools40，安装完成后在 RStudio 中执行如下命令。

```
write('PATH = "${RTOOLS40_HOME}\\usr\\bin;${PATH}"', file = "~/.Renviron", append = TRUE)
```

执行成功后到操作系统文档文件夹下面确认自动生成后缀名为.Renviron 的文件，然后在 RStudio 命令行输入 Sys.which("make")命令，确认系统输出结果为"C:\\rtools40\\usr\\bin\\make.exe"，见图 A-38。

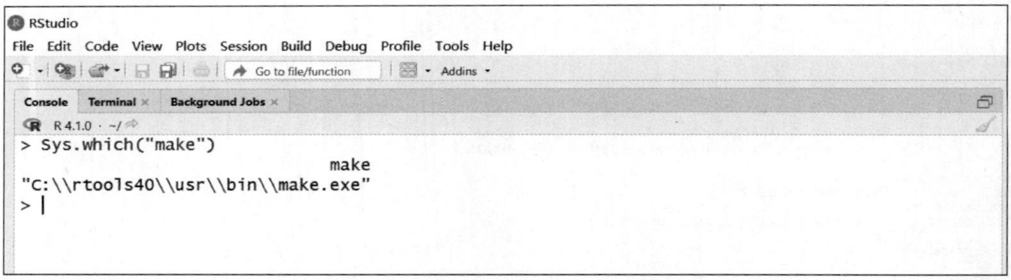

图 A-38　rtools 安装检查

3. devtools 安装问题

1）问题概要描述

devtools 通过 install.packages()方法无法正常安装。

2）参考解决方法

可以访问 https∷//mirrors.tuna.tsinghua.edu.cn/CRAN 下载匹配的版本（如 devtools_2.4.4.zip），然后在 RStudio 菜单中选择 Tools→install.packages，将安装路径定位到本地 devtools 路径位置后执行本地安装，见图 A-39。

4. R 内核启动错误问题

1）问题概要描述

使用 Jupyter Notebook 启动 R 内核时系统提示内核错误，见图 A-40。

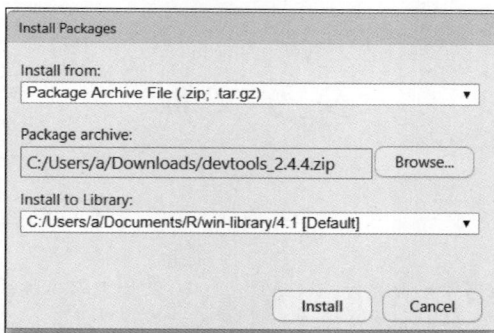

图 A-39 devtools 库本地安装

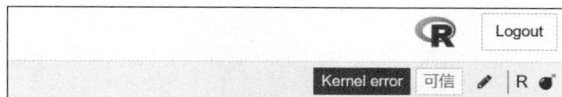

图 A-40 R 内核启动错误

2）参考解决方法

执行如下命名安装，命令不能使用 IRkernel::installspec(user = FALSE)。

```
install.packages(c('rzmq','repr','IRkernel','IRdisplay'),
repos = c('http://irkernel.github.io/', getOption('repos')))
```

上述命令成功后再执行命令 library(IRkernel)和命令 IRkernel::installspec()，确认命令正常运行后重启 R 内核，系统提示"内核就绪"，内核启动正常没有错误信息提示，见图 A-41。

图 A-41 R 内核启动正常

5. 绘图页面余白设置问题

绘图时系统提示错误信息"Error in check.plt(parplt)：figure margins too large"，可以通过 par()函数设置页面余白解决，具体命令格式为 par(mar=c(top,right,bottom,left))，其中，参数 top、right、bottom 以及 left 分别代表输出页面四个边的余白值。

参 考 文 献

[1] 中本一郎，马冀，张积林，等. Python 自然语言处理——算法、技术及项目案例实战[M]. 北京：清华大学出版社，2022.

[2] 叶小平，汤庸，汤娜，等. 数据库系统教程[M]. 2 版. 北京：清华大学出版社，2012.

[3] 万常选，廖国琼，吴京慧，等. 数据库系统原理与设计[M]. 北京：清华大学出版社，2012.

[4] 薛震，孙玉林. R 语言统计分析与机器学习[M]. 北京：中国水利水电出版社，2020.

[5] Karline S，Thomas P，R. Woodrow S. Solving Differential Equations in R：Package deSolve[J]. Journal of Statistical Software，2010，33(9)：1-25.

[6] Karline S，Thomas P. Solving ODEs，DAEs，DDEs and PDEs in R[J]. Journal of Numerical Analysis，Industrial and Applied Mathematics (JNAIAM)，2011，6(1-2)：51-65.

[7] Karline S，Jeff C，Francesca M. Solving Differential Equations in R[M]. Springer，2012.

[8] Stefano M I. Simulation and Inference for Stochastic Differential Equations：With R Examples[M]. Springer，2008.

[9] Owen J，Robert M，Andrew R. Introduction to Scientific Programming and Simulation Using R[M]. London：Chapman and Hall/CRC，2014.

[10] Christian P R，George C. Introducing Monte Carlo Methods with R[M]. Springer，2009.

[11] Shravan V，Michael B. The Foundations of Statistics：A Simulation-based Approach[M]. Springer，2010.

[12] Dennis W，William M，Richard L S. Mathematical Statistics with Applications[M]. 7th ed. Thomson Brooks/Cole，2008.

[13] Wikipedia 技术文档[EB/OL]. (2022)[2022-12-23]. https://en. wikipedia. org/wiki.

[14] Kaggle Inc. Kaggle 技术文档[EB/OL]. (2022)[2022-12-11]. https://www. kaggle. com.

[15] Stan 技术文档[EB/OL]. (2022)[2023-01-10]. http://mc-stan. org.

[16] GitHub 项目[EB/OL]. (2022)[2022-12-20]. https://github. com/rstudio.

[17] TensorFlow 技术接口文档[EB/OL]. (2022)[2023-01-16]. https://tensorflow. rstudio. com/tutorials.

[18] GitHub 项目[EB/OL]. (2022)[2022-12-23]. https://github. com/rstudio/tfdatasets.

[19] Kaggle Inc. Kaggle 技术文档[EB/OL]. (2022)[2022-12-10]. https://www. kaggle. com/code.

[20] Shiny 技术接口文档[EB/OL]. (2022)[2023-01-10]. https://shiny. rstudio. com/tutorial.

[21] John K. Doing Bayesian Data Analysis：A Tutorial with R，JAGS，and Stan[M]. 2nd ed. Academic，2014.

[22] Stan 技术接口文档[EB/OL]. (2022)[2023-01-16]. https://mc-stan. org/docs/reference-manual.

[23] Shiny 技术接口文档[EB/OL]. (2022)[2022-12-22]. http://shiny. rstudio. com.

[24] 中华人民共和国中央人民政府. 国务院关于印发新一代人工智能发展规划的通知[EB/OL]. (2017)[2021-01-24]. http://www. gov. cn/zhengce/content/2017-07/20/content_5211996. htm.

[25] TensorFlow 技术接口文档[EB/OL]. (2015)[2022-12-24]. https://www. tensorflow. org/versions/r2. 6/api_docs.

[26] TensorFlow 技术接口文档[EB/OL]. (2015)[2022-12-21]. https://www. tensorflow. org/api_docs.

[27] TensorFlow for R 技术接口文档[EB/OL]. (2022)[2023-01-08]. https://tensorflow. rstudio. com.

[28] Keras 深度学习库应用编程接口[EB/OL]. (2015)[2022-11-14]. https://keras. io/api.

[29] Chadi M S，Caroline E W，Rachel E B，et al. Immune Life History，Vaccination，and the Dynamics of SARS-COV-2 Over the Next 5 Years[J]. Science，2020，370，811-818.

[30] Yihui X，Allaire J J，Garrett G. R Markdown：The Definite Guide[M]. CRC，2019.